Jürgen Richter-Gebert · Thorsten Orendt

Geometriekalküle

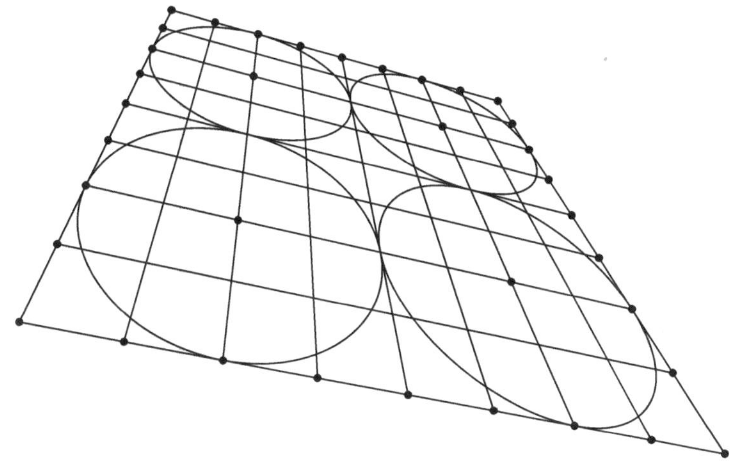

 Springer

Jürgen Richter-Gebert
Geometrie und Visualisierung
Zentrum Mathematik
Technische Universität München
Boltzmannstr. 3
85747 Garching
Deutschland
richter@ma.tum.de

Thorsten Orendt
Geometrie und Visualisierung
Zentrum Mathematik
Technische Universität München
Boltzmannstr. 3
85747 Garching
Deutschland
orendt@ma.tum.de

ISSN 0937-7433
ISBN 978-3-642-02529-7   ISBN 978-3-642-02530-3 (eBook)
DOI 10.1007/978-3-642-02530-3
Springer Dordrecht Heidelberg London New York

Die Deutsche Nationalbibliothek verzeichnet diese Publikation in der Deutschen Nationalbibliografie; detaillierte bibliografische Daten sind im Internet über http://dnb.d-nb.de abrufbar.

Mathematics Subject Classification (2000): 51A25, 51A45, 51M05, 65U05

Einbandentwurf: WMXDesign GmbH, Heidelberg

Printed on acid-free paper

Springer ist Teil der Fachverlagsgruppe Springer Science+Business Media (www.springer.com)

Springer-Lehrbuch

Vorwort

"Mathematik ist die Kunst sich vor'm Rechnen zu drücken". In gewisser Weise hat diese Schullehrerweisheit ein wenig Pate bei der Erstellung dieses Buches gestanden. In *Geometriekalküle* geht es darum, elementare geometrische Operationen wie *Schnitt zweier Geraden, Verbindungsgerade zweier Punkte, Kreis durch drei Punkte*, etc. so elegant und einfach wie möglich auszudrücken. "Ausdrücken" heißt hierbei in Formeln zu übersetzen, die entweder von Hand oder auf dem Computer ausgerechnet werden können. Hierzu sind immer zwei Aspekte relevant, die sich gegenseitig bedingen. Einerseits benötigt man eine algebraische Darstellung grundlegender Objekte (Punkte, Gerade, Kreise, Kegelschnitte, etc.), andererseits Berechnungsformeln für die verschiedenen Verknüpfungen. Beide Aspekte gehen Hand in Hand. Nur die passende algebraische Repräsentation der Objekte ermöglicht es die Operationen einfach auszudrücken. Umgekehrt bedingen manchmal strukturelle Aspekte einer geometrischen Operation, dass es sinnvoll ist, die Repräsentation der Objekte anzupassen.

Unser Buch hat sich zum Ziel gesetzt, wichtige algebraische Herangehensweisen im Umgang mit geometrischen Objekten zu erläutern. Letztlich sollen Mittel bereit gestellt werden, mit denen man mit geometrischen Objekten *rechnen* kann. Die einzelnen Rechenoperationen simulieren dabei geometrische Operationen wie z.B. *Schnitt, Verbindungsgerade, Kreis durch drei Punkte*, etc.. Zielsetzung ist es, ein möglichst stimmiges und einheitliches System zu schaffen, mit dem geometrische Objekte und Operationen in einheitlicher und eleganter Weise dargestellt werden können. In der Tat wird der Leser im Verlauf des Buches nicht nur ein solches System kennen lernen, sondern einige alternative und miteinander verbundene Ansätze. Die wesentlichen Stationen werden hierbei

- homogene Koordinaten, Fernpunkte und projektive Geometrie,
- Zusammenspiel von komplexen Zahlen und Euklidischer Geometrie,
- Determinantenkalkül, und
- die Lie'sche Kreisgeometrie sein.

Der Schwerpunkt des Buches liegt hierbei im Aufbau des Begriffssystems. Es werden im Vergleich zu manch anderen mathematischen Texten verhältnismäßig wenig *Sätze* aufgestellt und bewiesen. Dies liegt in der Natur der Sache. Zielsetzung ist es gerade ein Begriffssystem aufzubauen, bei dem möglichst viele Zusammenhänge sich direkt aus den Definitionen erschließen. Beweise werden somit oftmals fast zu Trivialitäten, weil diese direkt aus den Definitionen folgen.

Wichtiges Hilfsmittel auf dem Weg wird hierbei die Sprache der *projektiven Geometrie* sein, die konsequent versucht unendlich ferne Objekte mit in die Betrachtung einzubeziehen und somit die übliche euklidische Betrachtungsweise von Sonderfällen befreit. Die algebraische Entsprechung findet die projektive Geometrie in den *homogenen Koordinaten*, die ein ideales Begriffssystem im obigen Sinne darstellen. Die ersten Kapitel (1–5) werden sich genau mit diesen Strukturen beschäftigen. Auf den ersten Blick wird dieser Zugang zur Geometrie einen großen Nachteil haben. Metrische Eigenschaften wie Winkel und Längen erscheinen nur schwer in das System einbeziehbar. Es stellt sich heraus, dass dieser Nachteil nur ein scheinbarer ist. Die konsequente Nutzung von *komplexen Zahlen* erlaubt quasi die projektive Behandlungsweise metrischer Strukturen. Dieser Zugang wird in den Kapiteln 6 und 7 verfolgt. Die Kapitel 8 und 9 bauen Zusammenhänge zur *äußeren Algebra* auf, die es letztlich ermöglichen die dargestellten Herangehensweisen auch auf höhere Dimensionen zu übertragen. Insbesondere ermöglich dies die elegante Behandlung von Punkten, Geraden und Ebenen im dreidimensionalen Raum. Weiterhin wird gezeigt, dass eine sinnvolle Darstellung von Geraden im Raum durch sechsdimensionale Vektoren gegeben ist. Die Kapitel 10 bis 12 schließlich führen den Gedanken der hochdimensionalen Einbettung geometrischer Objekte konsequent weiter und führen für ebene Kreise fünfdimensionale Koordinaten ein (die *Lie-Koordinaten*), mit denen sich Schnitt- und Berührrelationen ebener Figuren besonders elegant darstellen lassen. In diesem Zusammenhang werden wir auch Bekanntschaft mit *Quaternionen* machen, einer Struktur, durch die sich Drehungen im Raum besonders elegant ausdrücken lassen.

Unsere Behandlung der Themen hat mehrere Leitmotive. Eines ist wie bereits erwähnt das Darstellen niederdimensionaler Objekte in höherdimensionalen Räumen. Durch die zusätzlichen Dimensionen kann man zusätzliche Informationen zu den Objekten codieren. Dies ermöglicht es oftmals Situationen zu linearisieren, die auf den ersten Blick höhere algebraische Operationen zu erfordern scheinen. Ein zweites Leitmotiv ist das Eliminieren von Sonderfällen. Nicht selten scheinen geometrische Operationen nur für bestimmte Eingabegrößen zulässig (zwei Geraden haben nur dann einen Schnitt, wenn sie nicht parallel sind). Oftmals ist es sinnvoller diese Sonderfälle hinzunehmen, als sich in einem Gewirr von Fallunterscheidungen zu verstricken. Diese geschieht, indem man zusätzliche Elemente "hinzudefiniert". Wenn es für zwei Parallelen keinen Schnittpunkt gibt, dann definieren wir einfach seine Existenz und nennen ihn einen *Punkt im Unendlichen*. Das Hinzunehmen solcher zusätzlicher Elemente hat nicht selten überraschende algebraische Entsprechungen und offenbart die eigentliche Natur der Sache. Ganz analog wird beim Hinzunehmen einer Zahl i mit der Eigenschaft $i^2 = -1$ wird plötzlich die Welt der reellen Zahlen zu den komplexen Zahlen hin erweitert und für viele reelle Effekte der "wahre" Grund geliefert. Dies bringt uns zum dritten Leitmotiv: Die Rolle der komplexen Zahlen in der Geometrie. Die Multiplikation mit einer komplexen Zahl kann in der komplexen Zahlenebene als Drehstreckung aufgefasst werden. Wir werden sehen, dass dieser Zusammenhang der Schlüssel dazu ist einige Euklidische Verhältnisse algebraisch elegant auszudrücken. Ein Fakt, der im Neuzehnten Jahrhundert zu einiger Überraschung geführt hat, aber auch heute noch nicht so bekannt ist wie er es vielleicht sein sollte.

Alles in allem soll dieses Buch eine Art geometrischer/algebraischer Werkzeugkasten für den Umgang mit geometrischen Problemen darstellen. Insbesondere, wenn man vor der Aufgabe steht gewisse geometrische Primitivoperationen in einem Computerprogramm zu implementieren, sollten sich hier einige nützliche Methoden finden lassen. Aber auch bei der rein mathematischen Betrachtungsweise sollten sich unter Verwendung der vorgestellten Mittel viele Dinge einfacher und schlüssiger formulieren lassen.

Wir haben versucht die Voraussetzungen für das Verständnis des Textes so gering wie möglich zu halten. Der Text richtet sich an Studenten der Mathematik, Informatik und Physik ab dem dritten Semester. Grundkenntnisse in Linearer Algebra (Vektorräume, Matrizen, Kreuzprodukt, Determinanten, Eigenvektoren) und komplexen Zahlen (Definition, komplexe Zahlenebene, Polardarstellung) sollten vorhanden sein. Mathematiker werden im Text elementare Einführungen in Themenbereiche finden, die man üblicherweise erst sehr viel später (oder gar nicht) kennen lernt. Für Informatiker sollten sich viele Anregungen zum Implementieren geometrischer Primitivoperationen finden. Physiker finden hier (wenn auch oftmals nicht explizit hervorgehoben) Grundlagen vieler mathematischer Methoden, die in der theoretischen Physik, der Relativitätstheorie, bis hin zur Quanten- und Elementarteilchenphysik eine entscheidende Rolle spielen.

Der Ursprung und die Motivation für diesen Text entstammt zweier verschiedenen Quellen. Einerseits ist er begleitend zu einer Bachelor Vorlesung "Geometriekalküle" für Mathematikstudenten im dritten Semester an der TU München entstanden, bei der Einer von uns (Jürgen Richter-Gebert) die Vorlesungen gehalten hat, und der Andere (Thorsten Orendt) für die Übung verantwortlich war. Sowohl der Text als auch die Übungen sind also in gewisser Weise praxiserprobt. Die Vorlesung war einsemestrig, zweistündig und beinhaltete grob den Stoffumfang der ersten neun Kapitel. Der Text bietet aber auch genügend Material eine durchaus umfangreichere Vorlesung damit zu gestalten. Jedes Kapitel enthält als letzten Abschnitt eine *Exkursion*. Diese hebt immer schlaglichtartig einen weiterführenden/angewandten/ästhetischen Aspekt des gerade behandelten Stoffes hervor. Die Exkursionen können ohne das Verständnis der nachfolgenden Kapitel zu beeinträchtigen beim Lesen ausgelassen werden. Es sei an dieser Stelle auch erwähnt, dass parallel zur Erstellung dieses Buches ein unfangreichereres englichsprachiges entsteht (vgl. [Ri]), das viele der hier angeschnittenen Themen nochmals vertieft und weiterführend aufgreift und weitere Hintergründe und Querbezüge vermittelt. Dem interessierten Leser wird dies als ergänzende Literatur sehr empfohlen.

Die zweite Quelle ist die Erfahrung bei der Entwicklung des Geometrieprogrammes *Cinderella* (`www.cinderella.de`), welches der zweite Autor (Jürgen Richter-Gebert) gemeinsam mit Ulrich Kortenkamp verfasst hat. Bei der Entwicklung des Programmes haben wir uns bemüht die benötigten geometrischen Operationen in möglichst eleganter Weise zu implementieren. Viele (wenn auch lange nicht alle) der in Cinderella verwendeten Methoden finden in diesem Buch eine Darstellung. Unter Verwendung von Cinderella entstand auch eine Sammlung interaktiver Begleitmaterialen zu diesem Buch, die im Rahmen des Portals Mathe-Vital (`www.mathe-vital.de`) zur Verfügung gestellt werden. Die Materialien illustrieren viele der hier vorgestellten Konzepte und stellen eine nützliche Ergänzung zum Studium dieses Buches dar. Für den Dozenten bieten sie auch eine Fülle von Demonstrationsmaterial. Die Materialien sind direkt erreichbar unter `www.geometriekalkuele.de`.

Wir hoffen der Leser hat beim Durcharbeiten dieses Textes annähernd so viel Freude wie wir beim Erstellen.

An dieser Stelle sei noch unser Dank an einige Personen gerichtet, ohne die dieses Buch insbesondere in so kurzer Zeit nicht entstanden wäre, oder sicherlich eine deutlich andere Form hätte. Ich, Jürgen Richter-Gebert, danke ganz herzlich meiner Frau Ingrid dafür, dass sie mir in den letzen drei Monaten so sehr den "Rücken frei gehalten hat", so dass ich mich voll auf die Erstellung des Textes und vieler Graphiken und Applets konzentrieren konnte. Ebenso dafür, dass sie immer ein offenes Ohr für die zahlreichen großen und kleinen Probleme im Zusammenhanghang mit diesem Projekt hatte. Meiner Tochter Angie danke ich ganz herzlich für ihr Verständnis, dass ich in den letzen Wochen ziemlich absorbiert und nur begrenzt ansprechbar war. Ich, Thorsten Orendt, danke insbesondere meiner Freundin Judith für ihrer Unterstützung.

Des Weiteren gilt unser Dank den Mitarbeitern des Lehrstuhls Geometrie und Visualisierung an der TU München, für zahlreiche Anregungen, kritische Kommentare und Korrekturlesen des Manuskriptes in seinen verschiedenen Stadien; insbesondere an Michael Schmid und Jutta Niebauer für ihren umfangreichen Korrekturlesearbeiten.

Ein besonderes Dankeschön geht an Martin Peters vom Springer Verlag, der in seiner unvergleichlich unbürokratischen und kooperativen Art und Weise, eine schnelle Entstehung dieses Buchprojektes überhaupt erst ermöglicht hat.

Thorsten Orendt
Jürgen Richter-Gebert
Garching, Mai 2008

Inhaltsverzeichnis

1
Homogene Koordinaten der Ebene

Zu den vermeintlich einfachsten und intuitivsten geometrischen Objekten gehören Punkte und Geraden. Aber selbst beim Studium dieser Objekte in der euklidischen Ebene $\mathbb{R}^2$ treten Situationen auf, bei denen sich mit den herkömmlichen Werkzeugen Fallunterscheidungen nicht vermeiden lassen. Ein einfaches Beispiel hierfür sind zwei Geraden in der Ebene. Diese können sich schneiden, zueinander parallel sein oder gar zusammenfallen. Wollte man den Schnittpunkt der beiden Geraden mittels der üblichen und nahe liegenden Mittel der Linearen Algebra bestimmen, so würde man ein lineares Gleichungssystem lösen, welches je nach Lage der Geraden drei qualitativ verschiedene Lösungsmengen haben kann. Die Lösungsmenge kann leer sein, d.h. die Geraden haben keine Schnittpunkt, sind also parallel. Die Lösungsmenge kann einen einzigen Punkt enthalten, das ist der Fall, wenn die Geraden sich tatsächlich schneiden. Und schließlich können die Geraden zusammenfallen, was auf einen eindimensionalen affinen Raum als Lösungsmenge führen würde.

Mit Hilfe *homogener Koordinaten* (mit denen wir uns im Folgenden beschäftigen werden) können solche Situationen weitestgehend vereinheitlicht und Fallunterscheidungen vermieden werden. Aber sie bieten noch einen weiteren Vorteil. Die Darstellung von Punkten und Geraden vereinheitlicht und vereinfacht sich ebenfalls, da beide Objekte mittels dreidimensionaler Vektoren dargestellt werden.

Im Folgenden werden die homogenen Koordinaten für Punkte und Geraden der euklidischen Ebene eingeführt, die zugehörige Inzidenzrelation ("Punkt liegt auf Gerade") erklärt und einfache geometrische Operationen, wie z.B. die Bestimmung eines Schnittpunkts zweier Geraden, studiert. Im Anschluss gehen wir auf verschiedene Sichtweisen der zugrunde liegenden geometrischen Struktur, die reelle projektive Ebene, ein. Schließlich endet das Kapitel mit einem kleinen Exkurs zur Topologie zweidimensionaler Raumformen.

J. Richter-Gebert, T. Orendt, *Geometriekalküle*, Springer-Lehrbuch,
DOI 10.1007/978-3-642-02530-3_1, © Springer-Verlag Berlin Heidelberg 2009

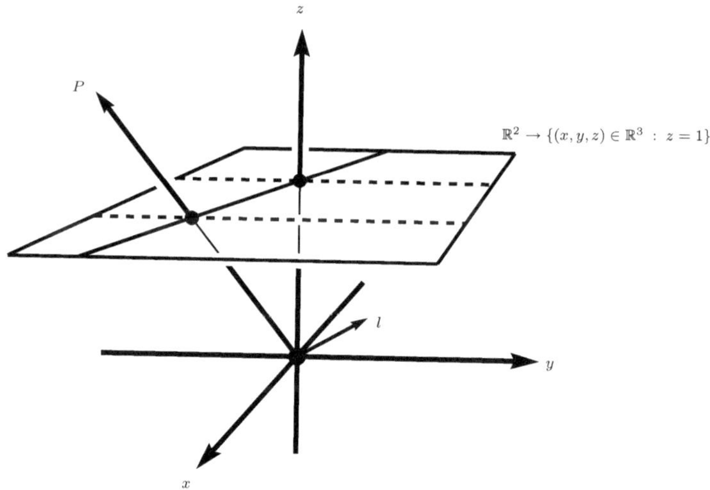

Abb. 1.1 Einbettung der euklidische Ebene im $\mathbb{R}^3$.

1.1 Punkte

Die Idee hinter homogenen Koordinaten ist es, die euklidische Ebene in den dreidimensionalen Raum $\mathbb{R}^3$ einzubetten – und zwar so, dass sie den Nullpunkt nicht enthält. Im Prinzip gibt es dazu beliebig viele Möglichkeiten. Als rechnerisch am einfachsten erweist sich die Einbettung parallel zur xy-Ebene auf dem Niveau $z = 1$.[1] Mittels dieser Einbettung erhält man eine injektive Abbildung zwischen den Punkten der Ebene und den eindimensionalen Untervektorräumen des $\mathbb{R}^3$. Jeder Punkt der auf $z = 1$ eingebetteten Ebene ist Schnittpunkt eines eindimensionalen Untervektorraums und der Ebene selbst, d.h. wir können jedem Punkt der Ebene genau einen eindimensionalen Untervektorraum zuordnen. Diesen Untervektorraum können wir wiederum mittels eines Vektors, der diesen Untervektorraum aufspannt, repräsentieren. Ein einfacher Repräsentant ist der Schnittpunkt selbst. Das ist ein Vektor der Form $(x, y, 1)^T$. An dieser Stelle sollten wir anmerken, dass auch jeder andere Vektor, ungleich dem Nullvektor, aus dem zugehörigen Untervektorraum als Repräsentant möglich ist. Gewissermaßen werden vom Nullvektor verschiedene Vielfache eines Vektors miteinander identifiziert.

Im Folgenden wollen wir die eben beschriebene Idee formal fassen. Die Menge der eindimensionalen Untervektorräume des $\mathbb{R}^3$ (mit herausgenommenen Nullpunkt) können wir mittels der Quotientenstruktur

---

[1] Eine weitere ausgezeichnete und interessante Möglichkeit der Einbettung ergibt sich, wenn man die Ebene, die im $\mathbb{R}^3$ durch die Spitzen der drei Einheitsvektoren geht, betrachtet. Diese hat in bestimmten Situationen ihre Vorzüge, soll aber im Weiteren hier nicht betrachtet werden.

$$\mathcal{P} = \frac{\mathbb{R}^3 \setminus \{(0,0,0)^T\}}{\mathbb{R} \setminus \{0\}}$$

darstellen. Die Elemente von $\mathcal{P}$ sind dann die Äquivalenzklassen

$$[P] = \{\lambda \cdot P \; : \; \lambda \in \mathbb{R}^*\},$$

wobei $\mathbb{R}^* = \mathbb{R} \setminus \{0\}$ und $P \in \mathbb{R}^3 \setminus \{(0,0,0)^T\}$ (vgl. Abb. 1.1). Bei dieser Quotientenstruktur identifizieren wir alle Vektoren des $\mathbb{R}^3$ miteinander, die sich nur um ein skalares Vielfaches[2] ungleich Null unterscheiden, oder anders gesagt, alle vom Nullvektor verschiedenen Vektoren eines eindimensionalen Untervektorraums liegen in derselben Äquivalenzklasse. Die Zuordnung der eindimensionalen Untervektorräume zu den Punkte $(x,y)^T$ der euklidischen Ebene ist dann durch die Abbildung

$$\mathcal{H} : \mathbb{R}^2 \to \mathcal{P}; \quad \begin{pmatrix} x \\ y \end{pmatrix} \mapsto \left[\begin{pmatrix} x \\ y \\ 1 \end{pmatrix} \right]$$

gegeben. Die Abbildung $\mathcal{H}$ nennen wir *Homogenisierung* . Da die Abbildung $\mathcal{H}$ injektiv ist, können wir auch die Umkehrung $\mathcal{D}$ von $\mathcal{H}$ betrachten. Diese nennen wir *Dehomogenisierung* . Sie ist für Vektoren $(x,y,z)^T$ mit $z \neq 0$ wie folgt definiert.

$$\mathcal{D} : \overline{\mathbb{R}^3} \to \mathbb{R}^2; \quad \begin{pmatrix} x \\ y \\ z \end{pmatrix} \mapsto \frac{1}{z} \cdot \begin{pmatrix} x \\ y \end{pmatrix},$$

wobei $\overline{\mathbb{R}^3} = \mathbb{R}^3 \setminus \{(x,y,0) : x,y \in \mathbb{R}\}$ gesetzt wird. Die Abbildung $\mathcal{D}$ ist verträglich mit der Quotientenstruktur $\mathcal{P}$, denn für zwei verschiedene Vektoren $P, P' \in \overline{\mathbb{R}^3}$ gilt

$$[P] = [P'] \iff \mathcal{D}(P) = \mathcal{D}(P').$$

Anders ausgedrückt heißt das, dass Vektoren aus derselben Äquivalenzklasse immer den gleichen Punkt der euklidischen Ebene zugewiesen bekommen.

An dieser Stelle ergibt sich nun die Frage nach Vektoren der Form $(x,y,0)^T$. Sie können nicht mit Punkten der euklidischen Ebene identifiziert werden. Aber mittels der Äquivalenzklassen können wir eine andere Interpretation herleiten. Sei

$$P(t) = (x \cdot t, y \cdot t, 1)^T$$

ein Vektor, dem wir mittels $\mathcal{D}$ den Punkt $(x \cdot t, y \cdot t)^T$ der euklidischen Ebene zuordnen können. Da in $\mathcal{P}$ skalare Vielfache identifiziert werden, gilt

---

[2] Hier ist die gewöhnliche Skalarmultiplikation des Vektorraums $\mathbb{R}^3$ gemeint.

$$[P(t)] = \left[\begin{pmatrix} x \cdot t \\ y \cdot t \\ 1 \end{pmatrix} = \begin{pmatrix} x \\ y \\ 1/t \end{pmatrix} \right].$$

Wenn wir nun den Grenzwert für $t \to \infty$ betrachten, entspricht das anschaulich der Situation, dass sich der Punkt $P(t)$ auf einer Geraden[3] in der Ebene $z = 1$ immer weiter vom Ursprung entfernt, sozusagen im Grenzfall ein *unendlich ferner Punkt* ist . Anhand von Abb. 1.1 kann man sich diesen Zusammenhang verdeutlichen. Dort zu sehen ist der Vektor P und eine Gerade, die in der Ebene $z = 1$ verläuft. Anschaulich würden sich jetzt der Punkt $[P]$ entlang dieser Geraden immer weiter vom Ursprung entfernen. Betrachten wir nun die zugehörige Darstellung in homogenen Koordinaten. Für sie gilt

$$\lim_{t \to \infty} [P(t)] = \lim_{t \to \infty} \left[\begin{pmatrix} x \\ y \\ 1/t \end{pmatrix} \right] = \left[\begin{pmatrix} x \\ y \\ 0 \end{pmatrix} \right].$$

Folglich repräsentieren alle Vektoren der Form $(x, y, 0)^T$ unendlich weit entfernte Punkte, die wir mit Richtungen von Geraden in der euklidischen Ebene identifizieren können. Wir nennen diese Punkte *Fernpunkte*. Für jedes Parallelbüschel, d.h. für jede Geradenrichtung, gibt es in $\mathcal{P}$ einen Fernpunkt, der die zugehörige Richtung repräsentiert.

Die obige Konstruktion liefert für alle Vektoren aus $\mathbb{R}^3 \setminus \{(0, 0, 0)^T\}$ eine geometrische Interpretation. Entweder als normale (endliche) Punkte der euklidischen Ebene oder als unendlich ferne Punkte. Wir werden im Folgenden sehen, dass wir unendlich ferne Punkte als vollkommen gleichberechtigt zu endlichen Punkten auffassen können.

1.2 Geraden

Homogene Koordinaten eignen sich gleichermaßen, um die Geraden der euklidischen Ebene zu beschreiben. Eine Gerade in der Ebene kann durch eine Gleichung

$$ax + by + c = 0$$

eindeutig festgelegt werden, wobei $(a, b)^T \in \mathbb{R}^2 \setminus \{(0, 0)^T\}$ und $c \in \mathbb{R}$ gelten muss, damit die Gleichung reelle Lösungen hat. Alle Punkte $(x, y)^T$, die diese Gleichung erfüllen, liegen auf der Geraden. Dabei bestimmen die Koeffizienten a, b und c die Gerade eindeutig, d.h. wir können, in gleicher Weise wie bei den Punkten der euklidischen Ebene, jeder Gerade einen dreidimensionalen Vektor $(a, b, c)^T$ zuweisen. Die Gleichung $\lambda ax + \lambda by + \lambda c = 0$ hat für $\lambda \neq 0$ genau die gleiche Lösungsmenge wie $ax + by + c = 0$. Somit repräsentieren die Vektoren $(a, b, c)^T$ und $\lambda \cdot (a, b, c)^T$, wobei $\lambda \in \mathbb{R}^*$, dieselbe Gerade. Die

---

[3] Die Richtung der Geraden ist dabei durch x und y festgelegt.

Struktur, die wir hier haben, ist die gleiche wie bei den Punkten. Wir haben wieder eine Zuordnung zwischen geometrischen Objekten der euklidischen Ebene, den Geraden, und eindimensionalen Untervektorräumen des $\mathbb{R}^3$.

Es gibt jedoch einen eindimensionalen Teilraum, dessen Vektoren keine Interpretation als reelle Gerade zulassen. Dies ist der Vektorraum, der von $(0,0,1)^T$ aufgespannt wird. Bei der Rückübersetzung dieses Vektors in eine Geradengleichung erhält man den Widerspruch $1 = 0$, was keiner sinnvollen Geradengleichung entspricht. Dennoch werden wir diesem Vektorraum im nächsten Abschnitt eine sinnvolle Interpretation zuweisen können, nämlich die der *Ferngeraden*[4].

Insgesamt erhalten wir die gleiche Quotientenstruktur wie bei den Punkten, d.h. die *Menge der Geraden* $\mathcal{G}$ ist eine (von $\mathcal{P}$ disjunkte) Kopie der Menge der Äquivalenzklassen

$$\mathcal{G} = \frac{\mathbb{R}^3 \setminus \{(0,0,0)^T\}}{\mathbb{R} \setminus \{0\}}.$$

1.3 Inzidenz

Nachdem wir homogene Koordinaten für Punkte und Geraden in der euklidischen Ebene eingeführt haben, müssen wir noch deren Beziehung, die Inzidenzrelation, erklären. Diese soll erklären, wann ein Punkt auf einer Geraden liegt. Wir betrachten zunächst wieder die Situation in der euklidischen Ebene. Sei $P = (x,y)^T$ ein Punkt und g eine Gerade, die definiert wird durch die Gleichung $ax + by + c = 0$. Der Punkt P liegt genau dann auf g, wenn dieser die Geradengleichung erfüllt. Anders ausgedrückt heißt das, dass

$$P \text{ liegt auf } g \iff \left\langle \begin{pmatrix} x \\ y \\ 1 \end{pmatrix}, \begin{pmatrix} a \\ b \\ c \end{pmatrix} \right\rangle = 0,$$

wobei $\langle \cdot, \cdot \rangle$ das Standardskalarprodukt bezeichnet. Die beiden Vektoren, die oben im Skalarprodukt verwendet werden, lassen sich direkt als homogene Koordinaten des Punktes P und der Gerade g auffassen, was uns wiederum die Definition der Inzidenzrelation auf Basis der homogenen Koordinaten ermöglicht.

Definition 1.1. *Seien $[P] \in \mathcal{P}$ und $[g] \in \mathcal{G}$ homogene Koordinaten. Dann ist die Inzidenzrelation $\mathcal{I}$ wie folgt erklärt.*

$$[P] \, \mathcal{I} \, [g] \iff \langle P, g \rangle = 0$$

---

[4] Die Gerade, auf der alle unendlich fernen Punkte liegen.

Die obige Definition ist wohldefiniert bzgl. der Äquivalenzklassenbildung sowohl in $\mathcal{P}$, als auch in $\mathcal{G}$.

Satz 1.2. *Die Inzidenzrelation $\mathcal{I}$ ist wohldefiniert, d.h. unabhängig von der Wahl der Repräsentanten.*

Beweis. Sei $[P] = [P']$ und $[g] = [g']$. Dann gibt es $\mu, \lambda \in \mathbb{R}^*$ mit $P' = \lambda \cdot P$ und $g' = \mu \cdot g$. Ferner gilt für das Skalarprodukt

$$\langle P', g' \rangle = \langle \lambda \cdot P, \mu \cdot g \rangle = \lambda\mu \cdot \langle P, g \rangle.$$

Da $\lambda\mu \neq 0$ folgt

$$\langle P', g' \rangle = 0 \iff \langle P, g \rangle = 0.$$

$\square$

Die letzte Überlegung sagt uns, dass wir, wenn wir Aussagen über Inzidenzen machen, allein mit Repräsentanten arbeiten können. Um die Notation zu vereinfachen, werden wir davon im restlichen Kapitel Gebrauch machen und Repräsentanten von Punkten und Geraden praktisch mit den zugehörigen Äquivalenzklassen gleichsetzen.

Wir wollen uns an dieser Stelle noch einmal klar machen, wie endliche und unendliche Punkte auf die Geraden verteilt sind. Betrachten wir zunächst Geraden, die durch Vektoren $g = (a, b, c)^T$ mit $(a, b) \neq (0, 0)$ dargestellt werden (also die üblichen Geraden der Ebene). Setzen wir $x = -b$ und $y = a$, so erfüllt der Punkt $P = (x, y, 0)^T$ die Gleichung $\langle P, g \rangle = 0$ und liegt somit auf der Geraden g. Der Vektor P repräsentiert einen unendlich fernen Punkt. Tatsächlich ist P der einzige unendlich ferne Punkt auf der Geraden g, wie man leicht nachprüft. Auf jeder gewöhnlichen Gerade liegt somit genau ein unendlich ferner Punkt. Die unendlich ferne Gerade $l_\infty = (0, 0, 1)^T$ ist wiederum inzident zu *allen* Punkten der Form $(x, y, 0)^T$. Also liegen alle unendlich fernen Punkte auf der unendlich fernen Geraden.

Vom Standpunkt der Mengen $\mathcal{P}$ und $\mathcal{G}$ spielen unendlich ferne Elemente keinerlei Sonderrolle. Sie werden genauso durch Vektoren repräsentiert wie andere Elemente. Das Tripel $(\mathcal{P}, \mathcal{G}, \mathcal{I})$ nennt man die *reelle projektive Ebene* $\mathbb{RP}^2$.

1.4 Geometrische Operationen

In den bisherigen Abschnitten haben wir das Rüstzeug bereitgestellt, um die ersten Vorzüge homogener Koordinaten kennen zu lernen. Mit ihnen werden die einfachsten geometrischen Operationen, wie die Verbindungsgerade zweier

Punkte oder den Schnittpunkt zweier Geraden zu bestimmen, sehr einfach zu handhabbar.

Zunächst machen wir uns klar, was es auf Ebene der repräsentierenden Vektoren bedeutet, dass ein Punkt P inzident zu einer Geraden g ist. In diesem Fall ist $\langle P, g \rangle = 0$ und somit stehen die beiden Vektoren senkrecht aufeinander.

Seien nun $P, P' \in \mathcal{P}$ zwei verschiedene Punkte der reellen projektiven Ebene, deren Verbindungsgerade (Join) $g \in \mathcal{G}$ wir suchen. Dies soll eine Gerade sein, die gleichzeitig inzident mit beiden Punkten ist. Wir suchen also einen Vektor g, der gleichzeitig senkrecht auf P und P' steht:

$$\Big(P \, \mathcal{I} \, g \quad \text{und} \quad P' \, \mathcal{I} \, g \Big) \iff \Big(P \perp g \quad \text{und} \quad P' \perp g \Big).$$

Da P und P' zwei linear unabhängige Vektoren sind[5], ist der eindimensionale Untervektorraum g eindeutig bestimmt, nämlich $g = P \times P' \in \mathcal{G}$.

Die Berechnung des Schnittpunkts (Meet) zweier Geraden verläuft völlig analog. Seien $g, g' \in \mathcal{G}$ zwei verschiedene Geraden der reellen projektive Ebene deren Schnittpunkt $P \in \mathcal{P}$ wir bestimmen wollen. Dieser Punkt soll wiederum gleichzeitig inzident zu beiden Geraden sein. In diesem Fall liefert $\mathcal{I}$:

$$\Big(P \, \mathcal{I} \, g \quad \text{und} \quad P \, \mathcal{I} \, g' \Big) \iff \Big(P \perp g \quad \text{und} \quad P \perp g' \Big).$$

Ebenso wie bei der Verbindungsgerade ist der Schnittpunkt eindeutig bestimmt, $P = g \times g' \in \mathcal{P}$.

Anstatt, wie am Anfang dieses Kapitels erwähnt, lineare Gleichungssysteme zu lösen, um den Schnittpunkt zweier Geraden zu bestimmen, reduziert sich der Aufwand auf die Berechnung eines Kreuzprodukts zweier Vektoren. Wir können so die Verbindungsgerade zweier Punkte und den Schnittpunkt zweier Geraden als einfache Operatoren begreifen, die über das Kreuzprodukt berechnet werden. Homogene Koordinaten erleichtern nicht nur die Berechnung, sondern bewirken auch eine Vereinheitlichung. Hierfür studieren wir die folgenden Situationen.

Wir beginnen mit zwei Punkten P und P'. Für die soll gelten, dass $P = P'$ ist. In diesen Fall ist das Kreuzprodukt $P \times P'$ gleich dem Nullvektor. Das gleiche Ergebnis erhalten wir bei der Schnittpunktsberechnung zweier identischer Geraden. Anders als bei einem linearen Gleichungssystem, bei dem die Lösungsmenge in diesem Fall nicht eindeutig wäre, bekommen wir einen eindeutigen Vektor, der erstens keinen Punkt bzw. keine Gerade repräsentiert und zweitens, an dem wir ablesen können, dass eine degenerierte Situation aufgetreten ist. Der Nullvektor signalisiert uns also eine degenerierte Situation.

---

[5] Sie stellen ja unterschiedliche Punkte dar.

Kommen wir nun zu den generischen Fällen, bei denen keine Degene-
riertheiten auftreten. Hierfür betrachten wir die Gestalt des Kreuzproduktes
näher. Das Kreuzprodukt lässt sich mittels der folgenden 2×2-Determinanten
ausdrücken.

$$
\begin{pmatrix} a_1 \\ b_1 \\ c_1 \end{pmatrix} \times \begin{pmatrix} a_2 \\ b_2 \\ c_2 \end{pmatrix} = \begin{pmatrix} \det \begin{pmatrix} b_1 & b_2 \\ c_1 & c_2 \end{pmatrix} \\ -\det \begin{pmatrix} a_1 & a_2 \\ c_1 & c_2 \end{pmatrix} \\ \det \begin{pmatrix} a_1 & a_2 \\ b_1 & b_2 \end{pmatrix} \end{pmatrix}
$$

Angenommen die beiden obigen Vektoren wären die homogenen Koordinaten
zweier Geraden. In unserer Interpretation sind die beiden Geraden Lösungsgebilde der beiden Gleichungen $a_i x + b_i y + c_i = 0$ $(i = 1, 2)$. Die Richtung der
beiden Geraden wird durch die Richtung der Vektoren $(a_i, b_i)^T$ festgelegt. Es
gilt: die beiden Geraden sind genau dann parallel, wenn für die zugehörigen
homogenen Koordinaten gilt

$$
\det \begin{pmatrix} a_1 & a_2 \\ b_1 & b_2 \end{pmatrix} = 0.
$$

Dies bedeutet aber, dass die dritte Komponente des Kreuzproduktes verschwindet, was soviel bedeutet, wie dass sie sich in einem Fernpunkt schneiden, nämlich in dem Fernpunkt, der die Richtung der zugehörigen Parallelenschar repräsentiert.

Die dritte Komponente des Kreuzproduktes verschwindet ebenso, wenn wir
$(a_1, b_1, c_1)^T = (0, 0, 1)^T$, also als Ferngerade, setzen. Somit hat jede gewöhnliche Gerade mit der Ferngerade genau einen Punkt (ihren Fernpunkt) zum
Schnitt. Sind die beiden Geraden hingegen endlich (also ungleich der Ferngerade) und nicht parallel, dann verschwindet die dritte Komponente ihres
Kreuzprodukts bzw. Schnittpunkts nicht. Der Schnittpunkt ist also ein end-
licher Punkt.

Analog können wir die verschiedenen Fälle von Verbindungsgeraden zweier Punkte studieren. Im Falle von zwei endlichen Punkten erhält man eine
gewöhnliche Verbindungsgerade, die beide Punkte enthält. Ist jedoch einer
von beiden ein Fernpunkt, dann bekommt man als Verbindungsgerade die
Gerade durch den endlichen Punkt in Richtung des Fernpunkts. Die letzte
Kombination ist, dass beide Fernpunkte sind. Hier ergibt sich die Ferngerade
als Verbindungsgerade.

Zusammenfassend können wir zwei Punkte festhalten, die die Inzidenz in
der reellen projektive Ebene charakterisieren.

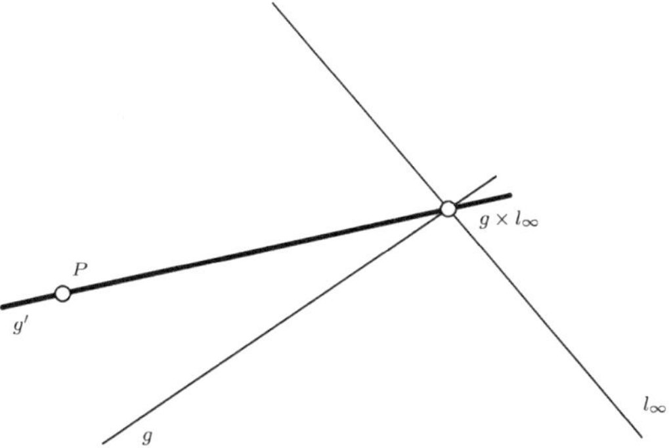

Abb. 1.2 Konstruktion einer Parallelen zu g durch P.

- *zu jedem Paar verschiedener Punkte gibt es genau eine Verbindungsgerade.*
- *zu jedem Paar verschiedener Geraden gibt es genau einen Schnittpunkt.*

Abschließend wollen wir noch ein Beispiel angeben, bei dem der Vorteil homogener Koordinaten demonstriert wird. Zur Veranschaulichung ist die folgende Konstruktion in Abb. 1.2 dargestellt.
Gegeben sei eine Gerade g und ein Punkt P, der nicht auf g liegt. Die Aufgabe sei die Parallele g' zur Geraden g durch den Punkt P zu bestimmen. Mittels homogener Koordinaten erhält man g' einfach, indem man P mit dem Fernpunkt von g verbindet. Der Fernpunkt ergibt sich wiederum als Schnittpunkt von g und der Ferngeraden l_∞. D.h. die gesuchte Parallele ist gegeben durch

$$g' = (g \times l_\infty) \times P.$$

1.5 Verschiedene Sichtweisen

Bisher haben wir nur auf Basis der Repräsentanten und der zugehörigen Äquivalenzklassen gearbeitet, d.h. wir haben Punkte und Geraden mit Vektoren des $\mathbb{R}^3$ identifiziert. Im Folgenden wollen wir zwei weitere anschauliche Ansichten aufzeigen.
Die erste bezieht sich auf ein- und zweidimensionale Untervektorräume des $\mathbb{R}^3$. Bei den Punkten der Ebene ändert sich nichts. Sie werden weiterhin mit den eindimensionalen Untervektorräumen des $\mathbb{R}^3$ identifiziert[6]. Die Geraden jedoch werden nun anstatt mit eindimensionalen mit zweidimensionalen

---

[6] Dies ist die Äquivalenzklasse P zusammen mit dem bisher ausgeschlossenen Nullpunkt des $\mathbb{R}^3$

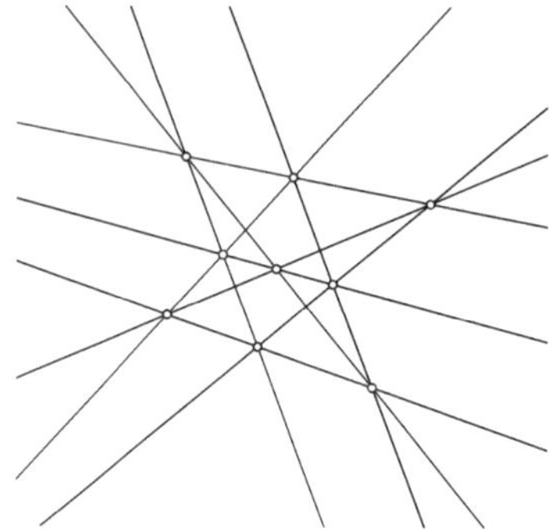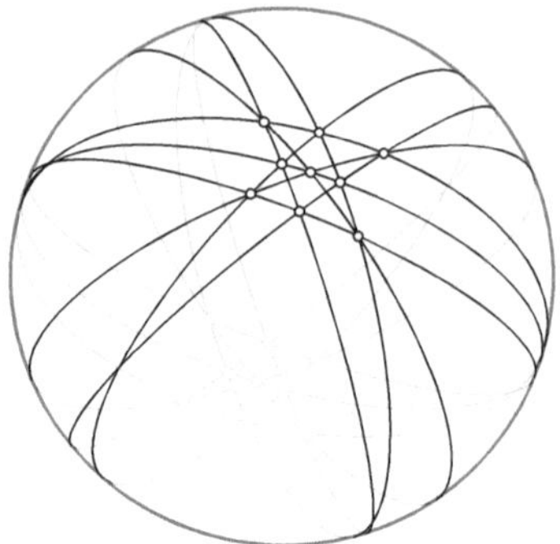

Abb. 1.3 Von $\mathbb{RP}^2$ nach S^2.

Untervektorräumen identifiziert. Man kann nämlich jede Äquivalenzklasse $g \in \mathcal{G}$ auch als Orthogonalraum einer Ebene im $\mathbb{R}^3$ auffassen. Diese Ebene ist wieder eindeutig bestimmt und enthält den Ursprung, ist also ein zweidimensionaler Untervektorraum. Bei dieser Interpretation übersetzt sich die Inzidenzrelation einfach zur *Enthalten-sein-Relation* von Untervektorräumen, d.h. ein Punkt $P \in \mathcal{P}$ liegt auf der Geraden $g \in \mathcal{G}$ genau dann, wenn für die zugehörigen Untervektorräume gilt, dass der eindimensionale Untervektorraum, der zu P gehört, im zweidimensionalen Untervektorraum, der wiederum zu g gehört, enthalten ist. Somit werden in dieser Sichtweise Geraden (wie gewohnt) als Vereinigung bestimmter Punktmengen interpretiert. Die hier beschriebene Situation findet sich in der Abbildung 1.1 wie folgt wieder: Die in der eingebetteten Ebene verlaufende Gerade und der Ursprung im $\mathbb{R}^3$ spannen einen zweidimensionalen Untervektorraum auf. Dieser Untervektorraum hat einen eindimensionalen Orthogonalraum, der in der Abbildung vom Vektor g aufgespannt wird. Die Äquivalenzklasse g ist aber auch die homogene Koordinate der in der Ebenen verlaufenden Geraden. Für jeden Punkt P, der auf dieser Geraden liegt, gilt, dass der zugehörige eindimensionale Untervektorraum tatsächlich in dem von g bestimmten zweidimensionalen Untervektorraum enthalten ist. Außerdem ergibt sich die Gerade g als Schnitt der auf $z = 1$ eingebetteten Zeichenebene und des von g bestimmten zweidimensionalen Untervektorraums.

Die zweite Sichtweise bezieht sich nicht auf eine im $\mathbb{R}^3$ eingebettete Ebene, sondern auf eine Kugeloberfläche im euklidischen Raum $\mathbb{R}^3$. Die Idee dabei ist, die eben betrachteten Untervektorräume mit der Kugeloberfläche der Einheitssphäre $S^2 = \{(x, y, z)^T \in \mathbb{R}^3 : x^2 + y^2 + z^2 = 1\}$ zu schneiden. Jeder eindimensionale Untervektorraum schneidet die Sphäre in genau zwei antipodalen[7] Punkten. Da wir eindimensionale Untervektorräume als einen einzigen Punkt der reellen projektiven Ebene auffassen, müssen wir auch die beiden antipodalen Schnittpunkte als genau einen Punkt der reellen projek-

---

[7] also gegenüberliegenden.

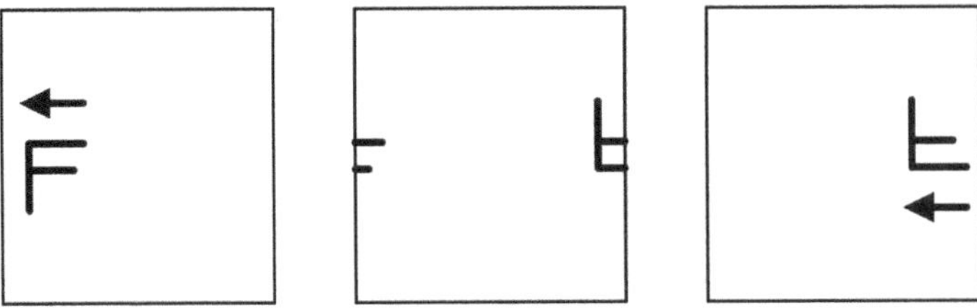

Abb. 1.4 Die reelle projektive Ebene ist nicht orientierbar.

tiven Ebene interpretieren. Um die Geraden zu interpretieren verfahren wir folgendermaßen: Wenn wir die Geraden wieder mit zweidimensionalen Untervektorräumen des $\mathbb{R}^3$ identifizieren, bekommen wir unmittelbar ihre Interpretation auf der Kugeloberfläche, nämlich als Schnitt der Kugeloberfläche und des zur Geraden gehörenden Untervektorraumes. Dabei werden bei dieser Anschauung die Geraden in $\mathbb{RP}^2$ zu Großkreisen auf S^2 und die Inzidenz wird letztlich einfach zur Inzidenz auf der Kugeloberfläche. Abbildung 1.3 illustriert dies anhand einer einfachen Konfiguration mit neun Punkten und neun Geraden.

1.6 Nicht-Orientierbarkeit der reellen projektiven Ebene

Wir wollen nun die reelle projektive Ebene unter topologischen Gesichtspunkten betrachten. Im letzten Abschnitt haben wir die reelle projektive Ebene auf der S^2 darstellen können, indem wir antipodale Punkte identifiziert haben. Diese Identifikation bedeutet, dass die S^2 die reelle projektive Ebene $\mathbb{RP}^2$ doppelt überdeckt. D.h. eigentlich erhalten wir als Modell der Punkte von $\mathbb{RP}^2$ die halbe Kugeloberfläche, bei der am Rand gegenüberliegende Punkte noch identifiziert werden müssen. Topologisch[8] gesehen ist das Innere der halben Kugeloberfläche äquivalent zum Inneren einer quadratischen Fläche. Da gegenüberliegende Punkte auf dem Rand der halben Kugeloberfläche identifiziert wurden, müssen ebenso die Randpunkte des Quadrats identifiziert werden, d.h. gegenüberliegende Seiten des Quadrats müssen in entgegengesetzter Richtung miteinander identifiziert werden.

Mittels dieses Modells lässt sich einfach veranschaulichen, dass die reelle projektive Ebene nicht orientierbar ist. Dafür schieben wir z.B. eine Figur in Form eines "F" zum linken Rand aus dem eben beschriebenen Quadrat

---

[8] Die Topologie untersucht die Eigenschaften geometrischer Objekte, die unter stetigen Verformungen invariant bleiben. D.h. wir können uns die halbe Kugeloberfläche aus Gummi vorstellen, sie nach belieben verformen und erhalten topologisch gesehen immer noch dasselbe Objekt.

hinaus (siehe Abb. 1.4). Sobald wir einen Teil des F hinausgeschoben haben, erscheint dieser wieder auf der gegenüberliegenden Seite, da die entsprechenden Randpunkte miteinander identifiziert sind. Dabei ist zu beachten, dass das F spiegelverkehrt und auf dem Kopf in die Ebene zurückkehrt. Somit haben wir die Orientierung des F umgekehrt, obwohl nur eine einfache Verschiebung, die orientierungstreu ist, stattgefunden hat. Aus diesem Grund kann die reelle projektive Ebene nicht orientierbar sein.

Die Tatsache, dass die reelle projektive Ebene nicht orientierbar ist, wirkt sich auch auf geschlossene Kurven aus. Es gibt zwei Arten von geschlossenen Kurven, *geradenartige* und *kreisartige*. Der Unterschied zwischen beiden Kurven ist, dass kreisartige Kurven die Ebene in zwei Teile zerlegen, wo hingegen geradenartige Kurven dies nicht tun. Anschaulich gesprochen heißt das, dass ich bei kreisartigen Kurven die Kurve selbst überqueren muss, um auf die andere Seite der Kurve zu gelangen. Bei geradenartigen Kurven ist dies nicht nötig. Hier kann man über "das Unendliche" auf die andere Seite der Kurve gelangen ohne sie zu überqueren.

1.7 Exkurs: Raumformen

Im Folgenden wollen wir ein paar Raumformen vorstellen. D.h. topologisch verschiedene Möglichkeiten zweidimensionale Flächen zu bilden. Hierbei beschränken wir uns auf die Flächen, die aus einer rechteckigen Grundform durch Identifikation der Seitenkanten entstehen können. Anschaulich kann man das Identifizieren von Seiten als das Zusammenkleben der Seiten verstehen. Wir geben jeweils konkrete, nicht notwendig selbstdurchdringungsfreie Einbettungen der verklebten Flächen in den $\mathbb{R}^3$ an.

Kreisscheibe. Das einfachste ist, dass wir bei einem Rechteck gar keine Seiten miteinander identifizieren. Dann erhalten wir topologisch gesehen eine Kreisscheibe. Diese ist orientierbar, hat einen Rand und zwei Seiten.

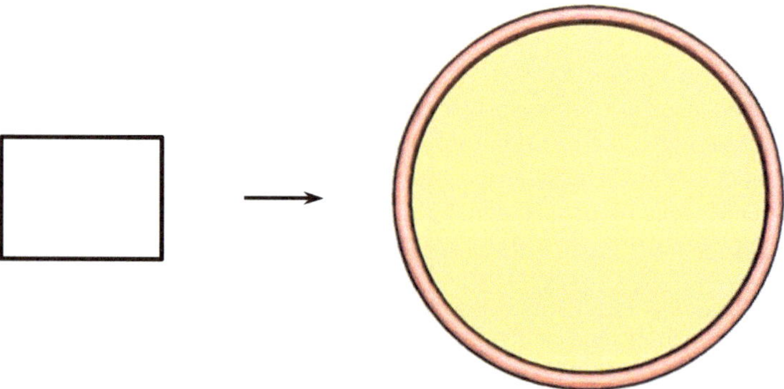

Zylinder. Identifizieren wir hingegen eines der beiden Kantenpaare gleichsinnig, erhalten wir einen Zylinder. Auch er ist orientierbar, aber im Gegensatz zur Kreisscheibe hat dieser zwei Ränder und zwei Seiten.

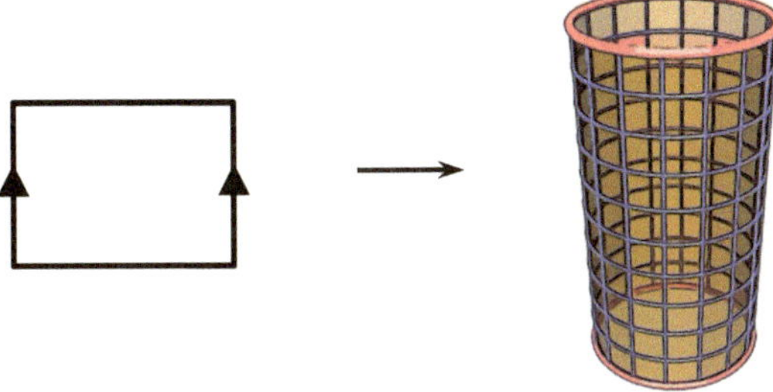

Möbiusband. Das Möbiusband entsteht, wenn man ebenfalls nur eines der
beiden Kantenpaare identifiziert. Diese aber nicht gleichsinnig, sondern gegensinnig verklebt. Die so entstandene Fläche ist nicht orientierbar, hat nur
einen Rand und eine Seite.

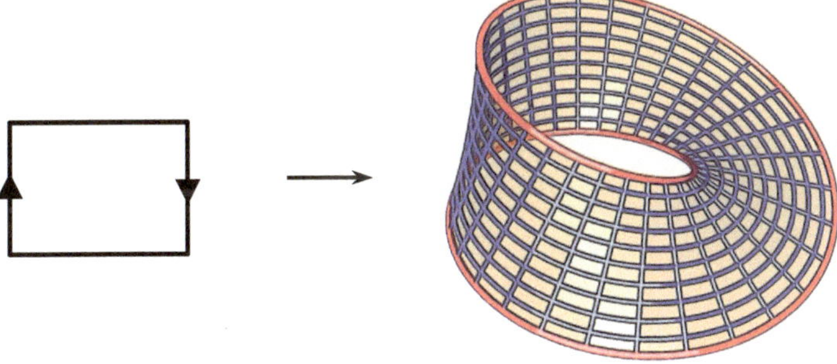

Kugel. Zwei aufeinanderfolgede Ränder werden hier gleichsinnig verklebt
(d.h. links mit oben, rechts mit unten). Es entsteht eine gewöhnliche Kugel.

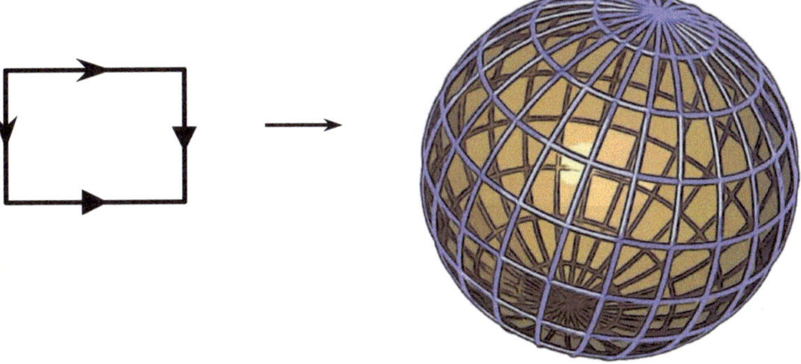

Torus. Beim Torus müssen die beiden gegenüberlegenden Kantenpaare identifiziert werden. Sie werden jeweils gleichsinnig verklebt. Der Torus gehört wieder zu den orientierbaren Flächen. Er hat keinen Rand, aber zwei Seiten.

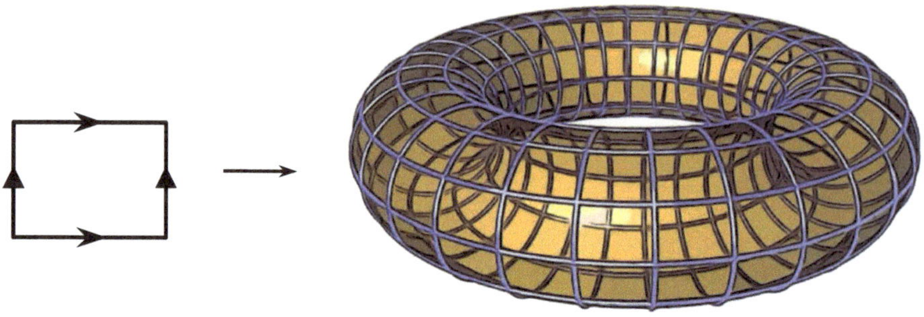

Klein'sche Flasche. Diese Fläche hat ebenfalls keinen Rand und auch nur eine Seite. Die Klein'sche Flasche erhält man, indem man ein Kantenpaar gleichsinnig identifiziert, während man das andere gegensinnig verklebt. Sie gehört zu den nicht orientierbaren Flächen.

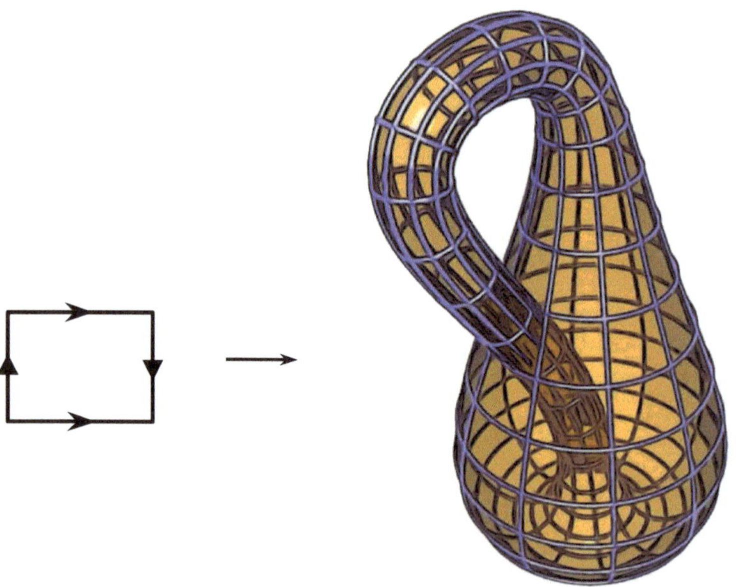

Reelle projektive Ebene. Die letzte (und die für uns interessanteste) Möglichkeit die Seiten des Rechtecks noch auf andere Art und Weise zu identifizieren, ist, beide Seitenpaare gegensinnig zu verkleben. Im Prinzip identifiziert man bei einer Kreisscheibe antipodale Punkte. Das Endprodukt ist, topologisch gesehen, die reelle projektive Ebene, die, wie zuvor erläutert, nicht orientiert werden kann.

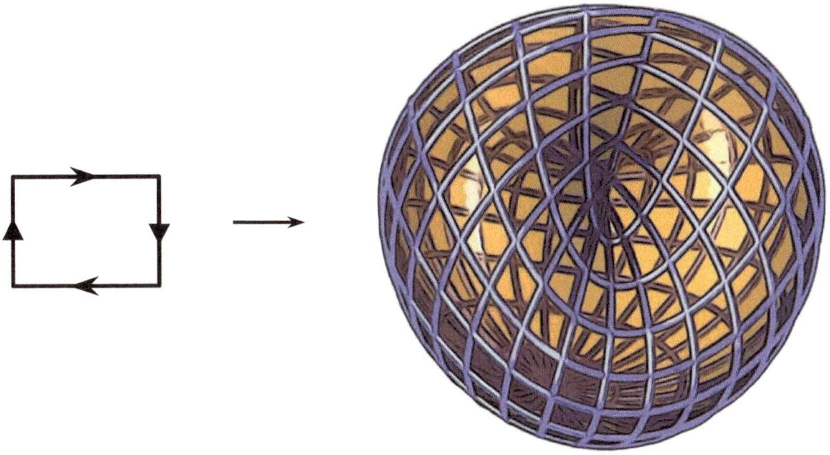

Sich in die sich selbst durchdringende Fläche "hineinzumeditieren" erfordert schon einiges Vorstellungsvermögen. Darum ist hier noch einmal eine ausgedünnte Version angegeben, bei der man die Kreisscheibe und einige der Längengrade, die gegenüberliegende Punkte miteinander identifizieren, erkennen kann.

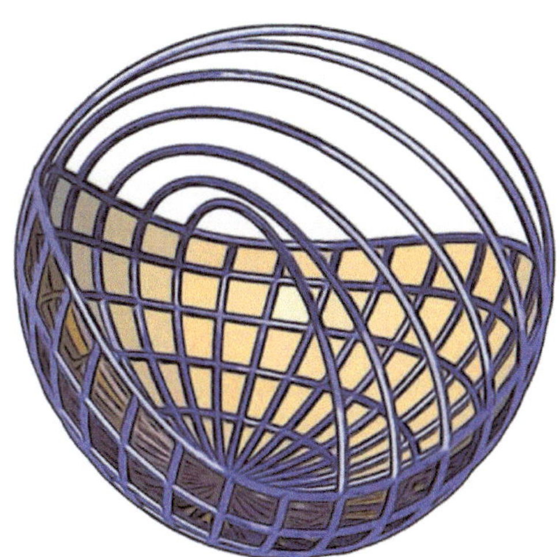

Übungsaufgaben

1. Die euklidische Ebene sei wieder auf $z = 1$ im $\mathbb{R}^3$ eingebettet. Zeichnen Sie die folgenden Objekte bzgl. dieser Einbettung in die Ebene ein.

   a) Punkte mit homogenen Koordinaten:

   $$P_1 = (0,0,3)^T,\ P_2 = (2,1,1)^T,\ P_3 = (7,-5,2)^T,\ P_4 = (1,1,0)^T$$

   b) Geraden mit homogenen Koordinaten:

   $$g_1 = (1,0,1)^T,\ g_2 = (1,1,2)^T,\ g_3 = (1,1,4)^T,\ g_4 = (0,0,1)^T,$$
   $$g_5 = (1,1,0)^T,\ g_6 = (4,3,12)^T$$

2. Will man zwei Zahlen x und y miteinander multiplizieren, so fällt man in $\mathbb{R}^2$ von $(-x,0)^T$ und von $(y,0)^T$ das Lot auf eine Normalparabel. Schneidet man die Verbindungsgerade dieser beiden Parabelpunkte mit der y-Achse, so landet man genau im Punkt $(0, x \cdot y)^T$. Beweisen Sie diese Eingenschaft mit Hilfe von homogenen Koordinaten und dem Kreuzprodukt.

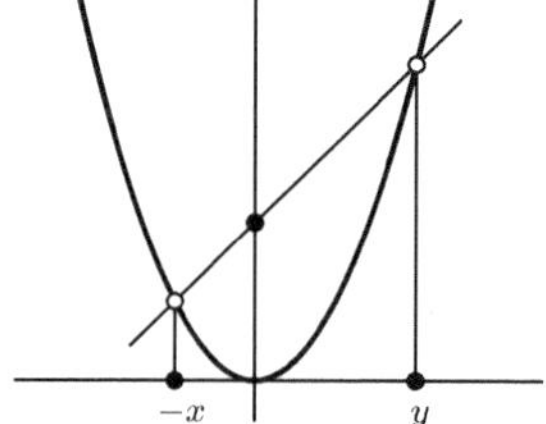

3. Gegeben sei die nachstehende (unvollständige) Fotographie eines Schachbretts. Zeichnen Sie die fehlenden Felder des Schachbrettes *perspektivisch richtig* ein.

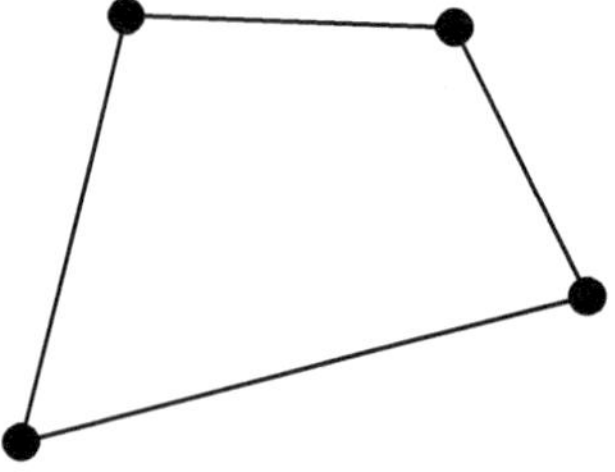

4. Nun sei die euklidische Ebene im $\mathbb{R}^3$ nicht ka-
   nonisch auf $z = 1$ eingebettet, sondern so,
   dass sie durch die Punkte $E_1 = (1,0,0)^T$,
   $E_2 = (0,1,0)^T$ und $E_3 = (0,0,1)^T$ des $\mathbb{R}^3$
   verläuft.

   Rechts finden Sie eine Draufsicht auf die eingebettete Ebene. Zeichnen Sie bzgl. dieser Einbettung die Punkte unten in die Draufsicht ein.

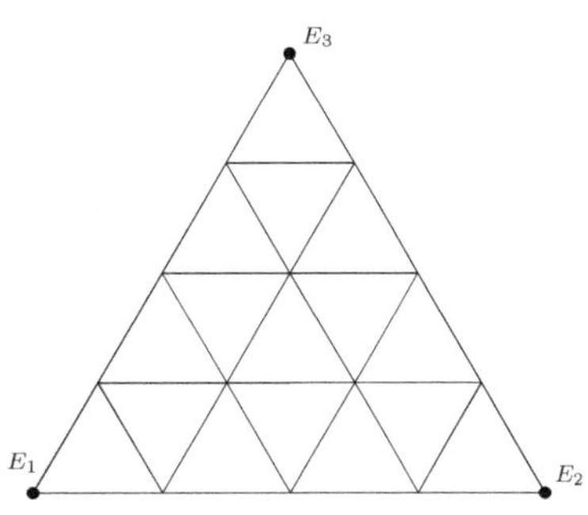

$$P_1 = (1,1,0)^T, \; P_2 = (1,1,1)^T,$$
$$P_3 = (3,0,1)^T, \; P_4 = (2,1,1)^T$$

5. Gegeben seien die folgenden drei Axiome.

   (i)   *Zwei Geraden schneiden sich in genau einem Punkt.*
   (ii)   *Durch zwei Punkte geht genau eine Gerade.*
   (iii) *Es gibt vier paarweise verschiedene Punkte A, B, C, D, so dass keine drei von*
          ihnen auf einer Geraden liegen.

   Zeigen Sie, dass wenn die drei Axiome voraussetzt werden, der folgende Satz gilt.

   Es gibt vier paarweise verschiedene Geraden a, b, c, d, so dass sich keine drei von
   ihnen in einem Punkt scheiden.

2
Transformationen

Wir haben gesehen, dass homogene Koordinaten helfen, geometrische Grundoperationen zu vereinheitlichen und zu vereinfachen. Sie erweisen sich aber auch in vielen weiteren Zusammenhängen als nützlich. In diesem Kapitel werden wir betrachten, wie sich geometrische Transformationen (Rotationen, Verschiebungen, Spiegelungen und Gleitspiegelungen) im Lichte von homogenen Koordinaten darstellen lassen. Auch hier werden wir sehen, dass homogene Transformationen zu deutlichen Vereinheitlichungen führen. Jede Transformation wird durch eine einfache Multiplikation mit einer Matrix dargestellt. Darüber hinaus werden wir sehen, dass wir durch solche Matrizenmultiplikationen auch perspektivische Verzerrungen darstellen können.

2.1 Euklidische Transformationen

Euklidische Transformationen sind Translationen, Rotationen, Spiegelungen und Gleitspiegelungen. Während in der Ebene $\mathbb{R}^2$ eine Translation mittels einer einfachen Vektoraddition[1] dargestellt wird, werden Rotationen um den Nullpunkt und Spiegelungen entlang von Geraden durch den Nullpunkt in der euklidischen Ebene durch Multiplikation mit 2×2-Matrizen dargestellt. Allgemeine euklidische Transformationen (z.B. Rotationen um einen beliebigen Punkt) werden durch Verknüpfungen von Matrixmultiplikation und Vektoraddition dargestellt. Sie haben die Gestalt $P \mapsto M(P - v) + w$, wobei $M \in \mathbb{R}^{2 \times 2}$.

Die unterschiedliche Darstellung von Translationen und Drehungen bzw. Spiegelungen sind dafür verantwortlich, dass z.B. das Inverse einer euklidischen Transformation i.A. nur verhältnismäßig mühsam bestimmt werden kann. Besser wäre eine einheitliche Darstellung, bei der es nur noch Matrizen

---

[1] Man addiert den Vektor, um den verschoben wird.

J. Richter-Gebert, T. Orendt, *Geometriekalküle*, Springer-Lehrbuch,
DOI 10.1007/978-3-642-02530-3_2, © Springer-Verlag Berlin Heidelberg 2009

gäbe. Dies wird durch die Verwendung homogener Koordinaten ermöglicht.

Stellen wir Punkte $(x, y)^T$ der euklidischen Ebene wieder mittels der homogenen Koordinate $[(x, y, 1)^T]$ dar, so können wir eine Rotationsmatrix wie folgt einbetten

$$\left[\begin{pmatrix} x \\ y \\ 1 \end{pmatrix} \right] \mapsto \left[\begin{pmatrix} \cos\alpha & \sin\alpha & 0 \\ -\sin\alpha & \cos\alpha & 0 \\ 0 & 0 & 1 \end{pmatrix} \cdot \begin{pmatrix} x \\ y \\ 1 \end{pmatrix} \right]$$

und eine Translation lässt sich mittels der Abbildung

$$\left[\begin{pmatrix} x \\ y \\ 1 \end{pmatrix} \right] \mapsto \left[\begin{pmatrix} 1 & 0 & t_x \\ 0 & 1 & t_y \\ 0 & 0 & 1 \end{pmatrix} \cdot \begin{pmatrix} x \\ y \\ 1 \end{pmatrix} \right]$$

darstellen. Spiegelungen ergeben sich völlig analog. Über diese Darstellung wird nun die Verknüpfung von Abbildungen einfach zu Matrixmultiplikationen und die Bestimmung einer inversen Abbildung ist letztlich die Bestimmung einer inversen Matrix.

2.2 Affine Transformationen

Allgemeine affine Abbildungen sind Verschiebungen, Rotationen um beliebige Punkte, Spiegelungen an beliebigen Geraden, Scherungen und alle Verkettungen aus diesen Abbildungen. Sie können völlig analog dargestellt werden. Über den Koordinaten in $\mathbb{R}^2$ lassen sie sich als Verkettung von Translationen und Multiplikation mit einer 2×2-Matrix schreiben. Homogen wird analog zu den obigen Betrachtungen daraus wieder eine einzige Multiplikation mit einer 3×3-Matrix. In homogenen Koordinaten ergibt sich $[P] \mapsto [M \cdot P]$, wobei $\det M \neq 0$ und M die Form

$$\begin{pmatrix} a & b & c \\ d & e & f \\ 0 & 0 & 1 \end{pmatrix} \in \mathbb{R}^{3 \times 3}$$

hat. An dieser Stelle soll erwähnt werden, dass natürlich eine solche Matrizenmultiplikation vollkommen verträglich ist mit der Äquivalenzklassenbildung bei homogenen Koordinaten.

Gilt $[P] = [P']$ so gilt auch $[M \cdot P] = [M \cdot P']$. Da die Matrix einer affinen Transformation sich immer noch als direkte Übersetzung der Verhältnisse im $\mathbb{R}^2$ ergibt, hat auch hier die entsprechende 3×3-Matrix als letzte Zeile den Einheitsvektor $(0, 0, 1)$. Dies hat direkte Konsequenzen für unsere geometrische Interpretation über der reellen projektiven Ebene $\mathbb{RP}^2$. Wird ein unendlich ferner Punkt $[(x, y, 0)^T]$ durch eine affine Transformation abgebildet, so wird daraus wieder ein unendlich ferner Punkt $[(x', y', 0)^T]$, denn es gilt

$$\begin{pmatrix} a & b & c \\ d & e & f \\ 0 & 0 & 1 \end{pmatrix} \cdot \begin{pmatrix} x \\ y \\ 0 \end{pmatrix} = \begin{pmatrix} x' \\ y' \\ 0 \end{pmatrix},$$

wobei $(x', y')^T \in \mathbb{R}^2 \setminus \{(0,0)\}$. Geometrisch gesprochen bedeutet dies, dass parallele Geraden wieder auf parallele Geraden abgebildet werden. Dies ist die charakterisierende Eigenschaft affiner Transformationen.

2.3 Projektive Transformationen

Bisher hatten alle betrachteten 3×3 Matrizen den Einheitsvektor $(0, 0, 1)$ als letzte Zeile. Was passiert, wenn wir diese Einschränkung auch noch aufgeben? Wir erhalten, noch allgemeiner als euklidische und affine Transformationen, die *projektiven Transformationen*. Bei ihnen kommen noch zu dem, was man mit affinen Transformationen erreichen kann, perspektivische Verzerrungen hinzu. Formal ist eine projektive Transformation eine Abbildung $\tau_M : \mathcal{P} \to \mathcal{P}$, die mittels einer regulären[2] Matrix

$$M = \begin{pmatrix} a & b & c \\ d & e & f \\ g & h & i \end{pmatrix} \in \mathbb{R}^{3 \times 3}$$

dargestellt werden kann. Die Abbildungsvorschrift lautet $\tau_M([P]) = [M \cdot P]$. Diese ist u.a. wohldefiniert, da eine projektive Transformation M die Äquivalenzklasse $[P]$ immer auf die Äquivalenzklasse $[M \cdot P]$ abbildet, die Aktion von M auf den Äquivalenzklassen ist also wohldefiniert. Ferner ergibt sich aus der Identifikation von skalaren Vielfachen ungleich Null, dass M, als auch $\lambda \cdot M$ für $\lambda \in \mathbb{R}^*$, projektiv gesehen die gleiche Transformation liefert. Diese Äquivalenzklasse bezeichnen wir ebenso mit $[M]$.

Im Folgenden wollen wir uns überlegen, wie die letzte Zeile der Abbildungsmatrix sich auf die Geometrie der Abbildung auswirkt. Das Entscheidende dabei sind die Fernpunkte. Wir haben gesehen, dass unter affinen Abbildungen Punkte auf der Ferngeraden wiederum auf Punkte auf der Ferngeraden abgebildet werden. Bei projektiven Transformationen hingegen ist das im Allgemeinen anders. Da die letzte Zeile i.A. voll besetzt ist, werden hier Fernpunkte auf endliche Punkte abgebildet, d.h. unter projektiven Transformationen bleibt die Ferngerade nicht fix. Dennoch werden die Punkte der

---

[2] d.h. $\det M \neq 0$.

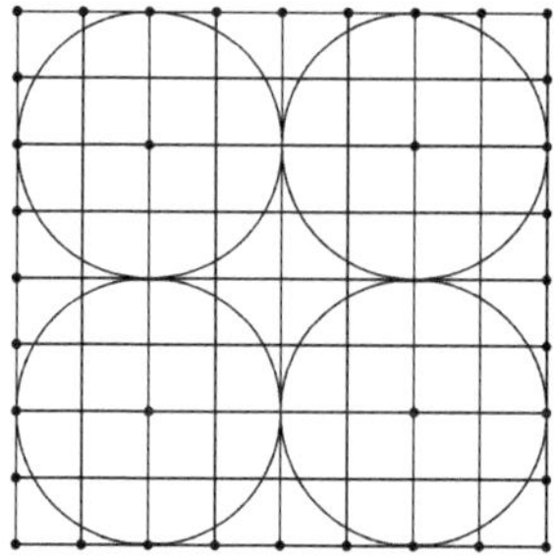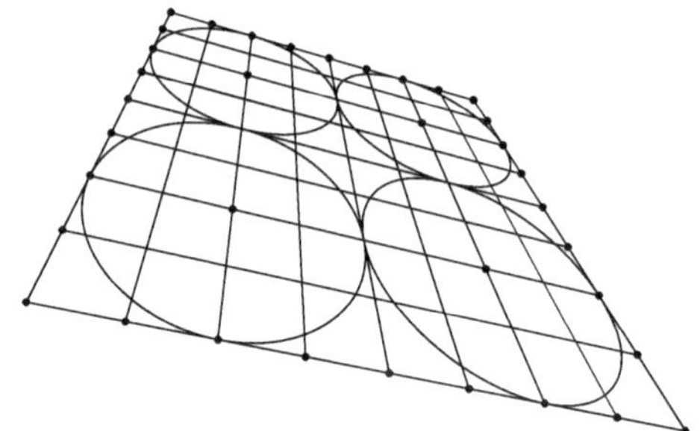

Abb. 2.1 Ein Gitter und eine projektive Verzerrung des selben.

Ferngeraden wieder auf Punkte einer (anderen) Geraden abgebildet. Wie wir gleich sehen werden, gilt sogar noch viel mehr, nämlich dass eine projektive Transformation kollineare Punktemengen[3] wieder in kollineare Punktemengen überführt.

Hierzu benötigen wir zunächst eine Charakterisierung der Eigenschaft, dass drei Punkte von $\mathcal{P}$ gemeinsam auf einer Geraden liegen.

Lemma 2.1. *Die Punkte* $[A], [B], [C] \in \mathcal{P}$ *sind genau dann kollinear, wenn* $\det(A, B, C) = 0$ *gilt.*

Beweis. Drei Punkte sind genau dann kollinear, wenn die Repräsentanten koplanar im $\mathbb{R}^3$ sind. Dies ist genau dann der Fall, wenn deren Determinante verschwindet. $\qquad\square$

Wir wollen nun zwei zentrale Eigenschaften projektiver Transformationen beweisen. Die erste ist

Satz 2.2. *Projektive Transformationen führen kollineare Punkte in kollineare Punkte über.*

Beweis. $[M{\cdot}A], [M{\cdot}B], [M{\cdot}C] \in \mathcal{P}$ sind genau dann kollinear, wenn

$$\det(M{\cdot}A, M{\cdot}B, M{\cdot}C) = 0.$$

Es gilt aber $\det(M{\cdot}A, M{\cdot}B, M{\cdot}C) = \det M \cdot \det(A, B, C)$. Da $\det M \neq 0$ folgt

$$\det(M{\cdot}A, M{\cdot}B, M{\cdot}C) = 0 \iff \det(A, B, C) = 0.$$

Also sind die Bildpunkte genau dann kollinear, wenn $[A], [B], [C]$ kollinear sind. $\qquad\square$

---

[3] d.h. Punktemengen, die auf einer gemeinsamen Gerade liegen

Die zweite Aussage, die wir beweisen wollen, besagt, dass eine projektive Transformation durch das Bild von vier Punkten eindeutig bestimmt ist. An dieser Stelle ist es tatsächlich unerlässlich auf die Ebene der Äquivalenzklassen von Punkten herunter zu gehen (und nicht nur mit Repräsentanten zu rechnen), da wir zum Beweis die zusätzliche Freiheit des Skalierens eines Punktes benötigen.

Satz 2.3. *Es seinen* $[A], [B], [C], [D] \in \mathcal{P}$ *Punkte von denen keine drei auf einer Geraden liegen. Ebenso seine* $[A'], [B'], [C'], [D'] \in \mathcal{P}$ *Punkte von denen keine drei auf einer Geraden liegen. Dann gibt es genau eine Äquivalenzklasse* $[M]$ *mit*

$$[M \cdot A] = [A'], \quad [M \cdot B] = [B'], \quad [M \cdot C] = [C'], \quad [M \cdot D] = [D'].$$

Beweis. Wir betrachten zunächst den Spezialfall

$$A = (1,0,0)^T, B = (0,1,0)^T, C = (0,0,1)^T, D = (1,1,1)^T.$$

Da die Spalten der Matrix die Bilder der Einheitsvektoren sind, muss die Matrix M die Gestalt

$$M = \begin{pmatrix} | & | & | \\ \lambda A' & \mu B' & \tau C' \\ | & | & | \end{pmatrix},$$

haben, wobei $\lambda, \mu, \tau \in \mathbb{R}^*$ gilt. Zusätzlich soll D auf D' abgebildet werden. Hieraus erhalten wir die zusätzliche Bedingung

$$\begin{pmatrix} | & | & | \\ \lambda A' & \mu B' & \tau C' \\ | & | & | \end{pmatrix} \cdot \begin{pmatrix} 1 \\ 1 \\ 1 \end{pmatrix} = \begin{pmatrix} | \\ D' \\ | \end{pmatrix}$$

Durch eine einfache Umformung folgt hieraus das lineare Gleichungssystem

$$\begin{pmatrix} | & | & | \\ A' & B' & C' \\ | & | & | \end{pmatrix} \cdot \begin{pmatrix} \lambda \\ \tau \\ \mu \end{pmatrix} = \begin{pmatrix} | \\ D' \\ | \end{pmatrix}.$$

Dieses lineare Gleichungssystem in λ, μ und τ ist eindeutig lösbar. Die Eindeutigkeit ergibt sich aus der Bedingung, dass keine drei Punkte kollinear[4] sind. Weiter folgt ebenso aus der nicht kollinearen Lage der Punkte, dass $\lambda, \mu, \tau \neq 0$ sind. Somit ist der Satz zunächst für den Spezialfall der oben angegebenen Urbildpunkte bewiesen.
Eine allgemeine projektive Transformation, bei der die Punkte $[A]$, $[B]$, $[C]$ und $[D]$ nicht speziell gewählt wurden, führt man einfach auf diesem Spezialfall zurück, indem man zuerst die zwei Transformationen bestimmt, welche

---

[4] d.h. $\det(A', B', C') \neq 0$.

die Punkte

$$(1,0,0)^T, (0,1,0)^T, (0,0,1)^T, (1,1,1)^T \text{ auf } A, B, C, D$$

und

$$(1,0,0)^T, (0,1,0)^T, (0,0,1)^T, (1,1,1)^T \text{ auf } A', B', C', D'$$

abbilden. Die beiden zugehörigen Matrizen seinen entsprechend mit M_1 und M_2 bezeichnet. Dann bildet die projektive Transformation $[M] = [M_2 \cdot M_1^{-1}]$ die Punkte $[A], [B], [C], [D]$ auf $[A'], [B'], [C'], [D']$ ab. $\qquad\square$

Nachdem wir die Existenz und Eindeutigkeit projektiver Transformationen studiert haben, klären wir deren Auswirkungen auf Geraden.

Satz 2.4. *Sei τ_M eine projektive Transformation und $[g] \in \mathcal{G}$ eine Gerade in $\mathbb{RP}^2$. Dann ist das Bild von $[g]$ unter τ_M gegeben durch $[(M^T)^{-1} \cdot g]$.*

Beweis. Sei $[P] \in \mathcal{P}$ ein Punkt. Dann gilt für das Bild $[M \cdot P]$ von $[P]$.

$$\langle M \cdot P, (M^T)^{-1} \cdot g \rangle = P^T \cdot M^T \cdot (M^T)^{-1} \cdot g = P^T \cdot g = \langle P, g \rangle = 0 \iff [P] \, \mathcal{I} \, [g]$$

$$\square$$

Zum Abschluss dieses Kapitels wollen wir auf den Fundamentalsatz der projektiven Geometrie eingehen, den wir in diesem Rahmen aber nicht beweisen werden. Zur Formulierung benötigen wir zuvor noch den Begriff der *Kollineation*.

Definition 2.5. *Eine bijektive Abbildung $\tau : \mathcal{P} \to \mathcal{P}$, die kollineare Punkte auf kollineare Punkte abbildet, nennen wir Kollineation.*

Satz 2.2 besagt, dass jede projektive Transformation Kollinearität erhält, und somit eine Kollineation ist. Der Fundamentalsatz der projektiven Geometrie hingegen liefert die Umkehrung.

Satz 2.6. *Jede Kollinearität ist eine projektive Transformation.*

In anderen Worten: wenn immer wir eine Abbildung in $\mathbb{RP}^2$ haben, die Geraden in Geraden überführt, dann lässt sich diese durch Matrixmultiplikation ausdrücken.

Noch eine Bemerkung zum Schluss. Der Fundamentalsatz der projektiven Geometrie ist i.A. nicht über jedem Körper gültig. Über den komplexen Zahlen $\mathbb{C}$ oder über dem Körper mit zwei Elementen $\mathbb{F}_2$ ist er z.B. nicht gültig.

2.4 Exkurs: Projektive Entzerrung

Objekte, die man auf Fotografien sieht, sind zumeist bedingt durch die Position des Fotografen perspektivisch verzerrt. Man kann projektive Abbildungen

Abb. 2.2 Welche Kurven beschreiben die Aufhängekabel der Golden Gate Bridge?

benutzten, um solche Verzerrungen wieder rückgängig zu machen und die ursprüngliche Form der Gegenstände zu rekonstruieren. Um zu verstehen, was Fotografien mit projektiven Abbildungen zu tun haben, stellen wir uns den Fotoapparat vereinfacht als eine Lochkamera vor. Lichtstrahlen fallen durch eine nahezu punktförmige Öffnung und werfen ein Bild auf die Rückseite der Lochkamera, an der das lichtempfindliche Material, der Film, angebracht ist. Wird mit einer solchen Anordnung eine ebene Figur, z.B. ein Bild an einer Wand, aufgenommen, so wird die Bildebene, die Wand, durch einen Projektionspunkt, das Loch in der Kamera, auf eine andere Ebene, den Film, abgebildet. Eine gerade Linie auf der Wand geht wieder in eine gerade Linie auf dem Film über, also handelt es sich um eine projektive Abbildung. Da im Allgemeinen die Bildebene und die Filmebene nicht parallel zueinander liegen, entstehen hier auch echte projektive Abbildungen und nicht nur Parallelprojektionen.

Wir wollen diesen Zusammenhang nutzen, um eine kleine Bildanalyse an einem Foto der Golden Gate Bridge vorzunehmen (vgl. Abb. 2.2). Welche Kurve beschreibt eines der beiden Haupttragseile (das ist ein vornehmer Umschreibung für Stahltrossen mit 92cm Durchmesser), an dem der Mittelteil der Brücke aufgehängt ist? Das Foto in der Abbildung ist von der Seite aus

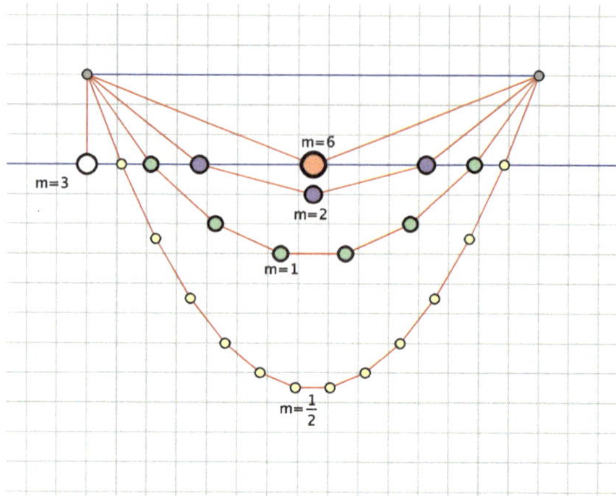

Abb. 2.3 Parabeln als Hängekurven.

aufgenommen. Die ursprüngliche Kurve ist somit projektiv verzerrt. Wir wissen aber, dass das Seil nahezu in einer Ebene hängt und dass die Kopf- und Fußpunkte der einen Seite der beiden Pfeiler in Wirklichkeit einen rechteckigen Rahmen bilden, der diese Ebene aufspannt. Definieren wir also eine projektive Abbildung τ, die die Ecken des im Bild verzerrten Rechtecks auf die Ecken eines echten Rechtecks wirft. So können wir mit dieser Abbildung die Situation entzerren.

In der Konstruktion der Abb. 2.2 wurde genau das Umgekehrte gemacht. Es wurde versucht, auch noch einige der physikalischen Zusammenhänge des in der Brücke wirkenden Kräftegleichgewichts zu illustrieren. Tatsächlich entstand das Bild folgendermaßen: In dem kleinen Rechteck im Bildvordergrund wurde eine kleine "Physiksimulation" gestartet. Jeder der grauen Punkte ist eine Masse. Die Verbindungslinien illustrieren Federn mit einer Ruhelänge von Null, die dem Hook'schen Kraftgesetz gehorchen. Der senkrecht nach unten zeigende Pfeil symbolisiert die Schwerkraft. Tatsächlich entspricht das Kräftegleichgewicht, das sich in dieser Situation einstellt, genau der Situation in den Haupttrageseilen der Golden Gate Bridge (wie man durch die Projektive Abbildung auf die Ecken der Pfeiler unschwer erkennen kann).

Überraschenderweise stellt sich bei einer solchen Situation tatsächlich eine Parabelkurve ein – und nicht, wie vielleicht so mancher Mathematiker auf den ersten Blick vermuten würde, eine Kettenlinie. Überlegen wir zunächst, warum eine Parabel bei der Federkonstruktion entstehen muss (vgl. Abbildung 2.3). Eine elementare geometrische Überlegung leistet das Gewünschte. Betrachten wir eine Kette aus n Massepunkten gleicher Masse, die durch ideale masselose Federn mit Ruhelänge Null verbunden sind und deren Enden an zwei gleich hohen Fixpunkten mit Nägeln befestigt sind. Die Schwerkraft wirkt senkrecht nach unten. Das Superpositionsprinzip gestattet uns, die Situation in x- und y-Richtung getrennt zu betrachten.

In x-Richtung passiert nicht viel Spannendes: Da in diese Richtung keine Schwerkraft wirkt, pendeln sich einfach gleiche Abstände in x-Richtung zwischen den Punkten ein. Die x-Koordinaten unserer Punkte werden einfach um den immer gleichen Betrag größer (sagen wir, um 1, damit wir nicht so viel rechnen müssen).

Was passiert nun in y-Richtung? Wir nehmen der Einfachheit halber an, dass wir es mit einer ungeraden Anzahl von Massen zu tun haben (andernfalls wird die Überlegung ein klein wenig komplizierter, ist aber im Prinzip die gleiche). Das Koordinatensystem verschieben wir so, dass der unterste Punkt der hängenden Kette im Koordinatenursprung liegt. Die Masse des untersten Massepunktes zieht an den beiden benachbarten Gummibändern und streckt diese in y-Richtung auf eine Länge l. An den links und rechts daran angrenzenden Gummibändern hängt das Gewicht der untersten drei Massen, also werden diese in y-Richtung auf $3l$ gedehnt. Es folgen Dehnungen von $5l$, $7l$, usw.. Damit ergeben sich aber für die Höhen der Massepunkte ausgehend vom untersten Punkt der Reihe nach die Werte $1l$, $1l + 3l = 4l$, $1l + 3l + 5l = 9l$, $1l + 3l + 5l + 7l = 16l$, usw. – also liegen sie auf einer Parabel! Abbildung 2.3 zeigt die Situation für verschiedene Anzahlen von Gewichten.

Tatsächlich ist die Golden Gate Bridge genau nach diesem Prinzip konstruiert. Die Modellierung der Seile kann man im Prinzip mit virtuellen Federn durchführen (eigentlich sind Gummibänder die passendere Methapher). Diese werden proportional zu der auf sie wirkenden Kraft gedehnt, sollen aber eine Ruhelänge von Null haben. Die Gestaltung der Brücke ist so durchgeführt, dass sie nicht durch im Innern wirkende Kräfte zerrissen wird. Die Gummibänder zeigen uns mit ihrer Ausdehnung genau an, welche Länge die Stahlseile später haben müssen, damit keine inneren Kräfte auftreten. Man kann sich leicht vorstellen, dass die mit Gummibändern gefundene Form dann aus Metall nachgebaut wird. Dieses Gestaltungsprinzip findet sich in der Architektur immer wieder. So werden z. B. Dachkonstruktionen wie die von Frei Otto[5] im Modell meist durch Damenstrumpfhosen realisiert – eine Art zweidimensionales Gummiband!

---

[5] Er konstruierte z.B. das Dach des Münchner Olympiastadions.

Übungsaufgaben

1. Gegeben seien die folgenden Vektoren.

$$P_1 = (2, -1, 1)^T, \ P_2 = (-1, 2, 1)^T, \ P_3 = (0, 0, 1)^T, \quad P_4 = (1, 1, 1)^T,$$
$$P_1' = (1, -1, 1)^T, \ P_2' = (2, 2, 1)^T, \quad P_3' = (-1, 1, 1)^T, \ P_4' = (1, 1, 1)^T$$

Bestimmen Sie eine projektive Transformation τ_M mit Matrix $M \in \mathbb{R}^{3 \times 3}$, die für $i = 1, \ldots, 4$ den Punkt $[P_i]$ auf den Punkt $[P_i']$ abbildet. Es soll also

$$[M \cdot P_i] = [P_i'] \quad \text{für } i = 1, \ldots, 4$$

gelten. Gehen Sie dabei wie im Beweis zu Satz 2.3 vor.

2. Bestimmen Sie eine Matrix $S \in \mathbb{R}^{3 \times 3}$, die eine Spiegelung an der Geraden g durch die beiden Punkte $P_1 = (15, 5)^T$ und $P_2 = (9, 11)^T$ beschreibt. Gehen Sie dabei wie folgt vor.

   a) Bestimmen Sie zuerst eine Matrix $T \in \mathbb{R}^{3 \times 3}$, die eine Translation beschreibt, welche g so verschiebt, dass diese zu einer Ursprungsgeraden g' wird.
   b) Betimmen Sie die Matrix, die die Spiegelung an g' beschreibt.
   c) Betimmen Sie Umkehrabbildung zur Translation aus Teilaufgabe a).
   d) Folgern Sie S nun aus den zuvor bestimmten Abbildungen.

3. Bestimmen Sie eine Matrix $D \in \mathbb{R}^{3 \times 3}$, die eine Drehung um den Punkt $P = (2, 1)^T$ mit dem Winkel $\frac{\pi}{3}$ beschreibt. Gehen Sie analog zur zweiten Aufgabe vor.

4. Zeigen Sie die folgenden Sätze.

   a) *Eine projektive Transformation ist genau dann eine affine Transformation, wenn sie die Ferngerade fix lässt.*
   b) *Der Punkt $[P]$ ist genau dann Fixpunkt einer projektiven Transformation τ_M, wenn P ein Eigenvektor der Matrix M ist.*
   c) *Eine projektive Transformation, die die Ferngerade und den Ursprung fix lässt, ist eine euklidische Transformation ohne translatorischen Anteil.*

5. Bestimmen Sie alle Geraden, die unter einer Translation wieder auf sich selbst abgebildet werden.

6. Zeigen Sie, dass eine projektive Transformation mit drei unterschiedlichen Fixpunkten immer auch drei Geraden fest lässt.

7. Gegeben sei eine projektive Transformation τ_M, die involutorisch ist, d.h. $\tau_M \circ \tau_M = id$ und drei Fixpunkte hat. Ferner lässt τ_M die beiden Koordinatenachsen und die Ferngerade fest. Zeigen Sie, dass in diesem Fall τ_M entweder die Identität, eine Spiegelung an einer der Koordinatenachsen oder eine Punktspiegelung am Ursprung ist.

8. Gibt es projektive Transformationen mit genau einem Fixpunkt? Wenn ja, geben Sie ein Beispiel an.

3

Dualität

Dualität gibt es in verschiedenen Bereichen der Mathematik und eben auch in der projektiven Geometrie. In diesem Kapitel wollen wir kurz auf die Dualität der projektiven Geometrie eingehen. Weil es völlig unkritisch[1] ist und die Notation erleichtert, werden wir in diesem Kapitel auf die Klammernotation für Äquivalenzklassen verzichten.

3.1 Projektive Dualität

Dem aufmerksamen Leser sollte aufgefallen sein, dass in unseren bisherigen Betrachtungen Punkte und Geraden eine vollkommen symmetrische Rolle gespielt haben. Sowohl die Menge der Punkte, als auch die Menge der Geraden wurde durch die Quotientenstruktur

$$\frac{\mathbb{R}^3 \setminus \{(0,0,0)^T\}}{\mathbb{R} \setminus \{0\}}$$

dargestellt. Inzidenz zwischen einem Punkt $P = (x, y, z)^T$ und einer Geraden $g = (a, b, c)^T$ wurde durch die vollkommen symmetrische Gleichung

$$ax + by + cz = 0$$

charakterisiert. Eine projektive Abbildung wurde auf Punkten und Geraden jeweils durch eine Matrizenmultiplikation mit M bzw. $(M^T)^{-1}$ dargestellt.

Des Weiteren haben wir die geometrischen Operatoren *join* und *meet* kennengelernt. Der join-Operator liefert zu zwei Punkten die Verbindungsgerade und der meet-Operator zu zwei Geraden deren Schnittpunkt. Beide konnten durch das Kreuzprodukt im $\mathbb{R}^3$ berechnet werden. Um sie im Folgenden in Formeln dennoch begrifflich auseinander zu halten, führen wir die Schreibwei-

---

[1] da wir nicht auf Ebene der Repräsentanten arbeiten müssen.

J. Richter-Gebert, T. Orendt, *Geometriekalküle*, Springer-Lehrbuch, DOI 10.1007/978-3-642-02530-3_3, © Springer-Verlag Berlin Heidelberg 2009

se $P \vee P'$ für den Join zweier Punkte und $g \wedge g'$ für den Meet zweier Geraden ein. Im Folgenden soll diese *Vertauschbarkeit* der Begriffe Punkt und Geraden etwas näher herausgearbeitet werden. Denn dahinter steckt ein Konzept der projektiven Geometrie, das *Dualität* genannt wird.

Einen Begriff haben wir bislang allerdings noch nicht in seiner dualen Form kennengelernt. Wir haben von *Kollinearität* dreier Punkten A, B, C gesprochen, wenn diese gemeinsam auf einer Geraden lagen. Abprüfbar war dies durch die Gleichung $\det(A, B, C) = 0$. Das entsprechende Konzept für Geraden ist die so genannte *Konkurrenz*. Drei Geraden g, h, l sind konkurrent, wenn diese durch einen gemeinsamen Punkt gehen. Hierbei sollte man sich stets vor Augen halten, dass es sich bei diesem Punkt auch um einen Fernpunkt handeln kann. Somit bedeutet in der üblichen euklidischen Ebene $\mathbb{R}^2$ Konkurrenz dreier Geraden, dass diese sich entweder in einem endlichen Punkt treffen, oder aber parallel sind (Dann treffen sie sich in einem Fernpunkt). Abprüfbar ist diese Bedingung durch die algebraische Relation $\det(g, h, l) = 0$, analog zur Kollinearität von Punkten.

Der vollkommen symmetrische Aufbau der algebraischen Strukturen von Punkten und Geraden gestattet es uns folgendes Metatheorem zu formulieren.

Satz 3.1. *Es sei $\mathcal{A}$ eine beweisbare Aussage in $\mathbb{RP}^2$, die neben den Begriffen (und Operationen) Punkt, Gerade, Inzidenz, Join, Meet, Kollinearität, Konkurrenz, projektive Transformation, nur noch logische Verknüpfung und aussagenlogische Quantoren ("für alle" und "es existiert") verwendet, so kann aus dieser Aussage eine neue beweisbare Aussage gewonnen werden, indem man nach folgendem Schema systematisch Begriffe vertauscht.*

$$Punkt \leftrightarrow Gerade$$
$$\mathcal{P} \leftrightarrow \mathcal{L}$$
$$Join \leftrightarrow Meet$$
$$\vee \leftrightarrow \wedge$$
$$kollinear \leftrightarrow konkurrent$$

Beweisskizze. Ein streng formaler Beweis des obigen Satzes würde zunächst einmal die prädikatenlogische Formalisierung der Begriffes "Aussage" und "Beweis" erfordern. Basierend darauf würde man eine Rekursive Analyse und Übersetzung der Aussagen und Beweise nach dem obigen Schema durchführen und feststellen, dass auf Ebene der grundlegenden Aussagen die Symmetrie des Begriffsgebildes die Übersetzbarkeit in die duale Aussage gewährleistet. Wir wollen uns hier nur mit einem präformalen Beweis des Dualitätsprinzips begnügen. Stellen Sie sich vor, sie haben die Aussage $\mathcal{A}$ zusammen mit deren Beweis gegeben. Vertauschen Sie nun nach dem oben genannten Schema systematisch die Begriffe. Sie werden zu einer neuen Aussage geführt. Deren Beweis ist automatisch durch den entsprechend übersetzten Beweis gegeben.   □

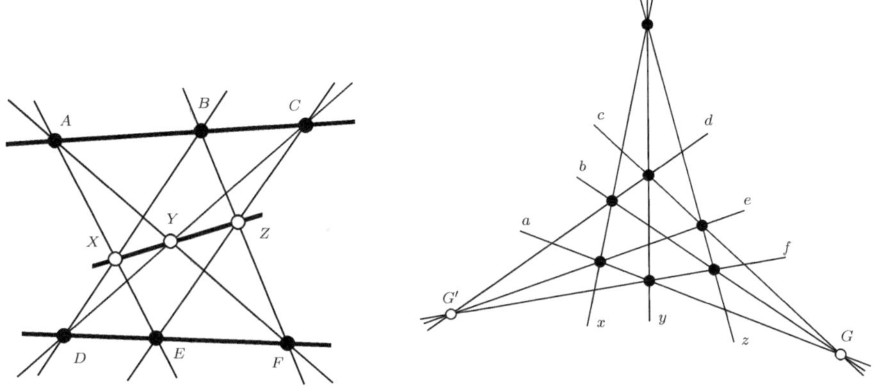

Abb. 3.1 Der Satz von Pappos und der zugehörige duale Satz.

Beispielsweise hat die Aussage

> Zu zwei verschiedenen *Punkten* P und P' aus $\mathcal{P}$ gibt es genau eine *Gerade* g aus $\mathcal{L}$, die zu beiden *Punkten* inzident ist.

die duale Entsprechung

> Zu zwei verschiedenen *Geraden* g und g' aus $\mathcal{L}$ gibt es genau einen *Punkt* P aus $\mathcal{P}$, der zu beiden *Geraden* inzident ist.

(Der Lesbarkeit halber wurden die Bezeichnungen P, P und g in der Dualisierung auf g, g' und P geändert. Dies hat natürlich keine Auswirkung auf die Wahrheit der Aussage).

Wir wollen im Folgenden das Dualitätsprinzip an einer etwas komplexeren Aussage demonstrieren. In der projektiven Ebene gibt es z.B. folgenden schönen Satz über neun Punkte.

Satz 3.2 (Der Satz von Pappos). *Seien $g, g' \in \mathcal{G}$ zwei verschiedene Geraden und $A, B, C, D, E, F \in \mathcal{P}$ sechs paarweise verschiedene Punkte, wobei A, B, C auf g und D, E, F auf g' liegen. Dann sind die drei Schnittpunkte $X = (A \vee E) \wedge (B \vee D)$, $Y = (A \vee F) \wedge (C \vee D)$ und $Z = (B \vee F) \wedge (C \vee E)$ kollinear.*

Ein Beweis dieses Satzes soll im Rahmen dieses Kapitels nicht erbracht werden, hierzu sei z.B. auf [Ri] verwiesen. Die Skizze in Abbildung 3.1 (links) soll als Indiz für dessen Richtigkeit genügen.

Diesen Satz wollen wir nun dualisieren. Dafür gehen wir systematisch durch die zugrunde liegende Konstruktion und vertauschen Punkte mit Geraden, Verbindungsgerade mit Schnittpunkt, etc.. Die beiden Geraden g und g' werden zu den Punkten G und G' und die sechs Punkte A, B, C, D, E, F werden zu Geraden a, b, c, d, e, f, wobei die Geraden a, b, c durch G und die

Geraden d, e, f durch G' gehen. Als nächstes dualisieren wir die Schnittpunkte X, Y, Z. Sie werden zu Verbindungsgeraden x, y, z, nämlich $x = (a \wedge e) \vee (b \wedge d)$, $y = (a \wedge f) \vee (c \wedge d)$ und $z = (b \wedge f) \vee (c \wedge e)$. Die Aussage übersetzt ist, dass x, y, z konkurrent sind. Als Satz formuliert erhalten wir

Satz 3.3. *Seien $G, G' \in \mathcal{P}$ zwei verschiedene Punkte und $a, b, c, d, e, f \in \mathcal{G}$ sechs paarweise verschiedene Geraden, wobei a, b, c durch G und d, e, f durch G' gehen. Dann sind die drei Verbindungsgeraden $x = (a \wedge e) \vee (b \wedge d)$, $y = (a \wedge f) \vee (c \wedge d)$ und $z = (b \wedge f) \vee (c \wedge e)$ konkurrent.*

Eine entsprechende Skizze findet sich in Abbildung 3.1 auf der rechten Seite.

3.2 Exkurs: Symmetrien der Pappos Konfiguration

In der Tat handelt es sich bei der in Abbildung 3.1 dargestellten Pappos Konfiguration um ein hochgradig symmetrisches Gebilde. Es ist nicht möglich alle kombinatorischen Symmetrien der Konfiguration auch geometrisch zu realisieren. Das linke Bild der Abbildung lässt erahnen, dass die Struktur so realisiert werden kann, dass zwei aufeinander stehende Spiegelachsen entstehen, die durch die Mitte gehen. Das rechte Bild legt nahe, dass sogar eine dreizählige Drehsymmetrie existiert. Um die rein kombinatorischen Symmetrien etwas besser zu verstehen, wollen wir uns eines kleinen Tricks bedienen und uns die Kombinatorik eingebettet auf einen Torus denken. Wir haben in Abschnitt 1.7 gelernt, dass man sich einen Torus zusammengeklebt aus einem viereckigen Stück Papier vorstellen kann, bei dem die linke und die rechte Seite, sowie die obere und die untere Seite miteinander identifiziert werden.

Wir wollen hier zwei Varianten zeigen, wie man die Punkte der Pappos Konfiguration in sehr symmetrischer Weise auf einen Torus setzen kann. Hierzu denken wir uns das viereckige Stück Papier, aus dem der Torus entstehen soll, als Parallelogramm mit Eckenwinkeln von 60° und 120°. In dieses Parallelogramm zeichnen wir ein Gitter aus gleichseitigen Dreiecken, so dass dabei entlang jeder Kante drei Dreiecksseiten liegen. Die nach oben zeigenden Dreiecke zeichnen wir gelb, die nach unten zeigenden lassen wir weiß (vgl. Abbildung 3.2). Beachtet man die Kantenidentifizierungen, so entstehen dabei insgesamt neun Eckpunkte auf dem Torus[2].

Wir wollen nun zwei Arten kennen lernen, die Punkte der Pappos Konfiguration auf die Dreiecksecken zu verteilen. Dabei offenbaren sich uns die vielen Symmetrien der Konfiguration. Die erste sieht man in Abb. 3.2 zur Linken. Der Einfachheit halber stellen wir uns die Ebene als mit unendlich vielen Kopien des Parallelograms gekachelt vor und nennen Geraden, die sich

---

[2] Alternativ kann man sich auch vorstellen die Ebene sei unendlich oft mit identischen Kopien des Parallelogramms überdeckt.

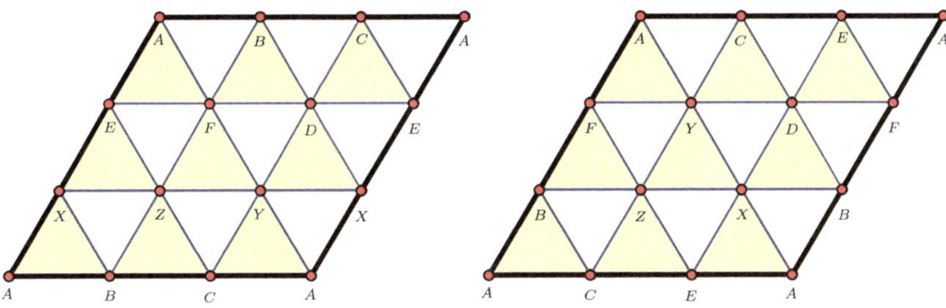

Abb. 3.2 Die Symmetrien von Pappos.

in diesem Bild ergeben "Geraden" auf dem Torus. Punkte, die auf dem Torus durch Geraden entlang der Dreieckskanten verbunden sind, entsprechen Geraden der Pappos Konfiguration.

Die zweite, noch verblüffendere Darstellung ergibt sich in der Abbildung auf der rechten Seite. Dort wurden die Punkte derart verteilt, dass drei Punkte, die an einem gemeinsamen gelben Dreieck beteiligt sind (es gibt neun dieser Dreiecke) genau zu einer Geraden in der Pappos Konfiguration gehören.

Am ersten Bild kann man auch sehr schön ablesen wie groß die kombinatorische Symmetriegruppe der Pappos Konfiguration sein muss. Gesucht sind alle Automorphismen der Konfiguration, die Geraden entlang der Dreieckskanten wieder in solche überführen. Zunächst einmal kann man durch Translation jeden der neun Punkte auf einen beliebigen anderen schieben. Dies macht einen Faktor 9. Ferner kann man einen Punkt festlassen und die Figur um diesen Punkt um ein Vielfaches von $60°$ drehen bzw. an einer geeigneten Achse spiegeln. Dies macht einen weiteren Faktor von $6 \cdot 2 = 12$. Insgesamt ergibt sich die Mächtigkeit der Symmetriegruppe zu $9 \cdot 6 \cdot 2 = 108$.

Übungsaufgaben

1. Im Folgenden ist ein Schließungssatz gegeben. Zeichnen Sie den dualen Satz dazu.

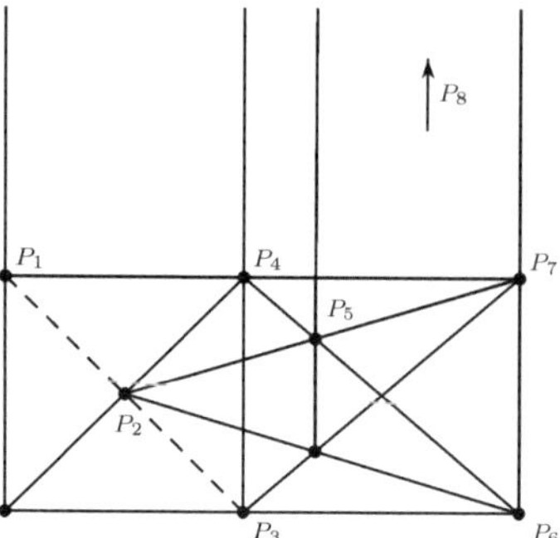

Gegeben seien die acht Punkte $P_1, \ldots, P_8 \in \mathbb{RP}^2$ mit dem nachstehenden Eigenschaften.

(i) Die folgenden fünf Punktetripel sind jeweils kollinear:
(P_1, P_4, P_7), (P_2, P_5, P_7), (P_4, P_5, P_6), (P_3, P_4, P_8), (P_6, P_7, P_8).

(ii) Die drei Verbindungsgeraden $(P_1 \vee P_8)$, $(P_2 \vee P_4)$ und $(P_3 \vee P_6)$ sind konkurrent.

(iii) Die drei Verbindungsgeraden $(P_2 \vee P_6)$, $(P_3 \vee P_7)$ und $(P_5 \vee P_8)$ sind konkurrent.

Dann sind ebenso die Punkte P_1, P_2, P_3 kollinear.

2. Zeigen Sie Satz 3.2, indem Sie wie folgt vorgehen.

   a) Begründen Sie, warum Sie sich auf den Spezialfall zurückziehen können, bei dem die Punkte X, Y und Z Fernpunkte sind.

   b) Zeichnen Sie diesen Spezialfall.

   c) Zeigen Sie den Spezialfall unter Verwendung des fogenden Strahlensatzes.

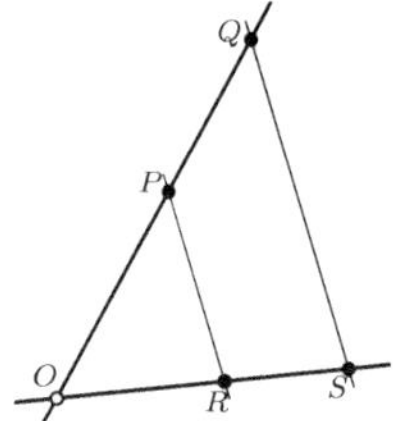

Gegeben seien die Punkte O, P, Q, R, S wie in der nebenstehenden Zeichnung. Ferner bezeichne $\overline{A, B}$ die Verbindungsgerade und $|A, B|$ den Abstand von A und B.

Dann sind die Verbindungsgeraden $\overline{P, R}$ und $\overline{Q, S}$ genau dann parallel, wenn für die Abstände gilt

$$\frac{|O, P|}{|O, Q|} = \frac{|O, R|}{|O, S|}.$$

3. In einem Dreieck mit den Seiten a, b und c sei ein beliebiger Punkt A auf b gegeben. Die Parallele zu a durch A schneidet c in einem Punkt B (siehe Abbildung), die Parallele zu b durch B schneidet a in einem Punkt C, usw. bis Punkt G.

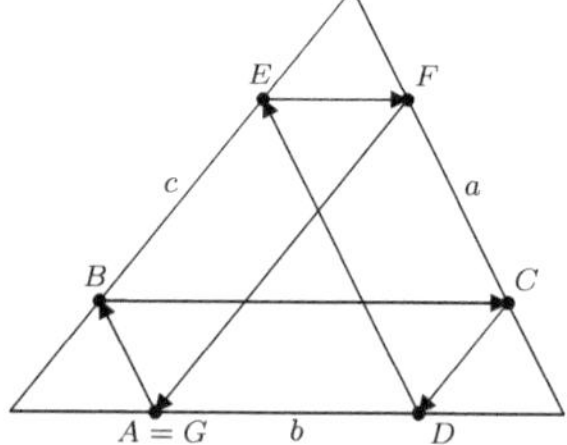

   Beweisen Sie, dass die Punkte A und G immer aufeinander liegen. Was hat das mit dem Satz von Pappos zu tun?

4
Projektive Geometrie auf Geraden

Bisher haben wir uns ausschließlich mit den Verhältnissen in der projektiven Ebene $\mathbb{RP}^2$ und deren Darstellung in homogenen Koordinaten beschäftigt. Von der Systematik her hätten wir eigentlich eine Dimension tiefer beginnen können und uns zuerst den *projektiven Geraden* widmen können. Dort sind die Verhältnisse geringfügig einfacher, da wir es mit einer Dimension weniger zu tun haben. Die Betrachtung der projektiven Geraden wollen wir im Folgenden nachholen. Wir werden dabei einerseits die Gerade als losgelöstes Objekt betrachten und deren intrinsische Strukturen und Transformationen studieren. Andererseits werden wir aber auch die Rolle einer einzelnen Gerade, die in eine projektive Ebene eingebettet ist, studieren. Auf jeder dieser Geraden werden wir alle intrinsischen Eigenschaften projektiver Geraden wieder finden. Analog werden wir in späteren Kapiteln die Einbettung einer projektiven Ebene in einen höher dimensionalen projektiven Raum betrachten. Hierbei werden sich die Erkenntnisse, die wir in diesem Kapitel sammeln, als sehr hilfreich erweisen.

4.1 Geometrie auf einer Geraden

In diesem Abschnitt studieren wir zunächst die Geometrie auf einer Geraden, die in der reellen projektiven Ebene liegt. Wir begeben uns wieder auf die Ebene von Äquivalenzklassen von repräsentierenden Vektoren und beginnen mit

Satz 4.1. *Es seinen $[A], [B] \in \mathcal{P}$ zwei verschiedene Punkte der reellen projektiven Ebene. Dann sind alle Punkte der Verbindungsgeraden $[g] = [A] \vee [B]$ von $[A]$ und $[B]$ genau die Punkte, die sich in der Form $[\lambda \cdot A + \mu \cdot B]$ mit $(\lambda, \mu)^T \in \mathbb{R}^2 \setminus \{(0, 0)^T\}$ darstellen lassen.*

Beweis. Wir beweisen die Aussage in zwei Schritten. Zuerst zeigen wir, dass $[\lambda \cdot A + \mu \cdot B]$ auf $[g]$ liegt und danach, dass ein beliebiger Punkt auf $[g]$ sich

J. Richter-Gebert, T. Orendt, *Geometriekalküle*, Springer-Lehrbuch,
DOI 10.1007/978-3-642-02530-3_4, © Springer-Verlag Berlin Heidelberg 2009

in der geforderten Form schreiben lässt.

Jeder Punkt, der auf $[g]$ liegt, ist kollinear mit $[A]$ und $[B]$. Somit zeigt

$$\det(A, B, \lambda \cdot A + \mu \cdot B) = \lambda \cdot \underbrace{\det(A, B, A)}_{=0} + \mu \cdot \underbrace{\det(A, B, B)}_{=0} = 0,$$

dass jeder Punkt der Form $[\lambda \cdot A + \mu \cdot B]$ tatsächlich auf $[g]$ liegt.

Sei nun $[P]$ ein Punkt auf $[g]$, dann ist dieser kollinear mit den Punkten $[A]$ und $[B]$, d.h. es gibt ein Gerade $[g] \neq [(0,0,0)^T]$ mit $\langle A, g \rangle = \langle B, g \rangle = \langle P, g \rangle = 0$. Dies bedeutet aber, dass das inhomogene lineare Gleichungssystem

$$\begin{pmatrix} - A - \\ - B - \\ - P - \end{pmatrix} \cdot \begin{pmatrix} | \\ g \\ | \end{pmatrix} = \begin{pmatrix} 0 \\ 0 \\ 0 \end{pmatrix}$$

eine nicht triviale Lösung hat, d.h. die Vektoren A, B, P sind linear abhängig. Somit gibt es $\lambda, \mu \in \mathbb{R}^2 \setminus \{(0,0)^T\}$ mit $[P] = [\lambda \cdot A + \mu \cdot B]$. $\qquad\square$

Wir gehen noch etwas näher auf die Parameter λ und μ ein. Den Vektor $(\lambda, \mu)^T \in \mathbb{R}^2 \setminus \{(0,0)^T\}$ können wir als homogene[1] Koordinaten von $[P]$ auf $[g]$ bzgl. der Basis (A, B) auffassen.

An dieser Stelle noch ein Wort der Vorsicht. Die genaue Position des Punktes $[P]$ hängt nicht nur von den Punkten $[A]$ und $[B]$ ab, sondern auch von den gewählten Repräsentanten A und B. Um dies zu veranschaulichen, seien A und A' zwei Repräsentanten von $[A]$, B und B' zwei Repräsentanten von $[B]$ und $(\lambda, \mu)^T \in \mathbb{R}^2 \setminus \{(0,0)^T\}$ fest gewählt. Dann gilt im Allgemeinen $[\lambda \cdot A + \mu \cdot B] \neq [\lambda \cdot A' + \mu \cdot B']$. Ein Beispiel soll dies verdeutlichen: Sei $A = (0,0,1)^T$ und $B = (1,0,1)^T$. Der durch $1 \cdot A + 1 \cdot B = (1,0,2)^T$ repräsentierte Punkt liegt auf der Verbindungsgeraden von A und B. Er ist der gleiche Punkt wie $[(1/2,0,1)^T]$. Wählt man für den Punkt $[A]$ einen anderen Repräsentanten, z.B. $A' = (0,0,2)^T$, so ergibt sich mit der analogen Linearkombination der Punkt, der durch $1 \cdot A' + 1 \cdot B = (1,0,3)^T$ repräsentiert ist. Dieser Punkt liegt zwar auch auf der Verbindungsgeraden von $[A]$ und $[B]$, ist aber ein anderer als zuvor, denn bringt man dessen z-Koordinate auf eins ergibt sich $[(1/3,0,1)^T]$. Abbildung 4.1 verdeutlicht die Situation mit einem 2-dimensionalen Schnitt durch das 3-dimensionale Szenario.

Im Folgenden wollen wir analysieren, wie sich die Darstellung eines Punktes $[P]$ auf einer durch die Repräsentanten A und B aufgespannten Geraden $[g]$ ändert, wenn wir diese durch beliebige andere Repräsentanten A' und B' zweier anderer Punkte auf $[g]$ ersetzen. D.h. wir stellen einen Punkt $[P]$ der Gerade $[g]$ einmal bzgl. einer Basis (A, B) und einmal bzgl. einer Basis

---

[1] weil auch hier wieder skalare Vielfache ungleich Null von $(\lambda, \mu)^T$ wieder auf denselben Punkt $[P]$ führen.

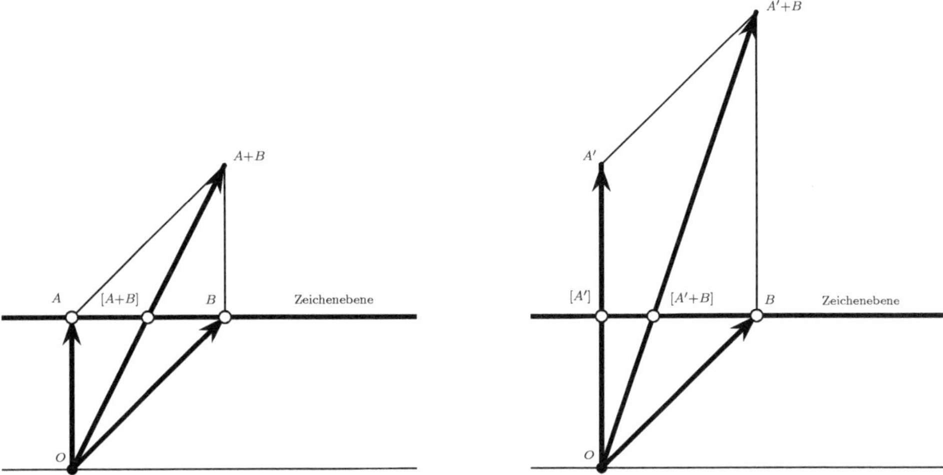

Abb. 4.1 Die Position des Punktes $[A + B]$ hängt von den Repräsentanten A und B, und nicht nur von den zugehörigen Punkten $[A]$ und $[B]$ ab.

(A', B') dar und untersuchen dabei den Zusammenhang zwischen diesen beiden Darstellungen. Der Punkt $[P]$ hat bzgl. beider Basen eine Darstellung. Seien diese durch

$$[P] = [\lambda \cdot A + \mu \cdot B] = [\lambda' \cdot A' + \mu' \cdot B']$$

gegeben. Ferner gibt es natürlich auch eine Darstellung von $[A']$ und $[B']$ in der Basis (A, B). Diese seien $[A'] = [\lambda_{A'} \cdot A + \mu_{A'} \cdot B]$ und $[B'] = [\lambda_{B'} \cdot A + \mu_{B'} \cdot B]$. Um nun von der einen Darstellung von $[P]$ zur anderen zu gelangen, müssen wir nur noch einsetzen und ausrechnen. Es gilt

$$\begin{aligned}
[P] &= [\lambda' \cdot A' + \mu' \cdot B'] \\
&= [\lambda' \cdot (\lambda_{A'} \cdot A + \mu_{A'} \cdot B) + \mu' \cdot (\lambda_{B'} \cdot A + \mu_{B'} \cdot B)] \\
&= [(\lambda' \cdot \lambda_{A'} + \mu' \cdot \lambda_{B'}) \cdot A + (\lambda' \cdot \mu_{A'} + \mu' \cdot \mu_{B'}) \cdot B].
\end{aligned}$$

In Matrixform ergibt sich für die Koordinaten $[(\lambda, \mu)^T]$ und $[(\lambda', \mu')^T]$ der lineare Zusammenhang

$$\left[\begin{pmatrix} \lambda \\ \mu \end{pmatrix} \right] = \left[\begin{pmatrix} \lambda_{A'} & \lambda_{B'} \\ \mu_{A'} & \mu_{B'} \end{pmatrix} \cdot \begin{pmatrix} \lambda' \\ \mu' \end{pmatrix} \right].$$

Somit haben wir das folgende Lemma gezeigt.

Lemma 4.2. *Seien $[g] \in \mathcal{G}$ und A, B Repräsentanten zweier verschiedener Punkte auf $[g]$. Ferner seien A', B' Repräsentanten zweier weiterer Punkte auf $[g]$, die ebenfalls verschieden sind. Jeder Punkt $[P]$ auf $[g]$ kann bzgl. beider Basen dargestellt werden, d.h. es gibt $(\lambda, \mu)^T, (\lambda', \mu')^T \in \mathbb{R}^2 \setminus \{(0,0)^T\}$ mit*

$$[P] = [\lambda \cdot A + \mu \cdot B] = [\lambda' \cdot A' + \mu' \cdot B'].$$

Ferner gibt es eine lineare Transformation $M \in \mathbb{R}^{2 \times 2}$, die nur von A, B, A', B' abhängt, so dass gilt

$$[(\lambda, \mu)^T] = [M \cdot (\lambda', \mu')^T].$$

Die Matrix können wir wieder als projektive Transformation (auf unserer Geraden $[g]$) begreifen, was soviel bedeutet wie, dass ein solcher Basiswechsel mittels einer projektiven Transformation beschrieben werden kann.

Zum Schluss dieses Abschnitts wollen wir noch auf Zentralprojektionen eingehen. Wir haben zwei verschieden Geraden $[g], [g']$ und ein Zentrum $[O]$, von dem aus wir projizieren, welches nicht auf einer der beiden Geraden liegt. Ferner seien $[A]$ und $[B]$ zwei verschiedene Punkte auf $[g]$ und $[A']$ und $[B']$ die beiden Punkte auf $[g']$, die durch die Projektion durch $[O]$ von $[g]$ auf $[g']$ entstehen (vgl. Abb. 4.2). Dann erhalten wir

Lemma 4.3. *Es gibt ein $\tau \in \mathbb{R}$, so dass das Bild eines Punkts $[P] = [\lambda{\cdot}A + \mu{\cdot}B]$ unter der Projektion durch $[O]$ gleich $[P'] = [\lambda'{\cdot}A' + \mu'{\cdot}B']$ ist, wobei $(\lambda', \mu')^T = (\tau{\cdot}\lambda, \mu)^T$ gilt.*

Beweis. Wir zeigen, dass es eine Wahl für τ gibt, so dass $[P \times P']$ mit $[O]$ inzidiert. Es gilt

$$
\begin{aligned}
0 &= \langle P \times P', O \rangle = \langle (\lambda A + \mu B) \times (\lambda' A' + \mu' B'), O \rangle \\
&= \underbrace{\langle \lambda\lambda'(A \times A'), O \rangle}_{=0} + \langle \lambda\mu'(A \times B'), O \rangle \\
&\quad + \langle \mu\lambda'(B \times A'), O \rangle + \underbrace{\langle \mu\mu'(B \times B'), O \rangle}_{=0} \\
\Longleftrightarrow \quad & \langle \lambda\mu'(A \times B'), O \rangle = -\langle \mu\lambda'(B \times A'), O \rangle.
\end{aligned}
$$

Daraus können wir die Identität

$$\frac{\lambda}{\mu} \cdot \underbrace{\left(-\frac{\langle A \times B', O \rangle}{\langle B \times A', O \rangle} \right)}_{=\tau} = \frac{\lambda'}{\mu'}$$

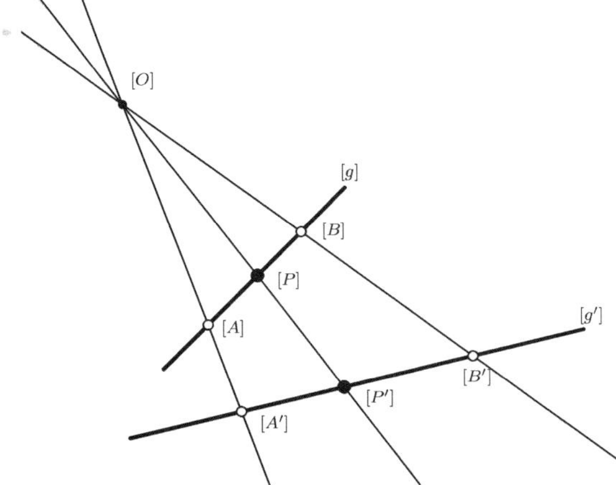

Abb. 4.2 Zentralprojektion von einer Geraden auf eine andere Gerade.

folgern, welche die Behauptung zeigt. Die Nenner im obigen Ausdruck können nicht verschwinden, da die Punkte $[A]$ und $[B]$ auf den Geraden nicht zusammen fallen. $\qquad\Box$

Auch hier können wir die obige Abbildung als projektive Transformation begreifen. Die Abbildung ist eine Multiplikation mit einer 2×2-Matrix, denn es gilt

$$\left[\begin{pmatrix} \lambda' \\ \mu' \end{pmatrix} \right] = \left[\begin{pmatrix} \tau \cdot \lambda \\ \mu \end{pmatrix} \right] = \left[\begin{pmatrix} \tau & 0 \\ 0 & 1 \end{pmatrix} \cdot \begin{pmatrix} \lambda \\ \mu \end{pmatrix} \right].$$

4.2 Die reelle projektive Gerade

Wir wollen uns im Folgenden näher mit der Geometrie auf einer reellen projektiven Geraden befassen. Dafür gehen wir analog zur Einbettung der euklidischen Ebene im $\mathbb{R}^3$ vor, d.h. wir betten jetzt den $\mathbb{R}^1$ auf dem Niveau $y = 1$ im $\mathbb{R}^2$ ein (vgl. Abb. 4.3). Auch hier identifizieren wir wieder skalare Vielfache ungleich Null miteinander und erhalten so die Menge der Punkte auf der reellen projektiven Geraden

$$\mathbb{RP}^1 = \frac{\mathbb{R}^2 \setminus \{(0,0)^T\}}{\mathbb{R}^*}.$$

Jeder Vektor $(x, y)^T$, der eine nicht verschwindende y-Koordinate hat, entspricht einem endlichen Punkt auf dem Zahlenstrahl $\mathbb{R}$. Bei unserer Einbettung müssen wir einfach den Vektor $(x, y)^T$ durch y teilen. Dabei bleibt die Äquivalenzklasse invariant, d.h.

$$\left[\begin{pmatrix} x \\ y \end{pmatrix}\right] = \left[\begin{pmatrix} x/y \\ 1 \end{pmatrix}\right]$$

und wir können an der ersten Komponente ablesen, welcher Punkt aus $\mathbb{R}$ durch $[(x, y)^T]$ repräsentiert wird. Es stellt sich nun wieder die Frage nach Vektoren, deren letzte Koordinate Null ist. Zuerst einmal stellen wir fest, dass alle Vektoren mit einer verschwindenden y-Koordinate in der selben Äquivalenzklasse liegen und somit nur einem Punkt in $\mathbb{RP}^1$ entsprechen. Des Weiteren ergibt sich schon aus der Anschauung, dass dieser Punkt ein Fernpunkt ist, was auch wieder formal gezeigt werden kann, indem man eine ähnliche Grenzwertbetrachtung wie schon bei der reellen projektiven Ebene durchführt.

Ebenfalls wie beim Übergang von der euklidischen Ebene zur projektiven Ebene verändert sich durch die Einführung von Fernpunkten die zugrunde liegende Topologie. Da hier nur ein Fernpunkt dazu kommt, werden die beiden "Enden" des Zahlenstrahls miteinander identifiziert. Anschaulich heißt das, dass die beiden Enden zusammengeklebt werden. Somit ist $\mathbb{RP}^1$ topologisch äquivalent zum Einheitskreis S^1.

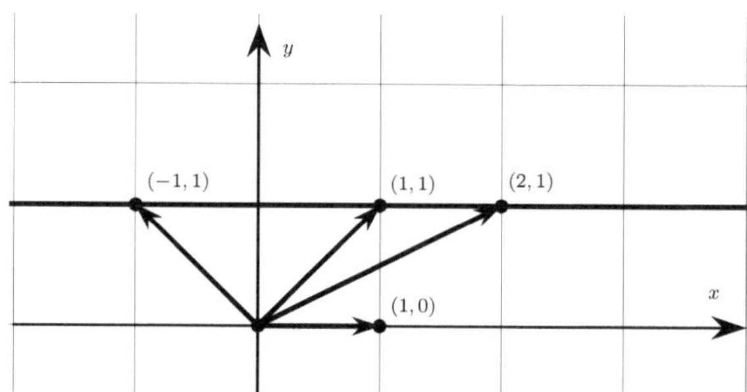

Abb. 4.3 Homogene Koordinaten für eine reelle Projektive Gerade.

Nachdem wir uns mit den Punkten in $\mathbb{RP}^1$ und der zugehörigen Topologie befasst haben, wollen wir nun die projektiven Transformationen in $\mathbb{RP}^1$ betrachten. Eine projektive Transformation ist in diesem Fall die Abbildung

$$\left[\begin{pmatrix} x \\ y \end{pmatrix}\right] \mapsto \left[\begin{pmatrix} a & b \\ c & d \end{pmatrix} \cdot \begin{pmatrix} x \\ y \end{pmatrix}\right],$$

wobei die Determinante der Matrix nicht verschwinden soll. Wenn wir in der obigen Abbildungsvorschrift den Vektor $(x, y)^T$ durch einen dehomogenisierten Vektor $(z, 1)^T$ ersetzen, erhalten wir

$$\left[\begin{pmatrix} z \\ 1 \end{pmatrix}\right] \mapsto \left[\begin{pmatrix} a\ b \\ c\ d \end{pmatrix} \cdot \begin{pmatrix} z \\ 1 \end{pmatrix}\right] = \left[\begin{pmatrix} a \cdot z + b \\ c \cdot z + d \end{pmatrix}\right].$$

Dehomogenisieren des Bildvektors ermöglicht uns eine nicht homogene Schreibweise für die ursprüngliche projektive Transformation anzugeben.

$$z \mapsto \frac{a \cdot z + b}{c \cdot z + d} \tag{4.1}$$

Eine Abbildung der Gestalt (4.1) nennt man Möbius-Transformation[2]. Wir haben soeben gesehen, dass die projektiven Transformationen der reellen projektiven Geraden und Möbius-Transformationen dasselbe sind.

Abschließend sei noch erwähnt, dass analog zu projektiven Transformationen der projektiven Ebene $\mathbb{RP}^2$ projektive Transformationen einer Geraden auf sich durch Bilder von drei Urbildpunkten bestimmt sind. Präzise formuliert erhalten wir

Satz 4.4. *Seien* $[A], [B], [C]$ *drei paarweise verschiedene Punkte in* $\mathbb{RP}^1$ *und* $[A'], [B'], [C']$ *ebenso. Dann gibt es eine Matrix* $M \in \mathbb{R}^{2 \times 2}$ *mit* $[M \cdot A] = [A']$, $[M \cdot B] = [B']$ *und* $[M \cdot C] = [C']$.

Beweis. Analog zum Beweis von Satz 2.3. $\qquad\qquad\square$

4.3 Doppelverhältnisse

Bisher haben wir uns in unseren Betrachtungen ausschließlich mit Beziehungen zwischen Objekten beschäftigt, die sich durch *Enthaltensein* (Inzidenz) charakterisieren ließen (z.B. *Join, Meet, Kollinearität, Konkurrenz*). Diese Beziehungen waren unter projektiven Transformationen invariant. Nun werden wir erstmalig eine (nicht-triviale) reellwertige Funktion kennen lernen, die unter projektiven Transformationen invariant bleibt. Die Funktion, die wir im Folgenden untersuchen werden ist das so genannte *Doppelverhältnis* und ist auf einem Quadrupel von Punkten $([A], [B], [C], [D])$ der reellen projektiven Geraden definiert.[3] Wir werden im Folgenden Doppelverhältnisse zunächst auf Repräsentanten von Punkten in $\mathbb{RP}^1$ definieren, und danach zeigen, dass diese von der speziellen Wahl der Repräsentanten unabhängig sind. Wir führen hierzu zunächst eine nützliche Abkürzung ein. Für zwei Vektoren $A, B \in \mathbb{R}^2$ schreiben wir

---

[2] Manchmal liest man auch gebrochen-lineare Transformation.

[3] Eine nicht-konstante projektiv invariante Funktion auf weniger Punkten kann es nicht geben, da sich über projektive Transformationen drei Punkte an beliebigen Positionen abbilden lassen.

$$[A, B] = \det \begin{pmatrix} | & | \\ A & B \\ | & | \end{pmatrix}.$$

Das Doppelverhältnis ist invariant bzgl. Skalierung der repräsentierenden Vektoren und bzgl. projektiver Transformationen. Es wird schließlich der Schlüssel sein, um Messen in der projektiven Geometrie[4] möglich zu machen. Wir definieren zu Beginn das Doppelverhältnis von vier Vektoren des $\mathbb{R}^2$. Darauf bauen wir dann alles Weitere auf.

Definition 4.5. *Seien $A, B, C, D \in \mathbb{R}^2$ vier Vektoren. Dann definieren wir*

$$(A, B; C, D) = \frac{[A, C] \cdot [B, D]}{[A, D] \cdot [B, C]}$$

als das Doppelverhältnis der vier Vektoren A, B, C, D.

Das Doppelverhältnis wird zwar aus Vektoren berechnet, ist letztlich aber nur von den Äquivalenzklassen der durch diese Vektoren repräsentierten geometrischen Punkte abhängig, wie das nächste Lemma zeigt.

Lemma 4.6. *Es seien $\lambda_A, \lambda_B, \lambda_C, \lambda_D \in \mathbb{R}^*$. Dann gilt*

$$(A, B; C, D) = (\lambda_A \cdot A, \ \lambda_B \cdot B; \ \lambda_C \cdot C, \ \lambda_D \cdot D).$$

Beweis. Es gilt

$$
\begin{aligned}
(\lambda_A \cdot A, \ \lambda_B \cdot B; \ \lambda_C \cdot C, \ \lambda_D \cdot D) &= \frac{[\lambda_A \cdot A, \lambda_C \cdot C] \cdot [\lambda_B \cdot B, \lambda_D \cdot D]}{[\lambda_A \cdot A, \lambda_D \cdot D] \cdot [\lambda_B \cdot B, \lambda_C \cdot C]} \\
&= \frac{\lambda_A \lambda_B \lambda_C \lambda_D \cdot [A, C] \cdot [B, D]}{\lambda_A \lambda_B \lambda_C \lambda_D \cdot [A, D] \cdot [B, C]} \\
&= \frac{[A, C] \cdot [B, D]}{[A, D] \cdot [B, C]} = (A, B; C, D).
\end{aligned}
$$

$\square$

Da die konkrete Wahl der Repräsentanten irrelevant für das Doppelverhältnis ist, können wir vom Doppelverhältnis der Punkte in $\mathbb{RP}^1$ sprechen, d.h. $([A], [B]; [C], [D])$. Die Situation ist hier in gewissem Sinne analog zur Berechnung von Join und Meet über das Kreuzprodukt und zur Berechnung des Skalarprodukts zum Test auf Inzidenz. Über das letzte Lemma hinausgehend können wir zeigen, dass das Doppelverhältnis unter projektiven Transformationen invariant bleibt. Dies zeigt das folgende Lemma.

Lemma 4.7. *Sei $M \in \mathbb{R}^{2 \times 2}$ mit $\det M \neq 0$. Dann gilt*

$$(A, B; C, D) = (M \cdot A, \ M \cdot B; \ M \cdot C, \ M \cdot D).$$

---

[4] Bisher haben wir in unserem Begriffsapparat keine Möglichkeit Winkel oder Längen auszudrücken.

Beweis. Es gilt

$$
\begin{aligned}
(M \cdot A, \ M \cdot B; \ M \cdot C, \ M \cdot D) &= \frac{[M \cdot A, M \cdot C] \cdot [M \cdot B, M \cdot D]}{[M \cdot A, M \cdot D] \cdot [M \cdot B, M \cdot C]} \\
&= \frac{\det M^2 \cdot [A, C] \cdot [B, D]}{\det M^2 \cdot [A, D] \cdot [B, C]} \\
&= \frac{[A, C] \cdot [B, D]}{[A, D] \cdot [B, C]} = (A, B; C, D).
\end{aligned}
$$

$\square$

Wir hatten zu Beginn dieses Kapitels festgestellt, dass die Koordinatenrepräsentation eines Punktes auf einer Geraden $[g]$ abhängig von der konkreten Wahl der Repräsentanten A und B zweier Basispunkte $[A]$ und $[B]$ ist. Lemma 4.2 hat dann gezeigt, dass ein Wechsel von einer Basis zur anderen durch eine projektive Transformation (Matrixmultiplikation) beschreibbar ist. Somit zeigt unser Lemma 4.7, dass das Doppelverhältnis nur von der Wahl der vier Punkte und nicht von deren konkreten Koordinatendarstellung abhängt. Zudem ist das Doppelverhältnis invariant unter beliebigen projektiven Transformationen auf der Geraden. Insgesamt heißt dies, dass das Doppelverhältnis mit der Geometrie auf der reellen projektiven Geraden und deren Transformationen verträglich ist. Nach dieser Vorarbeit können wir ab jetzt wieder guten Gewissens in unseren kommenden Überlegungen Punkte mit ihren Repräsentanten gleichsetzten. Wir werden also wieder im restlichen Kapitel, wenn immer die Lage unkritisch ist, die Klammernotation der Äquivalenzklassen weglassen.

Sind in der projektiven Ebene $\mathbb{RP}^2$ irgendwelche vier Punkte gegeben, so kann man diesen i.A. kein sinnvolles Doppelverhältnis zuordnen. Liegen die vier Punkte hingegen auf einer gemeinsamen Geraden, so können wir durch Heranziehen einer beliebigen Basis dieser Gerade das Doppelverhältnis der vier Punkte bestimmen. Dieses ist dann sogar invariant unter allen projektiven Transformationen von $\mathbb{RP}^2$.

Analog zum vorhergehenden Abschnitt, in dem wir auch eine inhomogene[5] Schreibweise für projektive Transformationen angegeben haben, wollen wir das Doppelverhältnis für endliche Punkte in $\mathbb{RP}^1$, sprich reelle Zahlen, definieren. Dafür setzen wir wieder Vektoren der Form $(z, 1)^T$ in die Definition ein. Eine Determinante liefert dann die Differenz zweier reeller Zahlen, d.h.

$$
\begin{bmatrix} a & b \\ 1 & 1 \end{bmatrix} = a - b.
$$

---

[5] d.h. es werden nur endliche Punkte berücksichtigt.

Folglich ergibt sich für die gesamte Formel

$$\frac{[A,C] \cdot [B,D]}{[A,D] \cdot [B,C]} = \frac{a-c}{a-d} \Big/ \frac{b-c}{b-d},$$

wobei für $(X,x)^T \in \{(A,a),(B,b),(C,c),(D,d)\}$ entsprechend gilt $X = (x,1)^T$. In dieser Gestalt findet man das Doppelverhältnis oft auch in der Literatur. Es erklärt auch, woher das Dopelverhältnis seinen Namen hat. Es ist ein "Verhältnis von Verhältnissen". Gegenüber dem projektiven Ansatz hat diese Schreibweise allerdings den Nachteil nicht mit unendlichen fernen Punkten arbeiten zu können.

Hier noch ein wichtiger Punkt im Umgang mit Doppelverhältnissen. Prinzipiell können Doppelverhältnisse den Wert ∞ (unendlich) annehmen, wenn deren Nenner verschwindet. Dies ist beispielsweise der Fall, wenn die Punkte A und D zusammen fallen. Da die projektive Geometrie ja in gewisser Weise versucht den Umgang mit unendlich großen Größen formal in den Griff zu bekommen, hier ein paar Regeln, wie wir im Folgenden mit Rechnungen umgehen wollen, in denen unendlich große Zahlen auftauchen.

$$1/\infty = 0; \quad 1/0 = \infty; \quad x + \infty = \infty; \quad x \cdot \infty = \infty.$$

Ausdrücke der Form $0/0$ oder ∞/∞ seien nach wie vor nicht definiert. In gewisser Weise stellt der Wert ∞ den Fernpunkt der normalen Zahlengerade $\mathbb{R}$ dar.

Ein wesentliches Merkmal der projektiven Geometrie ist die Dualität. Bisher gab es zu allem, was wir kennengelernt haben, immer ein duales Analogon. Beim Doppelverhältnis ist dies nicht anders, denn wir können auch ein Doppelverhältnis von vier Geraden definieren, genauer gesagt, von vier paarweise verschiedenen Geraden durch einen Punkt. Seien diese Geraden mit a,b,c,d bezeichnet und der Punkt, den sie gemeinsam haben, mit O. Sei nun g eine weitere Gerade, die nicht durch O verläuft. g und die vier Geraden a,b,c,d haben die vier paarweise verschiedenen Schnittpunkte A,B,C,D. Dabei sei $g \wedge a = A$, $g \wedge b = B$, usw.. Das Doppelverhältnis der vier Geraden a,b,c,d ist wie folgt definiert:

$$(a,b;c,d) = (A,B;C,D).$$

Dieses ist aus zwei Gründen wohldefiniert. Erstens, das Doppelverhältnis $(A,B;C,D)$ ist unabhängig von der Wahl der Basis auf g (vgl. Lemma 4.2 und 4.7) und zweitens, das Doppelverhältnis ist unabhängig von der konkreten Geraden g. Denn sei nun z.B. g' eine weitere Gerade, die nicht durch O verläuft, dann ergeben sich analog vier Schnittpunkte A',B',C',D' zwischen g' und den Geraden a,b,c,d. Die Schnittpunkte A',B',C',D' sind aber die Bilder der Punkte A,B,C,D unter der Projektion mit Zentrum O. In Lemma 4.3 haben wir gezeigt, dass eine solche Abbildung eine pro-

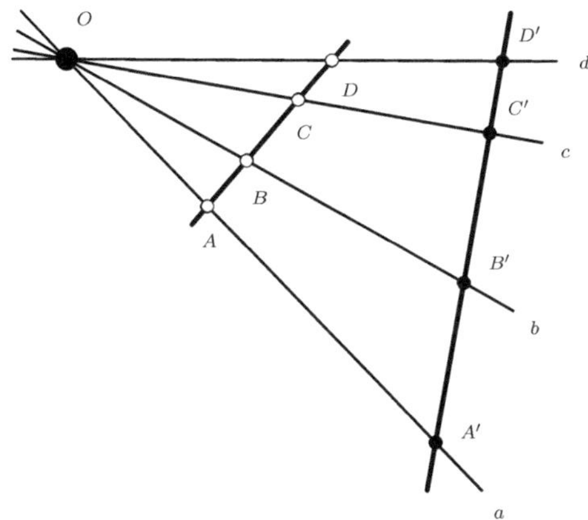

Abb. 4.4 Doppelverhältnis von vier Geraden. Es gilt $(a, b; c, d) = (A, B; C, D) = (A', B'; C', D')$.

jektive Transformation ist. Diese wiederum erhält Doppelverhältnisse, d.h. $(A, B; C, D) = (A', B'; C', D')$, was zeigt, dass das Doppelverhältnis von Geraden wohldefiniert ist. Die Situation ist in Abb. 4.4 illustriert.

So wie wir das Doppelverhältnis eingeführt haben, ist es im Moment nur mit homogenen Koordinaten in $\mathbb{RP}^1$ zu verwenden. Insbesondere, wenn wir nun vier kollineare Punkte in $\mathbb{RP}^2$ haben und deren Doppelverhältnis bestimmen wollten, müssten wir erst die homogenen Koordinaten dieser Punkte auf der zugehörigen Geraden bestimmen, um dann das Doppelverhältnis berechnen zu können. Weniger aufwendig wäre eine Berechnungsvorschrift, die direkt die homogenen Koordinaten aus $\mathbb{RP}^2$ verwenden würde. Eine solche Formel soll jetzt angegeben werden.

Lemma 4.8. *Seien* $A, B, C, D \in \mathcal{P}$ *vier kollineare Punkte in* $\mathbb{RP}^2$ *und* $O \in \mathcal{P}$ *ein Punkt, welcher nicht auf der Geraden* $A \vee B$ *liegt. Dann lässt sich das Doppelverhältnis der vier Punkte wie folgt berechnen.*

$$(A, B; C, D) = \frac{[O, A, C] \cdot [O, B, D]}{[O, A, D] \cdot [O, B, C]}$$

Beweis. Analog zu den Lemmata 4.6 und 4.7 ist es nicht schwer zu sehen, dass der Bruch nicht von der konkreten Wahl der Repräsentanten der Punkte abhängt und unter projektiven Transformationen invariant bleibt. Somit können wir o.B.d.A. annehmen, dass $A = (1, 0, 0)^T$, $B = (0, 1, 0)^T$ und $O = (0, 0, 1)^T$ gilt. Hieraus folgt, dass die Punkte C und D die Koordinaten $C = (c_1, c_2, 0)^T$ und $D = (d_1, d_2, 0)^T$ haben. Indem man die Koordinatenvektoren einsetzt und jede Determinante nach der ersten Spalte entwickelt, reduziert man die Determinanten um eine Dimension. Die verbleibenden zwei-dimensionalen Vektoren sind aber die homogenen Koordinaten der Punkte A, B, C, D auf der Geraden $A \vee B$ bzgl. der Basis (A, B). Somit haben wir den Ausdruck auf die Definition des Doppelverhältnisses zurück geführt. $\square$

Wir wollen noch ein Lemma zeigen, das die Berechnung des Doppelverhältnisses von Geraden erleichtert.

Lemma 4.9. *Seien $a, b, c, d \in \mathcal{G}$ vier konkurrente Geraden in $\mathbb{RP}^2$ und $O \in \mathcal{P}$ deren gemeinsamer Punkt. Ferner seien $A, B, C, D \in \mathcal{P} \setminus \{O\}$ vier Punkte, so dass A auf a liegt, B auf b, C auf c und D auf d. Dann gilt*

$$(a, b; c, d) = \frac{[O, A, C] \cdot [O, B, D]}{[O, A, D] \cdot [O, B, C]}.$$

Beweis. Wir führen den Bruch zurück auf die Definition des Doppelverhältnisses der vier Geraden a, b, c, d.

Sei $g' \in \mathcal{G}$ eine Gerade, die nicht durch O verläuft. Die Schnittpunkte von g' und a, b, c, d seien wie folgt bezeichnet:

$$g' \wedge a = A', \quad g' \wedge b = B', \quad g' \wedge c = C', \quad g' \wedge d = D'.$$

Da die Schnittpunkte von O verschieden sind, gibt es homogene Koordinaten der Punkte A, B, C, D bzgl. der Basen (O, A'), (O, B'), (O, C') und (O, D'). D.h.

$$A = \lambda_A \cdot O + \mu_A \cdot A', \quad B = \lambda_B \cdot O + \mu_B \cdot B',$$
$$C = \lambda_C \cdot O + \mu_C \cdot C', \quad D = \lambda_D \cdot O + \mu_D \cdot D',$$

wobei $(\lambda_x, \mu_x) \in \mathbb{R}^2 \setminus \{(0, 0)\}$ und $\mu_x \neq 0$ für $x \in \{A, B, C, D\}$. Dies z.B. in $[O, A, C]$ eingesetzt und dann die Multilinearität der Determinante ausgenutzt, ergibt

$$[O, A, C] = [O, \lambda_A \cdot O + \mu_A \cdot A', \lambda_C \cdot O + \mu_C \cdot C'] = \mu_A \cdot \mu_C \cdot [O, A', C'].$$

Analog kann man die restlichen Determinanten auf die Punkte A', B', C', D' zurückführen. Da jeder Punkt im Zähler, als auch im Nenner, gleich oft vorkommt, kürzen sich die Vorfaktoren gegeneinander und es bleibt nur

$$\frac{[O, A', C'] \cdot [O, B', D']}{[O, A', D'] \cdot [O, B', C']}$$

übrig. Da die Punkte A', B', C', D' kollinear sind, ist dies gleich dem Doppelverhältnis der Punkte, was wiederum der Definition des Doppelverhältnis der Geraden a, b, c, d entspricht. $\square$

Zum Abschluss dieses Abschnitts gehen wir noch auf die geometrische Bedeutung der zuletzt betrachteten Doppelverhältnisse ein. Wir haben gezeigt, dass

$$(A,B;C,D) = \frac{[O,A,C] \cdot [O,B,D]}{[O,A,D] \cdot [O,B,C]}$$

gilt. Bei diesem Doppelverhältnis sticht der Punkt O heraus, da er in jeder Determinante vorkommt. Salopp gesagt ist O der Punkt, von dem aus wir A,B,C,D betrachten. Um nun auf O zu verweisen, nennen wir

$$(A,B;C,D)_O = \frac{[O,A,C] \cdot [O,B,D]}{[O,A,D] \cdot [O,B,C]}$$

das Doppelverhältnis von A,B,C,D von O aus gesehen.

4.4 Harmonische Punkte

Ein konkreter Wert des Doppelverhältnisses verdient spezielle Behandlung und wird sich in vielen Zusammenhängen noch als sehr nützlich erweisen. Er führt zu der sogenannten *harmonischen Lage* von vier Punkten. Zur Vorbereitung zunächst ein paar Beobachtungen.

Lemma 4.10. *Es seien A,B,C drei gegebene Punkte einer Geraden, von denen keine zwei zusammenfallen und $\lambda \in \mathbb{R}$. Es gibt genau einen Punkt P auf der Geraden mit $(A,B;C,P) = \lambda$.*

Beweis. Gesucht ist ein P mit

$$\frac{[A,C] \cdot [B,P]}{[A,P] \cdot [B,C]} = \lambda.$$

Umgeformt ergibt sich: $[A,C] \cdot [B,P] = \lambda[A,P] \cdot [B,C]$. Der Punkt P tritt in dieser Gleichung linear auf. Mit $[A,C] = \alpha$ und $[B,C] = \beta$ (beide sind $\neq 0$) ergibt sich $[B,P] = [A,P] \cdot \lambda\alpha/\beta$, bzw. nach nochmaligem Umformen mit $\mu = \lambda\alpha/\beta$

$$[B - \mu A, P] = 0.$$

Da A und B ungleich dem Nullvektor und linear unabhängig sind, hat diese Gleichung immer einen eindimensionalen Lösungsraum. Dieser entspricht genau der Äquivalenzklasse, die die Position des Punktes P festlegt. $\qquad\square$

Satz 4.11. *Seien A,B,C,D vier Punkte auf einer Geraden und $(A,B;C,D) = \lambda$. Dann gilt*

$$(B,A;C,D) = 1/\lambda; \quad (C,D;A,B) = \lambda; \quad (A,C;B,D) = 1 - \lambda.$$

Beweis. Die ersten beiden Gleichungen ergeben sich direkt aus der Definition des Doppelverhältnisses. Wir erhalten

$$(B, A; C, D) = \frac{[B, C] \cdot [A, D]}{[B, D] \cdot [A, C]} = 1/(A, B; C, D)$$

und

$$(C, D; A, B) = \frac{[C, A] \cdot [D, B]}{[C, B] \cdot [D, A]} = \frac{(-[A, C]) \cdot (-[B, D])}{(-[B, C]) \cdot (-[A, D])} = (A, B; C, D).$$

Die dritte Gleichung erfordert geringfügig mehr Aufwand. Sie folgt aus der Identität

$$[A, B][D, C] + [A, C][B, D] = [A, D][B, C].$$

Diese (so genannte Grassmann-Plücker-Relation) kann man im Bedarfsfall durch Expandieren der Terme einfach zeigen. Umformen des Ausdrucks ergibt

$$\frac{[A, B][D, C]}{[A, D][B, C]} + \frac{[A, C][B, D]}{[A, D][B, C]} = 1.$$

Bringt man eine Bruch auf die andere Seite ergibt sich

$$(A, C; B, D) + (A, B; C, D) = 1,$$

woraus sofort die zu beweisende Gleichung folgt.   □

Die in Satz 4.11 gezeigten Beziehungen reichen aus, um daraus für beliebige Permutationen von A, B, C, D das zugehörige Doppelverhältnis aus $(A, B; C, D)$ zu erschließen. Für $\lambda = (A, B; C, D)$ können dabei übrigens durch Umsortieren der Punkte lediglich die folgenden Werte auftreten.

$$\lambda, \frac{1}{\lambda}, 1 - \lambda, \frac{1}{1 - \lambda}, \frac{\lambda}{1 - \lambda}, \frac{1 - \lambda}{\lambda} \tag{4.2}$$

Wir wollen nun die Situation betrachten, bei der $(A, B; C, D) = -1$ gilt. Satz 4.11 besagt, dass wegen $1/(-1) = -1$ in diesem Fall auch die folgenden Relationen gelten.

$$(A, B; C, D) = (B, A; C, D) = (A, B; D, C) = (B, A; D, C) =$$
$$(C, D; A, B) = (C, D; B, A) = (D, C; A, B) = (D, C; B, A) = -1$$

Es kommt also in dieser Situation weder auf die Ordnung innerhalb der Paare $\{A, B\}$ und $\{C, D\}$ an, noch auf die Ordnung der beiden Paare selbst. Man sagt in diesem Fall, dass sich $\{A, B\}$ und $\{C, D\}$ in *harmonischer Lage* befinden.

Ist die Position von dreien dieser Punkte bekannt, so lässt sich die Position des vierten Punktes gemäß Lemma 4.10 eindeutig bestimmen. Wir wollen nun

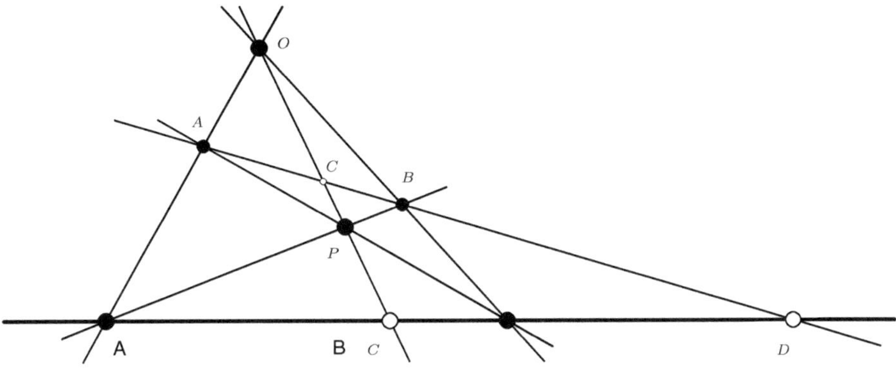

Abb. 4.5 Konstruktion eines harmonischen Punktes.

eine geometrische Konstruktion angeben, mit dem man diesen Punkt durch eine Abfolge von Join- und Meet-Operationen konstruieren kann.

Seien hierzu die Punkte A, B, C auf einer Geraden g gegeben. Wir stellen uns g eingebettet in eine projektive Ebene $\mathbb{RP}^2$ vor.

- Zunächst wählen wir einen Hilfspunkt O außerhalb der Geraden g.

- Wir verbinden ihn mit den Punkten A, B, und C.

- Auf der Verbindungsgeraden $O \vee C$ wählen wir einen weiteren neuen Hilfspunkt P.

- Nun bestimmen wir D gemäß

$$A' = (P \vee B) \wedge (O \vee A)$$
$$B' = (P \vee A) \wedge (O \vee B)$$
$$D = g \wedge (A' \vee B')$$

Satz 4.12. *Der so konstruierte Punkt D erfüllt $(A, B; C, D) = -1$.*

Beweis. Abb. 4.5 zeigt zur Referenz die Konstruktion. Betrachten wir O als Projektionszentrum, das die Gerade g auf die Gerade $g' = A' \vee B'$ abbildet. Wegen der Invarianz des Doppelverhältnisses unter Projektion erhalten wir

$$(A, B; C, D) = (A', B'; C', D).$$

Verwenden wir ferner P als Projektionszentrum von g' auf g ergibt sich

$$(A', B'; C', D) = (B, A; C, D).$$

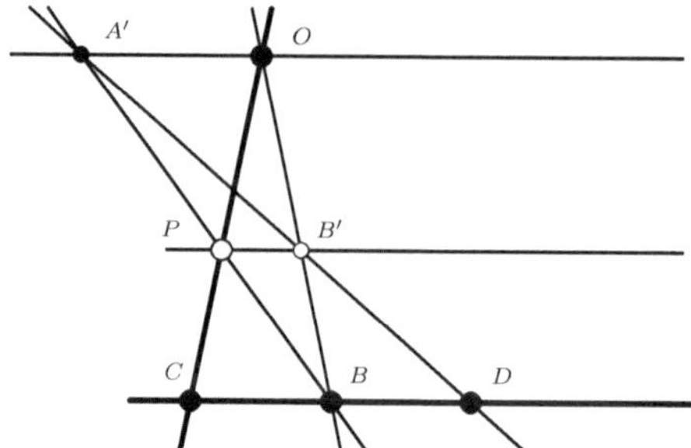

Abb. 4.6 Harmonisches Punktequadrupel, bei dem ein Punkt ins Unendliche gerückt ist.

Somit muss gelten

$$\lambda = (A, B; C, D) = (B, A; C, D) = 1/\lambda.$$

Die einzigen Werte, für die dies auftreten kann, sind $\lambda = 1$ und $\lambda = -1$. Der erste Fall kann ausgeschlossen werden, da in diesem Fall wegen der Eindeutigkeit eines Punktes D mit $(A, B; C, D) = 1$ der Punkt D mit C zusammen fallen müsste. Also muss gelten $(A, B; C, D) = -1$ womit die Punkte in harmonischer Lage sind.[6]   □

Harmonische Lagen sind sehr gut geeignet um äquidistante (gleichschrittige) Punktefolgen auf einer Geraden zu konstruieren. Wir wollen dazu kurz die Situation studieren, wenn in einer konkreten Einbettung der Punkt A so gewählt ist, dass er auf der Ferngeraden liegt. Abbildung 4.6 zeigt die Situation. Wie man leicht mit Hilfe des Strahlensatzes nachprüfen kann, wird in dieser speziellen Einbettungssituation der Punkt D zu B genau die gleiche Entfernung haben, wie B zu C. Iteriert man diesen Prozess, so gelangt man zu der in Abb. 4.7 gezeigten Situation. Ausgehend von zwei Punkten **0** und **1** und dem Punkt ∞ (der in der speziellen Einbettung der Geraden auch tatsächlich im Unendlichen sitzen soll) kann man eine Folge von äquidistanten Punkten konstruieren (hier naheliegenderweise mit den ganzen Zahlen beschriftet).

In der Tat sind die obigen Konstruktionen der Beginn einer ganzen Begriffskette, die es gestattet in der reellen projektiven Ebene durch Konstruktion zunächst die ganzen Zahlen, dann die rationalen Zahlen und schließlich eine komplette algebraische Körperstruktur nachzubilden. Dies zeigt, dass letztlich geometrisches Konstruieren gleichmächtig zu bestimmten algebraischen Operationen ist. Wir wollen dies hier nicht weiter verfolgen, da dies vom pragmatischen Zugang dieses Textes etwas zu weit abschweifen würde. Der interessierte Leser sei hier auf [Ri] verwiesen.

---

[6] Es ist übrigens eine überraschende Tatsache, dass die Position des konstruierten Punktes P unabhängig von der Position der gewählten Hilfspunkte ist.

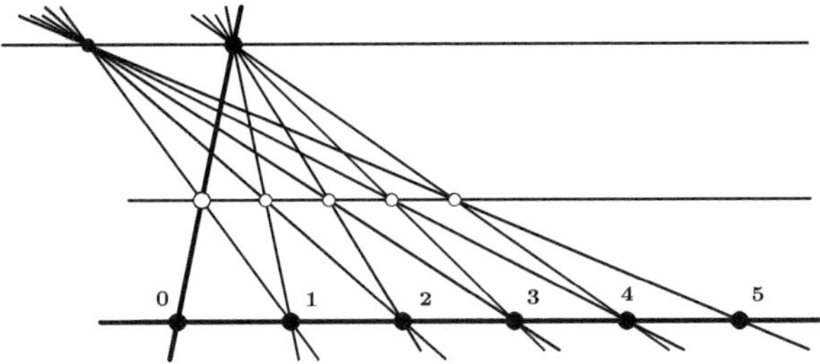

Abb. 4.7 Konstruktion der ganzen Zahlen.

4.5 Projektive Skalen

Wir wollen hier die Konstruktion der äquidistanten Punkte des letzten Abschnitts noch ein wenig betrachten und die Situation studieren, wenn A nicht zum Punkt im Unendlichen gewählt wurde. Die entsprechende Situation ist in Abb. 4.8 wiedergegeben. Das Bild legt nahe, dass in diesem Fall (wie zu erwarten) auf der Geraden g das Bild einer projektiv verzerrten äquidistanten Punktreihe entsteht. Tatsächlich ist wieder das Doppelverhältnis ein ideales Hilfsmittel um aus solch einer projektiv verzerrten Geraden die ursprünglichen Abstandsverhältnisse zu rekonstruieren.

Um dies einzusehen, betrachten wir wieder die Situation, wenn wir drei paarweise unterschiedliche Punkte A, B, D einer Geraden fixieren. Diese definieren eine Funktion

$$f : \mathcal{P} \to \mathbb{R} \cup \{\infty\}$$
$$P \mapsto (A, B; P, D),$$

die jedem Punkt $P \in \mathcal{P}$ entweder eine reelle Zahl oder $\{\infty\}$ zuordnet.

Wir wollen sehen, welche Werte diese Funktion für verschiedene Wahlen von P annimmt. Wir erhalten

$$f(P) = \frac{[A, P] \cdot [B, D]}{[A, D] \cdot [B, P]}.$$

Da A, B, D als paarweise verschieden gewählt wurden, verschwindet weder die Determinante $[A, D]$ noch $[B, D]$. Die einzige Möglichkeit, wie $f(P)$ den Wert ∞ annehmen kann, ergibt sich, wenn P und B zusammen fallen. Der Wert $f(P) = 0$ kann nur angenommen werden, wenn der Zähler verschwindet, also wenn $P = A$ gilt. Es gibt auch eine einzige Möglichkeit wie $f(P) = 1$ werden kann. Hierzu müssen Zähler und Nenner identische Werte annehmen. Man prüft leicht nach, dass dies nur für $P = D$ der Fall sein kann. Wir erhalten also

$$f(A) = 0, f(B) = \infty, f(D) = 1.$$

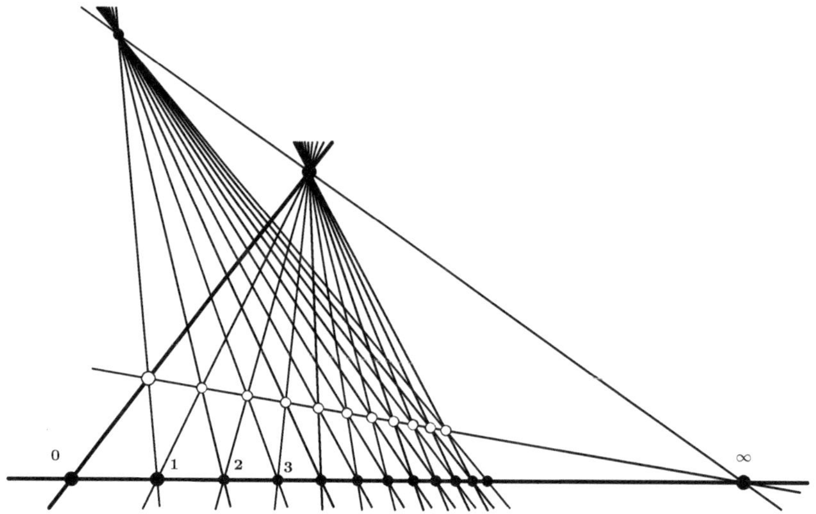

Abb. 4.8 Projektive Konstruktion der natürlichen Zahlen.

Drei Punkte einer projektiven Geraden dürfen bis auf projektive Transformation beliebig gewählt werden. Zusammen mit der letzten Beobachtung legt
dies nahe, zu untersuchen, was passiert, wenn bzgl. der Standardeinbettung
$x \mapsto (x,1)^T$ die Punkte A, B, D auf 0, ∞ und 1 liegen. Hierfür setzen wir

$$A = \begin{pmatrix} 0 \\ 1 \end{pmatrix}, \ B = \begin{pmatrix} 1 \\ 0 \end{pmatrix}, \ D = \begin{pmatrix} 1 \\ 1 \end{pmatrix}, \ P = \begin{pmatrix} x \\ 1 \end{pmatrix}.$$

Und betrachten die Funktion $f(P)$. Einsetzen in das Doppelverhältnis liefert

$$f(P) \ = \ \frac{[A,P] \cdot [B,D]}{[A,D] \cdot [B,P]} \ = \ \frac{\begin{bmatrix} 0 & x \\ 1 & 1 \end{bmatrix} \cdot \begin{bmatrix} 1 & 1 \\ 0 & 1 \end{bmatrix}}{\begin{bmatrix} 0 & 1 \\ 1 & 1 \end{bmatrix} \cdot \begin{bmatrix} 1 & x \\ 0 & 1 \end{bmatrix}} \ = \ \frac{(-x) \cdot 1}{(-1) \cdot 1} \ = \ x.$$

Somit wird der Punkt $P = (x,1)^T$ durch das Doppelverhältnis $(A, B; P, D)$
auf seine eigene Koordinate abgebildet. Umgekehrt kann man das Doppelverhältnis benutzen um die Bemassung einer projektiv verzerrten reellen Gerade zu rekonstruieren. Hierzu identifizieren wir zunächst die Punkte **0**, **1** und
∞ auf dieser Geraden, die den Urbildern des Fernpunktes und zweier einhei-
tendefinierender Punkte entsprechen. Das Doppelverhältnis $(\mathbf{0}, \infty; P, \mathbf{1})$ gibt
dann genau den Zahlenwert an, der dem Punkt P in der ursprünglichen Maß-
skala entspricht.

Abb. 4.9 Eine klassische perspektivische Täuschung.

4.6 Exkurs: Projektive Skalen in freier Wildbahn

Beim Schreiben dieser Zeilen sitze ich gerade im Café Glyptothek in der Münchner Innenstadt. In direkter Nähe klassisch griechische Säulengänge, regelmäßig aufgeteilte Fensterfluchten, unter mir ein Kopfsteinpflaster, das den Boden stark strukturiert. Wende ich mich nach links, sehe ich im Fenster hinter mir die regelmäßigen Streifen einer Fensterjalousie. All diese regelmäßigen Strukturen nehme ich perspektivisch verzerrt wahr, da ich ja auf keine der Ebenen (Fußboden, Wand, Säulengang) direkt senkrecht darauf schaue. In der Tat sind, seitdem der Mensch angefangen hat regelmäßige Muster zu kreieren, projektiv verzerrte Skalen zur alltäglichen Gewohnheit geworden: das charakteristische enger Werden der Abstände je weiter entfernt eine Stelle des Muster liegt. Deswegen hat die Struktur in Abbildung 4.8 in gewisser Weise etwas merkwürdig Vertrautes. Das Wahrnehmen projektiv verzerrter periodischer Strukturen entspricht in gewisser Weise sogar viel mehr unseren Sehgewohnheiten als das einer equidistanten Struktur. Unser Gehirn ist es gewohnt, mit diesen Verzerrungen sinnvoll umzugehen und setzt die wahrgenommene Größe in Relation zur geschätzten Entfernung. Darum kommen uns Menschen, die aus der Ferne auf uns zukommen, trotz der *objektiv* wahrgenommenen kleinen Größe nicht als "kleine Menschen" vor. Das Gehirn setzt einen *subjektiven* Eindruck aus der Größe des Abbilds auf der Netzhaut und vernünftigen Annahmen über die Entfernung zusammen. Zur Entfernungsschätzung stehen den Sinnen mehrere Informationskanäle zur Verfügung, die zumeist nur unbewusst wahrgenommen werden – die Fokussierung der Augen, der Winkel, unter dem die Augen ein Objekt fixieren und natürlich die optische Information des Bildes selbst. Oft genügen ein paar Linien um sofort den Eindruck einer perspektivischen Szenerie zu erwecken. Obwohl in Abbildung 4.9 die beiden lila Bäume messbar die gleiche Größe haben, nimmt unsere Wahrnehmung die Szenerie sofort als Abbild einer drei-

Abb. 4.10 Das Residenzschloss in Dresden und drei projektive Skalen.

dimensionalen Wirklichkeit wahr und interpretiert den hinteren Baum als wesentlich größer.

Das quantitativ exakte mathematische Analogon zum perspektivischen Entzerren unserer Wahrnehmung sind projektive Skalen, wie wir sie in Abschnitt 4.5. kennengelernt haben. Abbildung 4.10 zeigt ein Bild des Innenhofes des Residenzschlosses in Dresden. Die regelmäßige Unterteilung des Gebäudes erzeugt in der perspektivischen Verzerrung sofort eine Vielzahl projektiver Skalen. Einige davon wurden durch Punktreihen angedeutet (*rot* = Fenstergiebel, *türkis* = Wappen, *gelb* = Säulen). Jede dieser Punktreihen wurde einzig und allein aus der Position dreier Punkte entlang einer Linie konstruiert – der Fluchtpunkt, der die Rolle von ∞ der projektiven Skala spielt, sowie zwei aufeinander folgende Punkte der regelmäßigen Strukturen. Diese spielen die Rolle von **0** und von **1**. Die restlichen Punkte der Skala wurden über Doppelverhältnisse jeweils so berechnet, dass diese den Punkten $\mathbf{2}, \mathbf{3}, \mathbf{4}, \ldots$ entsprechen, also so, dass für den Punkt **n** die Gleichung $(\mathbf{0}, \infty; \mathbf{n}, \mathbf{1}) = n$ gilt. Umgekehrt kann man nach Identifizierung des Fluchtpunktes, sowie zweier Skalenpunkte **0** und **1**, Doppelverhältnisse auch dazu benutzen, auf die wahren Größenverhältnisse einer Situation aus einem Foto zurückzuschließen. Im Übrigen wurde die Größe der Punkte so angepasst, dass sie dem perspektivischen Eindruck entspricht. Bei gleicher Größe wären diese nach hinten hinaus ansonsten als zu groß erschienen.

Übungsaufgaben

1. Gegeben seien zwei verschiedene Geraden $g, l \in \mathcal{G}$. Deuten Sie die Menge der nicht trivialen Linearkombinationen von g und l, d.h. die Menge

$$\{\lambda \cdot g + \mu \cdot l : (\lambda, \mu) \in \mathbb{R}^2 \setminus \{(0,0)^T\}\}.$$

   Begründen Sie Ihre Behauptung.

2. Gegeben seien drei Punkte auf einer Geraden im $\mathbb{RP}^2$. Es soll ein vierter Punkt konstruiert werden, so dass alle vier Punkte in harmonischer Lage sind. Wieviele Möglichkeiten haben Sie, diesen vierten Punkt zu konstruieren?

3. Unten sind die Punkte $\mathbf{0}, \mathbf{1}, \infty$ auf einer Geraden in $\mathbb{RP}^2$ gegeben. Bestimmen Sie bzgl. dieser Skala den Punkt $\mathbf{1\frac{1}{2}}$ konstruktiv.

4. Es seien $A, B, C, D, E, F \in \mathbb{R}^2$. Zeigen Sie, dass der Ausdruck

$$\mathrm{quad}(A, B, C, D, E, F) = \frac{[A, E] \cdot [B, F] \cdot [C, D]}{[C, E] \cdot [A, F] \cdot [B, D]}$$

   bei Skalierung der Vektoren mit Faktoren ungleich Null und unter projektiven Transformationen invariant bleibt.

5. Es gilt der folgende Satz.
   Gegeben seien zwei verschiedene Geraden g und l in der reellen projektiven Ebene $\mathbb{RP}^2$ und ein Punkt Z, der weder auf g noch auf l liegt. Dann schneiden vier paarweise verschiedene Geraden z_1, z_2, z_3, z_4 durch den Punkt Z die beiden Geraden g und l in je vier Punkten G_1, G_2, G_3, G_4 und L_1, L_2, L_3, L_4 und für die beiden Doppelverhältnisse $(G_1, G_2; G_3, G_4)$ und $(L_1, L_2; L_3, L_4)$ gilt $(G_1, G_2; G_3, G_4) = (L_1, L_2; L_3, L_4)$.

   a) Fertigen Sie eine Skizze zu diesem Satz an.
   b) Dualisieren Sie diesen Satz.
   c) Beweisen Sie diesen Satz.

6. Gegeben sei ein (nicht-entartetes) Dreieck mit den Eckpunkten A_1, A_2 und A_3 im $\mathbb{RP}^2$.

   a) Wählen Sie drei Punkte B_1, B_2, B_3 auf den drei Dreiecksseiten so, dass B_1 auf der Dreiecksseite $\overline{A_2, A_3}$, B_2 auf der Dreiecksseite $\overline{A_1, A_3}$ und B_3 auf der Dreiecksseite $\overline{A_1, A_2}$ liegt und sich die drei Strecken $\overline{A_i, B_i}$ für alle $i \in \{1, 2, 3\}$ in einem Punkt schneiden.

   b) Bestimmen Sie nun drei weitere Punkte C_1, C_2, C_3 mit folgender Eigenschaft. Für $\{i, j, k\} = \{1, 2, 3\}$ liege C_i auf der Geraden durch die Punkte A_j und A_k, und die Punkte A_j, A_k, B_i, C_i sind in harmonischer Lage, d.h. $(A_j, A_k; B_i, C_i) = -1$.

   c) Zeigen Sie, dass die nach Aufgabenteil a) und b) konstruierten Punkte C_1, C_2 und C_3 kollinear sind.

   d) Interpretieren Sie die obige Konstruktion unter der Voraussetzung, dass die Punkte C_1, C_2 und C_3 Fernpunkte sind. Welchen elementar-geometrischen Satz erhalten Sie?

7. Gegeben sei eine Gerade g im $\mathbb{RP}^2$ und ein Punkt Z, der nicht auf dieser Geraden liegt. Weiterhin sei ein Punkt $P \neq Z$ gegeben, der ebenfalls nicht auf der Geraden g liegt.

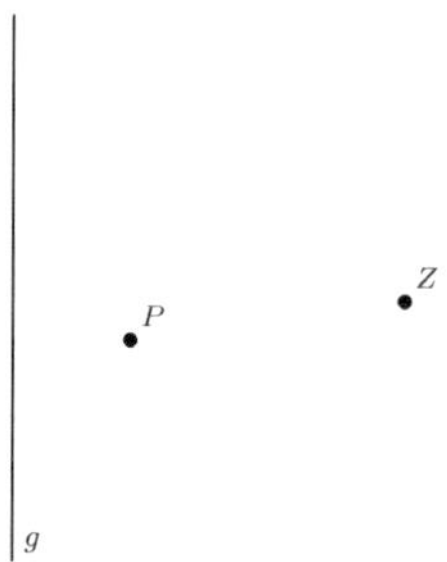

   a) Bestimmen Sie den Schnittpunkt T der Geraden durch die beiden Punkte Z und P mit der Geraden g.
   Bestimmen Sie nun einen vierten Punkt P', so dass die vier Punkte P', P, T und Z in harmonischer Lage sind, d.h. $(P', P; T, Z) = -1$.

   b) Zeigen Sie, dass die in Aufgabenteil a) beschriebene Konstruktion kollineare Punkte wieder auf kollineare Punkte abbildet.

   c) Was erhalten Sie, wenn der Punkt Z ein Punkt auf der Ferngeraden ist?

   d) Was erhalten Sie, wenn die Gerade g die Ferngerade ist?

8. Zeigen Sie, dass die Funktionen aus Gleichung (4.2) bezüglich Hintereinanderausführung eine Gruppe bilden, die isomorph zur symmetrische Gruppe S_3 ist.

5

Kegelschnitte

Bisher haben wir uns ausschließlich mit geradlinigen Objekten beschäftigt. In diesem Kapitel werden wir uns mit der projektiven Darstellung von Kegelschnitten beschäftigen. Neben der Tatsache, dass diese für sich eine sehr schöne Theorie bilden, werden sie für später auch die Grundlage zur Behandlung von Kreisen liefern.

5.1 Quadratische Formen

Kegelschnitte sind das Lösungsgebilde quadratischer Gleichungen in zwei Veränderlichen, genauer gesagt liegt ein Punkt $(x, y)^T$ der euklidischen Ebene auf einem Kegelschnitt, wenn er die inhomogene Gleichung

$$a \cdot x^2 + c \cdot y^2 + 2b \cdot xy + 2d \cdot x + 2e \cdot y + f = 0$$

erfüllt. Wir können diese Gleichung umformulieren und sie auf Basis von Matrizen und Vektoren in der Standardeinbettung mit $z = 1$ fassen. Dann lautet sie

$$(x, y, 1) \cdot \begin{pmatrix} a & b & d \\ b & c & e \\ d & e & f \end{pmatrix} \cdot \begin{pmatrix} x \\ y \\ 1 \end{pmatrix} = 0.$$

In dieser Form fällt uns die Übersetzung in einen homogenen Ausdruck nicht schwer. Wir müssen nur an der letzten Stelle der Vektoren, die die Punkte $(x, y)^T$ darstellen, ein z einfügen und erhalten

$$(x, y, z) \cdot \begin{pmatrix} a & b & d \\ b & c & e \\ d & e & f \end{pmatrix} \cdot \begin{pmatrix} x \\ y \\ z \end{pmatrix} = 0.$$

J. Richter-Gebert, T. Orendt, *Geometriekalküle*, Springer-Lehrbuch, DOI 10.1007/978-3-642-02530-3_5, © Springer-Verlag Berlin Heidelberg 2009

Ausgeschrieben hat die beschreibende Gleichung eines Kegelschnitt damit die Gestalt

$$a \cdot x^2 + c \cdot y^2 + 2b \cdot xy + 2d \cdot xz + 2e \cdot yz + f \cdot z^2 = 0.$$

An dieser Stelle sieht man auch leicht, dass skalare Vielfache ungleich Null nichts an der Gültigkeit der Gleichung ändern. Wenn ein Vektor $(x, y, z)^T$ die beschreibende Gleichung eines Kegelschnitts erfüllt, dann auch $\lambda \cdot (x, y, z)^T$ ($\lambda \in \mathbb{R}^*$). Ebenso gilt diese Überlegung für die zugehörige Koeffizientenmatrix. Somit können wir wieder die Äquivalenzklassen mit den Repräsentanten gleichsetzen und auf die Klammernotation verzichten.

Zu einem Kegelschnitt gibt es auch immer eine Abbildung der Form

$$\mathcal{Q}_Q(P) = P^T Q P.$$

Diese nennen wir eine *quadratische Form*. O.B.d.A. ist die darstellende Matrix Q einer quadratischen Form symmetrisch, denn einfaches Nachrechnen zeigt, dass, wenn Q nicht symmetrisch ist, die Matrix $(Q + Q^T)/2$ symmetrisch ist und die gleiche Abbildung liefert, d.h.

$$\mathcal{Q}_Q = \mathcal{Q}_{(Q+Q^T)/2}.$$

Formal können wir nun einen Kegelschnitt als Nullniveau einer quadratischen Form definieren.

Definition 5.1. *Sei $\mathcal{Q}_Q$ eine quadratische Form. Dann ist der zugehörige Kegelschnitt $\mathcal{C}_Q$ definiert über*

$$\mathcal{C}_Q = \{P \in \mathcal{P} : P^T Q P = 0\}.$$

Bevor wir mit allgemeinen Situationen fortfahren, beschäftigen wir uns zuerst mit degenerierten Kegelschnitten. Hierfür stellen wir uns die Frage, wann eine quadratische Form $\mathcal{Q}_Q$ in zwei lineare Gleichungen zerfällt. Sei $P = (x, y, z)^T$, $g = (a_1, b_1, c_1)^T$ und $g' = (a_2, b_2, c_2)^T$, dann muss

$$\mathcal{Q}_Q(P) = (a_1 x + b_1 y + c_1 z) \cdot (a_2 x + b_2 y + c_2 z) = \langle P, g \rangle \cdot \langle P, g' \rangle$$

sein, wenn sie zerfällt. Dabei können wir g und g' als Geraden in $\mathbb{RP}^2$ auffassen und somit liegt P genau dann im Nullniveau von $\mathcal{Q}_Q$, wenn P entweder auf g oder g' liegt. D.h. der degenerierte Kegelschnitt besteht aus zwei Geraden. Seien nun A und B zwei verschiedene Punkte auf g und C und D zwei verschiedene Punkte auf g'. Dann gilt $g = A \times B$ und $g' = C \times D$, womit wir die obigen Skalarprodukte so umformulieren können, dass wir eine Determinante erhalten. Es gilt

$$\langle P, g \rangle = \langle P, A \times B \rangle = [A, B, P] \quad \text{und} \quad \langle P, g' \rangle = \langle P, C \times D \rangle = [C, D, P].$$

Hieraus folgern wir, dass die quadratische Form $\mathcal{Q}_Q(P) = [A, B, P] \cdot [C, D, P]$ ist. Diese Identität nutzen wir um den nächsten Satz zu beweisen, der eine Aussage darüber macht, wie viele Punkte einen Kegelschnitt bestimmen.

Satz 5.2. *Durch fünf Punkte, von denen keine vier kollinear sind, gibt es immer einen Kegelschnitt.*

Beweis. Da keine vier der fünf Punkte kollinear sind, gibt es immer vier Punkte A, B, C, D, von denen keine drei auf einer Geraden liegen. Somit können wir durch diese vier Punkte zwei degenerierte Kegelschnitte $\mathcal{C}_1$ und $\mathcal{C}_2$ durchlegen (vgl. Abb. 5.1). Es seien

$$\mathcal{C}_1(P) = \{P \in \mathcal{P} : [A, C, P][B, D, P] = 0\} \quad \text{und}$$
$$\mathcal{C}_2(P) = \{P \in \mathcal{P} : [A, D, P][B, C, P] = 0\}$$

die beiden Kegelschnitte. In Abb. 5.1 ist $\mathcal{C}_1$ grün und $\mathcal{C}_2$ blau gekennzeichnet. Wir konstruieren nun aus $\mathcal{C}_1$ und $\mathcal{C}_2$ einen weiteren Kegelschnitt, der zusätzlich durch den fünften noch nicht berücksichtigten Punkt E verläuft. Hierfür verwenden wir, dass die Linearkombination

$$\mathcal{Q}(P) = \lambda \cdot [A, C, P][B, D, P] + \mu \cdot [A, D, P][B, C, P]$$

der beiden quadratischen Formen von $\mathcal{C}_1$ und $\mathcal{C}_2$ wieder eine quadratische Form bzw. einen Kegelschnitt liefert. Dabei wählen wir λ und μ so, dass neben den Punkten A, B, C, D auch E Nullstelle der quadratische Form ist. Eine Wahl, die das erfüllt, ist

$$\lambda = [A, D, E][B, C, E] \quad \text{und} \quad \mu = -[A, C, E][B, D, E].$$

Man kann einfach nachrechnen, dass $\mathcal{Q}$ an den Punkten A, B, C, D und E verschwindet, d.h. $\mathcal{Q}$ definiert einen Kegelschnitt durch die fünf Punkte. $\quad\square$

An dieser Stelle wollen wir noch auf ein paar Details des Beweises eingehen, die die quadratische Form $\mathcal{Q}$ betreffen.

Die spezielle Linearkombination, die für $\mathcal{Q}$ verwendet wurde, lässt sich auf viele andere Situationen übertragen. Diesen praktischen Trick nennt man *Plückers μ* und er sieht allgemein wie folgt aus: Gegeben seien zwei Gleichungen $f_i : \mathbb{R}^d \to \mathbb{R}$ ($i = 1, 2$), deren Nullstellenmenge ein geometrisches Objekt beschreiben (z.B. eine Geradengleichung). Wenn nun die Linearkombination $\lambda \cdot f_1(P) + \mu \cdot f_2(P)$ wieder ein Objekt des gleichen Typs beschreibt, dann kann man Plückers μ anwenden. Alle Objekte, die durch $\lambda \cdot f_1(P) + \mu \cdot f_2(P)$ beschrieben werden, verlaufen durch die gemeinsamen Nullstellen von f_1 und f_2. Wenn das Objekt ebenso durch einen weiteren Punkt P' verlaufen soll, dann ist $p \mapsto f_2(P') \cdot f_1(P) - f_1(P') \cdot f_2(P)$ die Gleichung, die dieses Objekt beschreibt.

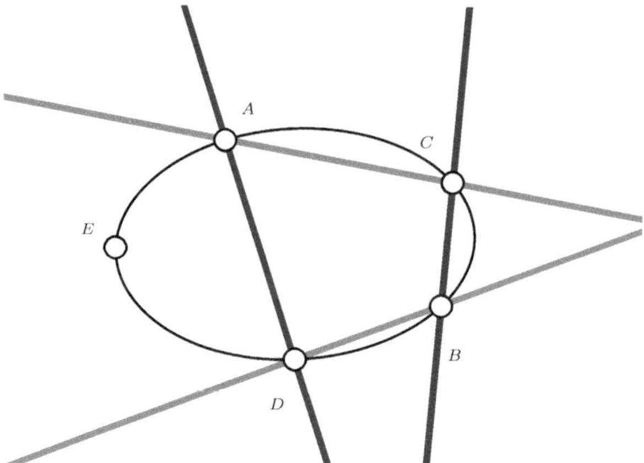

Abb. 5.1 Konstruktion eines Kegelschnitts durch fünf Punkte.

Bisher haben wir gezeigt, dass, wenn wir uns fünf Punkte vorgeben, wir einen Kegelschnitt durch diese Punkte finden können. Dieser Kegelschnitt ist eindeutig, wenn die Punkte einer bestimmten Bedingung genügen.

Satz 5.3. *Es seien A, B, C, D, E fünf paarweise verschiedene Punkte in $\mathbb{RP}^2$, von denen keine drei auf einer Geraden liegen. Dann ist der Kegelschnitt durch die fünf Punkte eindeutig.*

Beweis. Angenommen es gäbe zwei Kegelschnitte $\mathcal{C}_1$ und $\mathcal{C}_2$ durch die Punkte A, B, C, D, E. Dann ist für alle $(\lambda, \mu) \in \mathbb{R}^2 \setminus \{(0,0)\}$ die Linearkombination $\mathcal{C} = \lambda \cdot \mathcal{C}_1 + \mu \cdot \mathcal{C}_2$ ebenfalls eine Kegelschnitt durch die Punkte A, B, C, D, E. Sein nun P eine weiterer Punkt, der kollinear zu A und B, aber von diesen verschieden ist. Mittels Plückers μ können wir λ und μ so wählen, dass $\mathcal{C}$ zusätzlich durch den Punkt P verläuft. Durch Anwenden einer projektiven Transformation können wir o.B.d.A. annehmen, dass A, B, P auf der Ferngeraden liegen und bei keinem von ihnen die y-Komponente verschwindet. D.h. wir haben einen Kegelschnitt $\mathcal{C}$ konstruiert, der mit der Ferngeraden drei Punkte mit nicht verschwindender y-Koordinate gemeinsam hat. Ist Q die Matrix dieses Kegelschnittes, so hätte $(x, 1, 0)^T Q(x, 1, 0) = 0$ drei verschiedene Lösungen. Die letzte Formel ist aber eine quadratische Gleichung in x und muss somit identisch Null verschwinden. Somit zerfällt der Kegelschnitt (C) in zwei Geraden, nämlich die Ferngerade und eine weitere. Da $\mathcal{C}$ aber alle Punkte a, b, c, d, e enthält, ist dies ein Widerspruch zur Annahme, dass von diesen Punkten keine drei auf einer Geraden liegen. $\qquad\square$

Die quadratische Form $\mathcal{Q}$ zusammen mit der Eindeutigkeit jedoch lässt noch einen weiteren Schluss zu. $\mathcal{Q}$ definiert einen Kegelschnitt durch die Punkte A, B, C, D, E. Anders herum kann man sagen, dass die Punkte A, B, C, D, E, P gemeinsam auf einem Kegelschnitt liegen, wenn

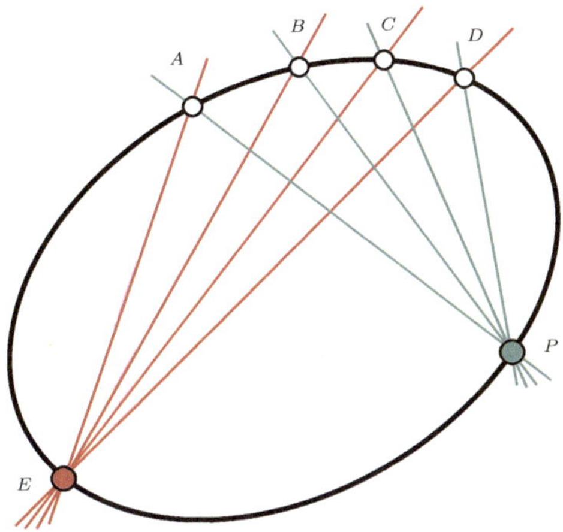

Abb. 5.2 Vier Punkte auf einem Kegelschnitt gesehen von anderen Punkten auf dem Kegelschnitt.

$$\mathcal{Q}(P) = [A, D, E][B, C, E][A, C, P][B, D, P]$$
$$- [A, C, E][B, D, E][A, D, P][B, C, P] = 0$$

gilt. Umstellen der Gleichung ergibt die Identität

$$\frac{[A, D, E][B, C, E]}{[A, C, E][B, D, E]} = \frac{[A, D, P][B, C, P]}{[A, C, P][B, D, P]}.$$

Mit Lemma 4.8 können wir beide Seiten als ein Doppelverhältnis von einem speziellen Punkt aus gesehen interpretieren. Es gilt

$$(A, B; D, C)_E = \frac{[A, D, E][B, C, E]}{[A, C, E][B, D, E]} \quad \text{und}$$
$$(A, B; D, C)_P = \frac{[A, D, P][B, C, P]}{[A, C, P][B, D, P]}.$$

D.h. jeder Punkt P auf dem Kegelschnitt sieht die Punkte A, B, C, D unter dem gleichen Doppelverhältnis wie der Punkt E (siehe Abb. 5.1). Dies lässt eine alternative Formulierung eines Kegelschnitts zu.

Lemma 5.4. *Sei $\mathcal{C}$ ein Kegelschnitt durch die Punkte A, B, C, D, E. Dann gilt*

$$\mathcal{C} = \{P \in \mathcal{P} : (A, B; C, D)_P = (A, B; C, D)_E\}.$$

5.2 Kegelschnitte und projektive Transformationen

Nachdem wir geklärt haben, wie viele Punkte einen Kegelschnitt eindeutig festlegen, wenden wir uns der Frage zu, wie sich projektive Transformationen auf Kegelschnitte auswirken. Sei daher

$$\tau_M : \mathcal{P} \to \mathcal{P}; \quad P \mapsto M \cdot P$$

eine projektive Transformation, d.h. $\det M \neq 0$. Da wir die Transformation auf Basis von Punkten definiert haben, ist ihre Wirkung auf die Punkte klar. Bei Geraden jedoch haben wir gesehen, um die Inzidenzrelation zu erhalten, müssen diese nicht mit M, sondern mit $(M^{-1})^T$ transformiert werden. Ganz ähnlich verhält es sich mit Kegelschnitten. Ein transformierter Punkt $M \cdot P$ soll genau dann auf dem transformierten Kegelschnitt $\tilde{\mathcal{C}}_Q$ liegen, wenn der ursprüngliche Punkt P auf dem Kegelschnitt $\mathcal{C}_Q$ lag. Transformieren wir den Kegelschnitt wie folgt

$$Q \mapsto (M^{-1})^T Q (M^{-1}),$$

so gilt

$$(M \cdot P)^T \cdot (M^{-1})^T Q (M^{-1}) \cdot (M \cdot P) = P^T Q P.$$

Dies zeigt

Lemma 5.5. *Sei τ_M eine projektive Transformation und $\mathcal{C}_Q$ eine Kegelschnitt in $\mathbb{RP}^2$. Dann ist das Bild von $\mathcal{C}_Q$ unter τ_M genau der Kegelschnitt $\mathcal{C}_{(M^{-1})^T Q (M^{-1})}$.*

5.3 Formen von Kegelschnitten

Wir wollen uns der Frage widmen, was für unterschiedliche Kegelschnitte es denn gibt. Dabei schränken wir uns auf Klassifikation bis auf projektive Transformationen ein. Um die Klassifikation vornehmen zu können, werden wir zuerst die wesentlichen Merkmale der beschreibenden Matrix eines Kegelschnitts studieren.

Ein Kegelschnitt $\mathcal{C}_Q$ sei durch die symmetrische Matrix Q beschrieben, d.h. ein Punkt P liegt genau dann auf $\mathcal{C}_Q$, wenn $P^T Q P = 0$ gilt. Da Q symmetrisch ist, folgt mit dem Satz über Hauptachsentransformation, dass es eine reelle orthogonale 3×3-Matrix M gibt mit

$$M^T Q M = \begin{pmatrix} \alpha & 0 & 0 \\ 0 & \beta & 0 \\ 0 & 0 & \gamma \end{pmatrix}.$$

Die Wirkung der Matrix M können wir als eine projektive Transformation

Matrix	Gleichung	Objekt
$\begin{pmatrix} 1 & & \\ & 1 & \\ & & -1 \end{pmatrix}$	$x^2 + y^2 - z^2 = 0$	Einheitskreis S^1
$\begin{pmatrix} 1 & & \\ & 1 & \\ & & 1 \end{pmatrix}$	$x^2 + y^2 + z^2 = 0$	nur komplexe Lösungen
$\begin{pmatrix} 1 & & \\ & 1 & \\ & & 0 \end{pmatrix}$	$x^2 + y^2 = 0$	komplexen Geraden $(1, i, \alpha)^T$ und $(1, -i, \alpha)^T$
$\begin{pmatrix} 1 & & \\ & -1 & \\ & & 0 \end{pmatrix}$	$x^2 - y^2 = 0$	reellen Geraden $(1, -1, \alpha)^T$ und $(1, 1, \alpha)^T$
$\begin{pmatrix} 1 & & \\ & 0 & \\ & & 0 \end{pmatrix}$	$x^2 = 0$	reelle Doppelgeraden $(0, \alpha, \beta)^T$

Tabelle 5.1 Mögliche Formen von Kegelschnitten.

interpretieren und da wir bis auf projektive Transformationen klassifizieren wollen, reicht es, wenn wir uns auf Matrizen mit Diagonalgestalt beschränken. Im Folgenden werden wir die Nullen nicht weiter mitführen.

Weiterhin können wir α, β, γ o.B.d.A auf $1, -1$ oder 0 setzen. Denn beispielsweise für $\alpha \neq 0$ können wir das folgende Martixprodukt betrachten, welches wir wieder als Wirken einer projektiven Transformation auffassen können.

$$\begin{pmatrix} \frac{1}{\sqrt{\alpha}} & & \\ & 1 & \\ & & 1 \end{pmatrix} \cdot \begin{pmatrix} \alpha & & \\ & \beta & \\ & & \gamma \end{pmatrix} \cdot \begin{pmatrix} \frac{1}{\sqrt{\alpha}} & & \\ & 1 & \\ & & 1 \end{pmatrix} = \begin{pmatrix} x & & \\ & \beta & \\ & & \gamma \end{pmatrix},$$

wobei $x \in \{1, -1\}$ gilt.

Aber auch die Reihenfolge der Diagonalelemente ist irrelevant, wie das nachstehende Matrixprodukt wieder zeigt, welches exemplarisch die ersten beiden Diagonalelemente vertauscht.

$$\begin{pmatrix} & 1 & \\ 1 & & \\ & & 1 \end{pmatrix} \cdot \begin{pmatrix} \alpha & & \\ & \beta & \\ & & \gamma \end{pmatrix} \cdot \begin{pmatrix} & 1 & \\ 1 & & \\ & & 1 \end{pmatrix} = \begin{pmatrix} \beta & & \\ & \alpha & \\ & & \gamma \end{pmatrix}$$

Des Weiteren ist es nicht schwer einzusehen, dass die Matrizen Q und $-Q$ den gleichen Kegelschnitt beschreiben.

Somit ergeben sich fünf mögliche Formen von Kegelschnitten, die bis auf projektive Transformationen bestimmt sind. Die verschiedenen Fälle sind in Tabelle 5.1 aufgeführt.

Jeder dieser Fälle beschreibt eine geometrische Situation, die nicht mittels einer projektiven Transformation in eine der anderen überführt werden kann. Die letzen drei Fälle gehören zu degenerierten Kegelschnitten und der zweite lässt nur komplexe Lösungen zu. Der erste Fall, der des Einheitskreises, ist besonders interessant, denn dieser lässt sich wiederum in drei weitere Fälle unterteilen. Das Kriterium, nach dem wir unterteilen, ist die Anzahl der Schnittpunkte des Kegelschnitts mit der Ferngeraden l_∞. Schneiden wir nun einen solchen Kegelschnitt mit der Ferngeraden ergibt sich eine Schnittbedingung in nur zwei Variablen[1]. Diese ist

$$ax^2 + cy^2 + 2bxy = 0.$$

Dies ist eine homogene quadratische Gleichung, die bis auf skalare Vielfache keine, eine oder zwei Lösungen hat. Die drei Möglichkeiten korrespondieren mit den drei Fällen Ellipse, Parabel und Hyperbel (vgl. Abb. 5.3). Eine Ellipse hat keine Punkte mit der Ferngeraden gemein, während eine Parabel die Ferngerade in einem Punkt berührt. Die Hyperbel hingegen schneidet diese in zwei Punkten.

5.4 Tangenten und Polarität

Bisher haben wir uns nur mit Punkten auf Kegelschnitten beschäftigt. Was ist aber mit Punkten, die sich nicht darauf befinden? Dieser Frage wollen wir in diesem Abschnitt nachgehen. Wir werden sehen, dass das Produkt aus beschreibender Matrix eines Kegelschnitts und einem Punkt sich als Gerade deuten lässt, die tangential an den Kegelschnitt ist, wenn der Punkt auf dem Kegelschnitt liegt.

Dazu sei $\mathcal{C}_Q$ ein nichtdegenerierter[2] Kegelschnitt mit beschreibender Matrix Q und $P \in \mathcal{P}$ ein Punkt in $\mathbb{RP}^2$. Zu allererst definieren wir, was wir unter einer Tangente an $\mathcal{C}_Q$ verstehen.

Definition 5.6. *Sei Q eine reelle symmetrische 3×3-Matrix mit* $\det Q \neq 0$. *Dann ist eine Gerade $g \in \mathcal{G}$ eine Tangente an den Kegelschnitt $\mathcal{C}_Q$, wenn sie $\mathcal{C}_Q$ in genau einem Punkt trifft.*

Dem aufmerksamen Leser wird aufgefallen sein, dass wir in der Definition einer Tangente an einen Kegelschnitt nur nichtdegenerierte Kegelschnitte zulassen. Die Definition würde bei Kegelschnitten, die zu Geraden degenerieren auch keinen Sinn machen.
Im Folgenden kommen wir nun zu dem Satz, den wir schon in der Einleitung

---

[1] da wir hierfür $z = 0$ setzen müssen.
[2] d.h. $\det Q \neq 0$. Ferner gilt für solche Kegelschnitte, dass keine projektive Gerade auf ihnen liegen kann (siehe [Ri]).

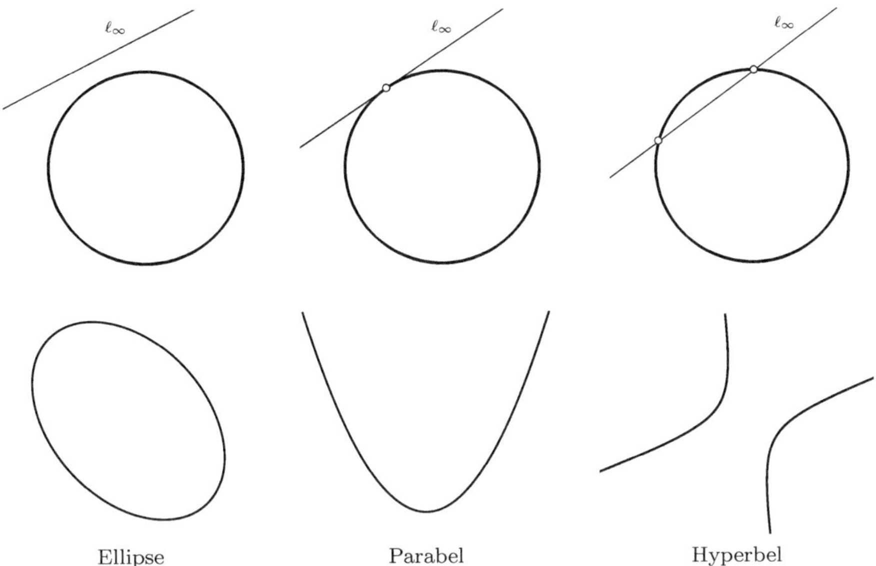

Abb. 5.3 Klassifikation von Kegelschnitten bzgl. ihrer Schnittpunkte mit der Ferngeraden.

dieses Abschnitts angedeutet haben. Er beschreibt die Tangenten an einen Kegelschnitt.

Satz 5.7. *Sei Q eine reelle symmetrische 3×3-Matrix mit $\det Q \neq 0$ und $P \in \mathbb{RP}^2$ ein Punkt auf $\mathcal{C}_Q$. Dann ist $Q \cdot P$ die Tangente an $\mathcal{C}_Q$ im Punkt P.*

Beweis. Der Beweis besteht aus zwei Teilen. Wir zeigen zuerst, dass die Gerade $g = Q \cdot P$ den Punkt P enthält und in einem zweiten Schritt zeigen wir, dass P der einzige Punkt ist, den $\mathcal{C}_Q$ und g gemeinsam haben.

Um zu zeigen, dass P auf g liegt, zeigen wir einfach, dass das zugehörige Skalarprodukt verschwindet. Es gilt

$$\langle P, g \rangle = \langle P, Q \cdot P \rangle = P^T Q P = 0,$$

da P auf dem Kegelschnitt $\mathcal{C}_Q$ liegt.

Den zweiten Teil des Beweises zeigen wir mittels eines Widerspruchs. Hierfür nehmen wir an, dass es einen weiteren Punkt R gibt, der sowohl auf g als auch auf $\mathcal{C}_Q$ liegt. Wenn wir das annehmen, gelten die drei Gleichungen $P^T Q P = 0$ (P auf $\mathcal{C}_Q$), $R^T Q R = 0$ (R auf $\mathcal{C}_Q$) und $R^T Q P = 0$ (R auf g). Eine Linearkombination aus der ersten und letzten Gleichung ergibt, dass

$$(\lambda P + \mu R)^T Q P = 0 \quad \text{für alle } \lambda, \mu \in \mathbb{R}.$$

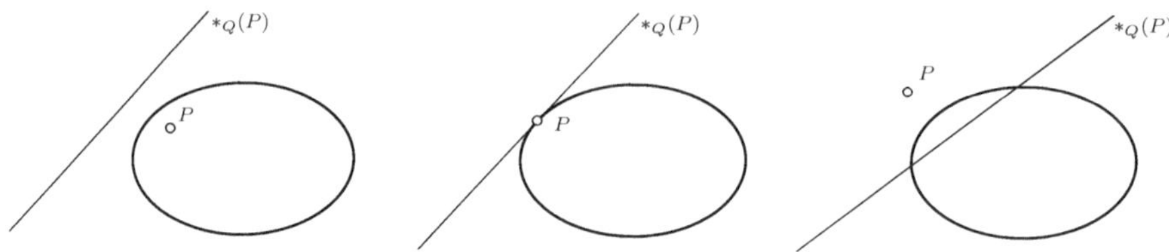

Abb. 5.4 Bilder eines Punktes und seiner Polaren.

Analog liefert eine Linearkombination der zweiten und dritten Gleichung und die Symmetrie von Q, dass

$$R^T Q(\lambda P + \mu R) = (\lambda P + \mu R)^T Q R = 0 \quad \text{für alle } \lambda, \mu \in \mathbb{R}.$$

Schließlich führt Kombinieren der beiden hergeleiteten Gleichung auf

$$(\lambda P + \mu R)^T Q(\lambda P + \mu R) = 0 \quad \text{für alle } \lambda, \mu \in \mathbb{R},$$

was den Widerspruch liefert, dass $\mathcal{C}_Q$ degeneriert sein muss, da eine ganze projektive Gerade auf dem Kegelschnitt liegt. □

Wir wollen das eben Gezeigte noch ein wenig verallgemeinern. Das Produkt $Q \cdot P$ haben wir bisher auf Punkte auf dem zugehörigen Kegelschnitt eingeschränkt. Die Abbildung $P \mapsto Q \cdot P$ ist aber auch für Punkte, die nicht auf dem Kegelschnitt liegen, definiert. Im Folgenden werden wir diese Abbildung formal angeben und ein paar ihrer Eigenschaften studieren.

Definition 5.8. *Sei Q eine reelle symmetrische 3×3-Matrix mit $\det Q \neq 0$. Die Abbildung*

$$*_Q : \mathcal{P} \to \mathcal{G}; \quad P \mapsto Q \cdot P$$

nennen wir eine Polarität. Wir können ebenso ihre Umkehrung definieren. Sie ist wie folgt definiert.

$$*_Q : \mathcal{G} \to \mathcal{P}; \quad g \mapsto Q^{-1} \cdot g$$

Die Abb. 5.4 zeigt die drei unterschiedlichen Fälle, die bei einer Ellipse auftreten können, wenn man die Polare eines Punkts P bestimmt. Den mittleren Fall haben wir bereits in Satz 5.7 behandelt. In den anderen Bildern sieht man, dass die Lage der Polaren von der Lage des Punkts P abhängt. Liegt P im Innern der Ellipse, schneidet die Polare die Ellipse nicht. Liegt er außerhalb, gibt es zwei verschiedene Schnittpunkte. Wir geben hier keinen Beweis an für die Korrektheit der beiden weiteren Fälle. Aber es ist nicht schwer einzusehen, dass diese sich aus der Stetigkeit der Polarität bzgl. des

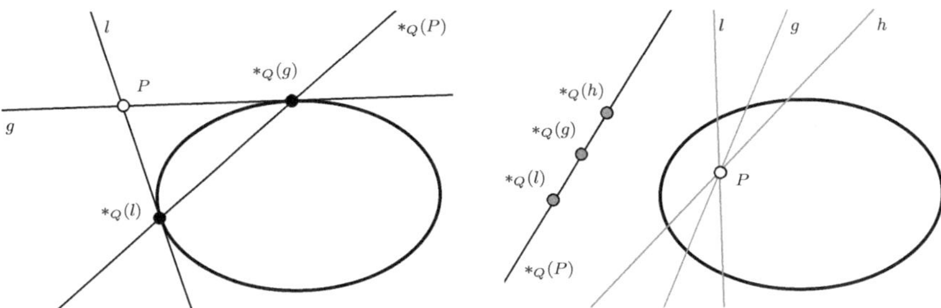

Abb. 5.5 Eigenschaften der Polarität.

Punktes P ergeben.

Zum Abschluss dieses Abschnitts studieren wir die Eigenschaften der Polarität $*_Q$ noch etwas näher. Eine Illustration dieser finden wir in Abb. 5.5.

Satz 5.9. *Sei Q eine reelle symmetrische 3×3-Matrix mit $\det Q \neq 0$ und C_Q der zugehörige Kegelschnitt. Dann gilt für die Polarität $*_Q$ Folgendes.*

(i) Für jedes Element $a \in \mathcal{P} \cup \mathcal{G}$ gilt $(*_Q \circ *_Q)(a) = a$.

(ii) Drei Punkte $A, B, C \in \mathcal{P}$ sind genau dann kollinear, wenn $*_Q(A), *_Q(B), *_Q(C) \in \mathcal{G}$ konkurrent sind.

(iii) Drei Geraden $a, b, c \in \mathcal{G}$ sind genau dann konkurrent, wenn $*_Q(a), *_Q(b), *_Q(c) \in \mathcal{P}$ kollinear sind.

(iv) $P \in \mathcal{P}$ ist genau dann inzident mit $g \in \mathcal{G}$, wenn $*_Q(P)$ und $*_Q(g)$ inzident sind.

(v) $P \in \mathcal{P}$ ist genau dann inzident mit $*_Q(P) \in \mathcal{G}$, wenn P auf C_Q liegt. Dann ist $*_Q(P)$ die Tangente an C_Q im Punkt P.

Beweis. (i) ist trivial. (ii) und (iii) folgt aus der Überlegung, dass Kollinearität/Konkurrenz mittels $\det(a, b, c) = 0$ ausgedrückt werden kann und dass dies äquivalent[3] ist zu $\det(Qa, Qb, Qc) = 0$. (iv) ist schlicht die Äquivalenz von $\langle P, g \rangle = 0$ und $\langle QP, Q^{-1}g \rangle$. (v) folgt mit Satz 5.7. $\qquad \square$

---

[3] da $\det Q \neq 0$.

5.5 Exkurs: Wo stand der Fotograf?

Wir haben gesehen, dass für vier markierte Punkte A, B, C, D auf einem Kegelschnitt $\mathcal{C}$ jeder weitere Punkt X auf $\mathcal{C}$ diese Punkte immer unter dem gleichen Doppelverhältnis sieht. Aus dieser Tatsache lässt sich ein überraschendes Verfahren für den Bereich der Bildanalyse ableiten. Nehmen wir an, uns wird ein Panoramafoto einer Stadt gegeben, auf dem verschiedene markante Gebäude gut zu erkennen sind. Sind mindestens fünf solcher "Landmarks" erkennbar, so kann man daraus den Standort des Fotografen ermitteln.

Betrachten wir das in Abbildung 5.6 (oben) gegebene Panoramafoto von München. Wer sich in München ein wenig auskennt, erkennt darauf das Kuppeldach der Staatskanzlei, die Spitze des Rathauses, den Turm der Residenz, die Frauenkirche und die Theatinerkirche. Bezeichnen wir diese markanten Gebäude der Reihe nach mit A, B, C, D, E. Auf dem Foto definieren die vertikalen Positionen von A, B, C, D ein gewisses Doppelverhältnis. Mit anderen Worten, der Fotograph *sieht* diese Gebäude unter einem bestimmten Doppelverhältnis $\lambda_{A,B,C,D}$. Als nächstes braucht man eine Karte der Umgebung, auf der man die Landmarks finden kann. Also *GoogleMaps*^{TM} aufrufen und eine entsprechende Karte in passender Auflösung besorgen. Setzen wir auf der Karte an die Positionen der Gebäude A, B, C, D jeweils einen Punkt, so geht durch diese vier Punkte eine einparametrige Schar von Kegelschnitten. Zu jedem dieser Kegelschnitte $\mathcal{C}$ gehört ein ganz bestimmtes Doppelverhältnis, nämlich dasjenige, unter dem alle Punkte auf $\mathcal{C}$ die Punkte A, B, C, D sehen. Umgekehrt findet man zu jeder reellen Zahl genau einen Kegelschnitt dieser Schar, dem dieses Doppelverhältnis zugeordnet ist. Von daher gibt es zu der Zahl $\lambda_{A,B,C,D}$ genau einen Kegelschnitt durch die Punkte A, B, C, D. Irgendwo auf diesem Kegelschnitt muss unser Fotograf gestanden haben. Führt man genau das gleiche Verfahren für die Gebäude A, B, C, E durch, so erhält man zunächst ein Doppelverhältnis $\lambda_{A,B,C,E}$ und damit einen weiteren Kegelschnitt. Auch auf diesem Kegelschnitt muss der Fotograf stehen. Somit ergibt sich die Position des Fotographen als eine Stelle, an der sich die beiden Kegelschnitte (abgesehen von den drei Punkten A, B, C) schneiden.

Man kann für jede Auswahl von 4 Gebäuden einen entsprechenden Kegelschnitt berechnen. Alle so gewonnenen Kegelschnitte haben einen Punkt gemeinsam – den Ort des Fotographen. Abbildung 5.6 zeigt die fünf Kegelschnitte, die man in unserem Beispiel durch Auswahl von je vier Gebäuden erhält. Der Ort des Fotografen ist durch einen dicken weißen Punkt gekennzeichnet. Wer sich ein wenig in München auskennt, erkennt, dass der Fotograph den kleinen Hügel des Monopterus, ein Tempel im klassizistischen Stil, erklommen hat. Jedem Münchentouristen sei dies übrigens empfohlen, da man von dort aus einen wirklich ausgezeichneten Blick über die Münchner Innenstadt hat. Man stellt übrigens auch fest, dass der Fotograf ein Teleobjektiv verwendet hat, was in diesem Fall dazu führt, dass das Problem numerisch relativ schlecht konditioniert ist. Im Übrigen sei es dem Leser als (gar nicht so leichte) Übungsaufgabe überlassen, zu zeigen, dass sich bei dem besagten Verfahren die fünf konstruierten Kegelschnitte tatsächlich immer in einem Punkt treffen *müssen*.

Abb. 5.6 Wo stand der Fotograf?

Übungsaufgaben

1. Für $i \in \{1, \ldots, 5\}$ sei $P_i = (x_i, y_i, z_i)^T$ ein Punkt aus $\mathbb{RP}^2$. $P_1, \ldots, P_5$ bestimmen i.A. einen Kegelschnitt

$$\mathcal{C} = \{(x, y, z)^T \in \mathbb{R}^3 : a \cdot x^2 + c \cdot y^2 + 2b \cdot xy + 2d \cdot xz + 2e \cdot yz + f \cdot z^2 = 0\}.$$

Zeigen Sie, dass ein Punkt $P_6 = (x_6, y_6, z_6)^T$ genau dann auf $\mathcal{C}$ liegt, wenn

$$\det \begin{pmatrix} x_1^2 & y_1^2 & x_1 y_1 & y_1 z_1 & x_1 z_1 & z_1^2 \\ x_2^2 & y_2^2 & x_2 y_2 & y_2 z_2 & x_2 z_2 & z_2^2 \\ x_3^2 & y_3^2 & x_3 y_3 & y_3 z_3 & x_3 z_3 & z_3^2 \\ x_4^2 & y_4^2 & x_4 y_4 & y_4 z_4 & x_4 z_4 & z_4^2 \\ x_5^2 & y_5^2 & x_5 y_5 & y_5 z_5 & x_5 z_5 & z_5^2 \\ x_6^2 & y_6^2 & x_6 y_6 & y_6 z_6 & x_6 z_6 & z_6^2 \end{pmatrix} = 0.$$

2. Eine Ellipse sei durch den Kegelschnitt

$$\mathcal{C} = \{(x, y, z)^T \in \mathbb{RP}^2 : a \cdot x^2 + c \cdot y^2 + 2b \cdot xy + 2d \cdot xz + 2e \cdot yz + f \cdot z^2 = 0\}$$

gegeben. Dieser definiert die beiden Matrizen Q und R durch

$$Q = \begin{pmatrix} a & b & d \\ b & c & e \\ d & e & f \end{pmatrix} \quad \text{und } R = \begin{pmatrix} a & b \\ b & c \end{pmatrix}.$$

Zeigen Sie, dass für den Flächeninhalt $F_\mathcal{C}$ der von $\mathcal{C}$ umrandeten Fläche gilt

$$F_\mathcal{C} = -\frac{\det Q}{\sqrt{(\det R)^3}} \cdot \pi$$

Gehen Sie dazu nach den folgenden Schritten vor.
a) Zeigen Sie, dass die Formel für den Einheitskreis $\mathcal{C}_1 = \{(x, y, z)^T \in \mathbb{RP}^2 : x^2 + y^2 - z^2 = 0\}$ gilt.
b) Zeigen Sie, dass die Formel für eine allgemeine zentrierte achsenparallele Ellipse $\mathcal{C}_2 = \{(x, y, z)^T \in \mathbb{RP}^2 : \alpha x^2 + \beta y^2 - z^2 = 0\}$ gültig ist.
c) Folgern Sie die Gültigkeit der Formel für beliebige Ellipsen, indem Sie diese mittels einer euklidischen Transformation auf eine zentrierte achsenparallele Ellipse zurückführen.

3. Es seien $g, l \in \mathcal{G}$ zwei verschiedene Geraden und $P \in \mathcal{P}$ ein Punkt der reellen projektiven Ebene, der weder auf g noch auf l liegt. Bestimmen Sie die Gerade durch P und den Schnittpunkt von g und l, indem Sie Plückers μ verwenden.

4. Zeigen Sie, dass man für drei Kegelschnitte $\mathcal{C}_{Q_1}, \mathcal{C}_{Q_2}, \mathcal{C}_{Q_3}$ genau eine Linearkombination finden kann, die durch zwei gegebenen Punkte P_1 und P_2 geht. Ferner gilt für die Koeffizienten λ_1, λ_2 und λ_3 der Linearkombination

$$\begin{pmatrix} \lambda_1 \\ \lambda_2 \\ \lambda_3 \end{pmatrix} = \begin{pmatrix} P_1^T Q_1 P_1 \\ P_1^T Q_2 P_1 \\ P_1^T Q_3 P_1 \end{pmatrix} \times \begin{pmatrix} P_2^T Q_1 P_2 \\ P_2^T Q_2 P_2 \\ P_2^T Q_3 P_2 \end{pmatrix}.$$

5. Es seien die Punkte $A, B, C, D \in \mathbb{RP}^2$ paarweise verschiedenen und die Menge der Kegelschnitte durch diese Punkte mit $\mathcal{S}$ bezeichnet. Zeigen Sie, dass es eine Bijektion von $\mathcal{S}$ nach $\mathbb{RP}^1$ gibt.

6

Komplexe Zahlen und Geometrie

Bei aller Eleganz hat die Einführung von homogenen Koordinaten zunächst einen (scheinbaren) Nachteil. Es ist nicht offensichtlich, wie sich mittels homogener Koordinaten metrische Begriffe wie *Abstand, Winkel, Senkrecht stehen, Kreise* etc. übersichtlich und einfach ausdrücken lassen. Tatsächlich führt der Weg von projektiver Geometrie zurück zur Metrik nur über das Gebiet der komplexen Zahlen. Hier wollen wir zunächst die Aussagekraft komplexer Zahlen im Bereich metrischer Bedingungen betrachten. Hieraus werden wir später konkrete (projektive) Kriterien zum Abprüfen metrischer Eigenschaften einer Konfiguration herleiten.

6.1 Komplexe Zahlen

Die historischen Ursprünge komplexer Zahlen liegen eigentlich im Lösen von Polynomgleichungen. Obwohl komplexe Zahlen auch schon beim Lösen quadratischer Gleichungen ein nützliches Hilfsmittel sind, traten sie historisch erstmalig beim Lösen kubischer Gleichungen auf. Dort ist ein Verstehen der Lösungsgesamtheit (auch der rein reellen Lösungen) nur durch Einführung von komplexen Zahlen möglich. Diese Beobachtung wurde erstmalig von *Girolamo Cardano* (1501-1576) systematisch durchgeführt, wenngleich er nicht der erste war, der über einen Lösungsweg für kubische Gleichungen verfügte.

Wir wollen uns die Rolle der komplexen Zahlen zunächst am Beispiel quadratischer Gleichungen verdeutlichen. Die Lösungen einer quadratischen Gleichung $x^2 + px + q = 0$ erhält man nach der bekannten p, q-Formel

$$x_{1,2} = -\frac{p}{2} \pm \sqrt{\frac{p^2}{4} - q}.$$

J. Richter-Gebert, T. Orendt, *Geometriekalküle*, Springer-Lehrbuch,
DOI 10.1007/978-3-642-02530-3_6, © Springer-Verlag Berlin Heidelberg 2009

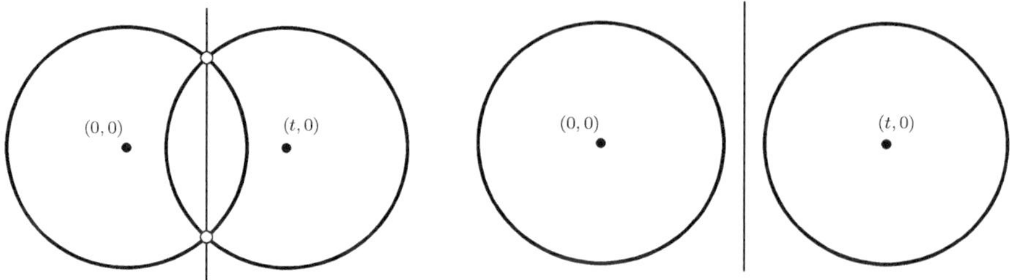

Abb. 6.1 Die Verbindungsgerade der Schnittpunkte zweier Kreise ist immer reell, selbst wenn die Punkte komplex werden.

Reelle Lösungen existieren nur, wenn der Ausdruck unter der Wurzel nicht-negativ ist. So hat z.B. die Gleichung $x^2+1 = 0$ keine reelle Lösung. Komplexe Zahlen erweitern nun den Bereich der reellen Zahlen durch Hinzunahme einer Zahl i mit der Eigenschaft $i^2 = -1$. Die Zahl i ist quasi eine formale Lösung der Gleichung $x^2+1 = 0$. Natürlich hat die Zahl i keine Entsprechung auf der reellen Zahlengeraden, da das Produkt zweier reeller Zahlen immer positiv ist. Bis auf obige Regel erfolgt das Rechnen mit der *imaginären Einheit i* genauso wie mit jeder anderen Zahl. Die Menge der komplexen Zahlen $\mathbb{C}$ ist nun die Menge aller Zahlen der Form $z = a + ib$, wobei a und b beliebige reelle Zahlen sind. Die Wurzel einer negativen Zahl $-a$ ($a > 0$) ergibt sich als $\sqrt{-a} = \pm i\sqrt{a}$. Hierbei ist die Mehrdeutigkeit des Ausdrucks $\pm i\sqrt{a}$ zu beachten. Es gibt zwei Zahlen, die mit sich selbst multipliziert die Zahl $-a$ ergeben.

Durch Hinzunahme der imaginären Einheit sind nun alle quadratischen Gleichungen formal lösbar geworden. So hat z.B. die quadratische Gleichung $x^2 - 4x + 13 = 0$ die beiden Lösungen $x_1 = 2 + 3i$ und $x_2 = 2 - 3i$, wie man durch Einsetzen leicht nachrechnen kann.

$$(2 + 3i)(2 + 3i) - 4 \cdot (2 + 3i) + 13 = 4 + 12i + 9i^2 - 8 - 12i + 13 = 0$$

$$(2 - 3i)(2 - 3i) - 4 \cdot (2 - 3i) + 13 = 4 - 12i + 9i^2 - 8 + 12i + 13 = 0$$

Erstaunlicherweise hat man durch Einführung von komplexen Zahlen noch viel mehr gewonnen. *Im Bereich der komplexen Zahlen sind Polynomgleichungen beliebigen Grades immer lösbar.* Dies ist der berühmte "Fundamentalsatz der Algebra". Der letztlich die überraschende Tatsache belegt, dass nur durch Erweiterung der Reellen Zahlen $\mathbb{R}$ um die Lösung *einer einzigen* Gleichung $x^2 = -1$ und Hinzuziehen der üblichen Rechenregeln bereits alle Polynomgleichungen lösbar werden.

Aus der Tatsache, dass komplexe Zahlen beliebige Polynomgleichungen zu lösen vermögen, ergibt sich eine interessante Konsequenz für die Schnitt-verhältnisse in der Geometrie. Wir wollen uns dies am Beispiel von Kreisen verdeutlichen. In den vorangegangenen Kapiteln haben wir unsere Geometrie derart erweitert, dass zwei beliebige verschiedene Geraden immer einen gemeinsamen Schnitt haben. Für Kegelschnitte (und insbesondere schon für Kreise) ist dies zunächst nicht notwendigerweise der Fall. Es ist einfach sich zwei Kreise vorzustellen, die keinen gemeinsamen Schnitt haben. An dieser Stelle kommen nun die komplexen Zahlen zur Hilfe. Sie helfen auch diese Situation in unsere Betrachtungen mit einzubeziehen.

Das Auffinden der Schnitte zweier Kreise ist nichts anderes als das Lösen einer quadratischen Gleichung. Dies kann man folgendermaßen einsehen: Wir betrachten im $\mathbb{R}^2$ eine Kreisgleichung. Diese hat die Form

$$(x - m_x)^2 + (y - m_y)^2 = r^2$$

oder ausmultipliziert und ein wenig umsortiert

$$x^2 + y^2 + ax + by + c = 0.$$

Wir können einen Kreis durch Angabe der Parameter $(a, b, c)^T$ charakterisieren. Angenommen wir haben zwei Kreise mit Parametern $(a_1, b_1, c_1)^T$ und $(a_2, b_2, c_2)^T$, die wir miteinander schneiden möchten. Ziehen wir die beiden zugehörigen Gleichungen voneinander ab, so heben sich die quadratischen Terme weg und wir erhalten die Geradengleichung.

$$(a_1 - a_2)x + (b_1 - b_2)y + (c_1 - c_2) = 0.$$

Die Schnittpunkte der beiden Kreise müssen also auch auf dieser Geraden liegen. Sie hat die homogene[1] Koordinate $(a_1 - a_2, b_1 - b_2, c_1 - c_2)^T$. Schneiden dieser Geraden mit einem der beiden Kreise liefert die gesuchten Schnittpunkte. Scheiden einer Geraden mit einem Kreis entspricht aber dem Lösen einer quadratischen Gleichung und ist somit über den komplexen Zahlen immer durchführbar.

Unter Einbeziehung komplexer Zahlen finden wir somit *immer* Schnittpunkte. Es kann lediglich passieren, dass deren Koordinaten komplex werden. Betrachten wir beispielsweise ganz konkret den Schnitt des Einheitskreises $x^2 + y^2 = 1$ mit dem um einen Wert $2t$ in x-Richtung verschobenen Kreis $(x - 2t)^2 + y^2 = 1$. Als Lösung erhält man die beiden Schnittpunkte mit homogenen Koordinaten

$$(t, \sqrt{1 - t^2}, 1)^T \quad \text{und} \quad (t, -\sqrt{1 - t^2}, 1)^T.$$

Wird t grösser als 1, so wird die y-Koordinate der Punkte komplex. Bemerkenswerterweise ist die Verbindungsgerade der beiden Schnittpunkte immer reell, wie man durch Ausrechnen des Kreuzproduktes leicht nachrechnen kann. Wir erhalten

---

[1] Auch in diesem Kapitel werden wir Äquivalenzklassen und Repräsentanten gleich bezeichnen.

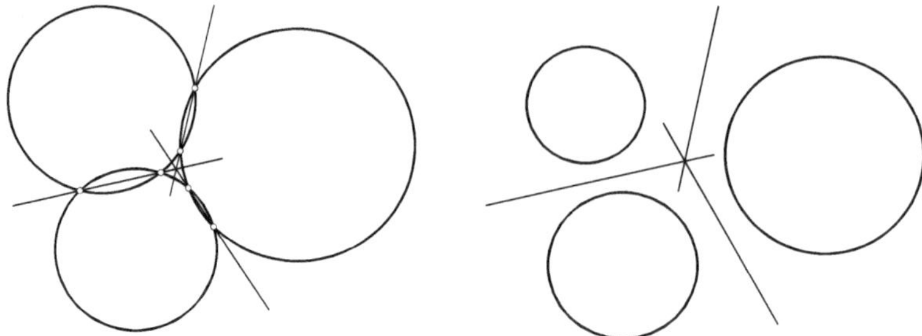

Abb. 6.2 : Gegeben seien drei Kreise. Für jedes Paar zieht man die Verbindungsgerade der beiden Schnittpunkte. Die drei entstehenden Geraden sind reell und schneiden sich unabhängig davon, ob die Schnittpunkte reell oder komplex sind.

$$\begin{pmatrix} t \\ \sqrt{1-t^2} \\ 1 \end{pmatrix} \times \begin{pmatrix} t \\ -\sqrt{1-t^2} \\ 1 \end{pmatrix} = \begin{pmatrix} 2\sqrt{1-t^2} \\ 0 \\ -t\sqrt{1-t^2} \end{pmatrix} = \sqrt{1-t^2} \begin{pmatrix} 2 \\ 0 \\ -t \end{pmatrix}.$$

Der Vorfaktor, egal ob komplex oder reell, trägt nichts zur geometrischen Position der Geraden bei und wir erhalten genau die Mittelsenkrechte der beiden Kreismittelpunkte. Zwischenergebnisse können also komplex sein, obwohl davon abgeleitete Grössen wieder reell werden können.

Mit dieser erweiterten Betrachtungsweise von Geometrie können wir abermals Sonderfälle (Kreise scheiden sich oder auch nicht) systematisch aus der Geometrie eliminieren und ein einheitliches algebraisches System schaffen. Als kleinen Vorgeschmack illustriert Abb. 6.2 (links) ein typisch Euklidisches Theorem, das auch noch seine Gültigkeit behält, wenn die Situation komplexe Zwischenergebnisse aufweist, wie in Abb. 6.2 (rechts) gezeigt.

6.2 Geometrie komplexer Zahlen

Komplexe Zahlen der Form $a + ib$ können als Punkte in der Ebene aufgefasst werden (Abb. 6.3). Man trägt auf der x-Achse den Realteil a ab und auf der y-Achse den Imaginärteil b. Alternativ kann eine komplexe Zahl $z = a + ib$ auch durch ihren Winkel θ zur reellen Achse und ihren Abstand r zum Ursprung angegeben werden. Ein bemerkenswertes Resultat von Euler zeigt den Zusammenhang von komplexen Zahlen in Polarkoordinaten und der Exponentialfunktion auf. Es gilt

$$z = re^{i\theta}.$$

Die Addition und Multiplikation von komplexen Zahlen kann ebenso geometrisch interpretiert werden (Abb. 6.4). Addition einer komplexen Zahl zu einer

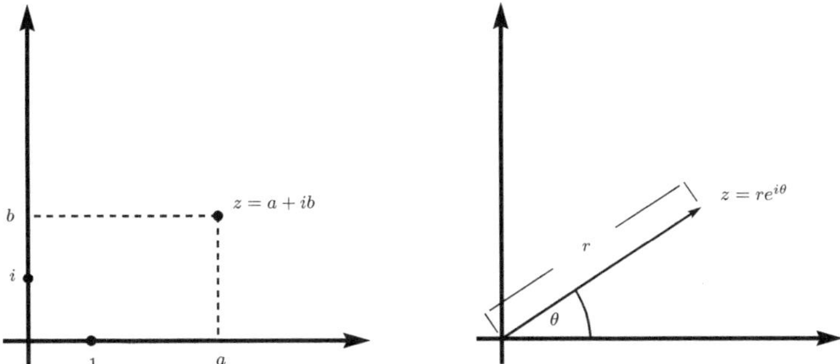

Abb. 6.3 Komplexe Zahlen als Vektoren und in Polarkoordinaten.

anderen entspricht einfach der Vektoraddition in der Ebene. Multiplikation zweier Zahlen $z_1 = r_1 e^{i\theta_1}$ und $z_2 = r_2 e^{i\theta_2}$ entspricht einer Drehstreckung, da

$$z_1 \cdot z_2 = r_1 e^{i\theta_1} \cdot r_2 e^{i\theta_2} = r_1 r_2 e^{i(\theta_1 + \theta_2)}$$

gilt. Die Längen der Zahlen multiplizieren sich, die Winkel addieren sich.

Eine weitere Grundoperation ist das *Konjugieren* komplexer Zahlen. Hierbei wird einfach der Imaginärteil einer Zahl negiert. Das konjugiert Komplexe der Zahl $z = a + ib$ ist $\overline{z} = a - ib$. Geometrisch entspricht das Konjugieren einer Spiegelung an der reellen Achse (Abb. 6.5).

Man kann Konjugation gezielt einsetzen, um zu testen, ob eine Zahl rein reell oder rein imaginär ist. Dies folgt aus den folgenden beiden Relationen

$$z = \overline{z} \iff z \in \mathbb{R} \quad \text{und} \quad z = -\overline{z} \iff z \in i\mathbb{R}.$$

Wir wollen nun das Rechnen mit komplexen Zahlen dazu verwenden, geometrische Eigenschaften von Punkten in der komplexen Zahlenebene nachzuprüfen. Hierbei ist das Ziel, alle diese Tests zusammengesetzt aus den vier

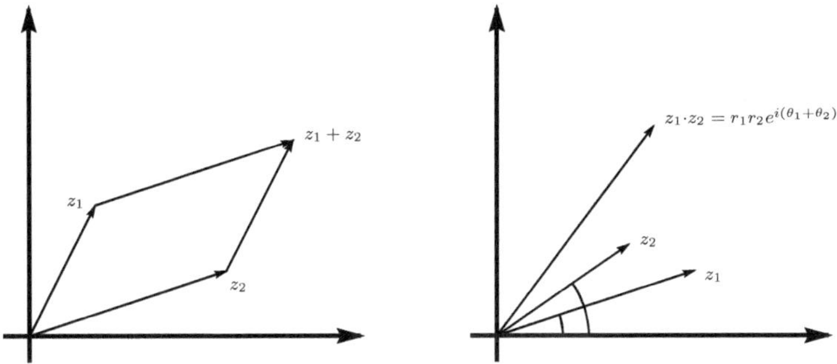

Abb. 6.4 Addition und Multiplikation komplexer Zahlen.

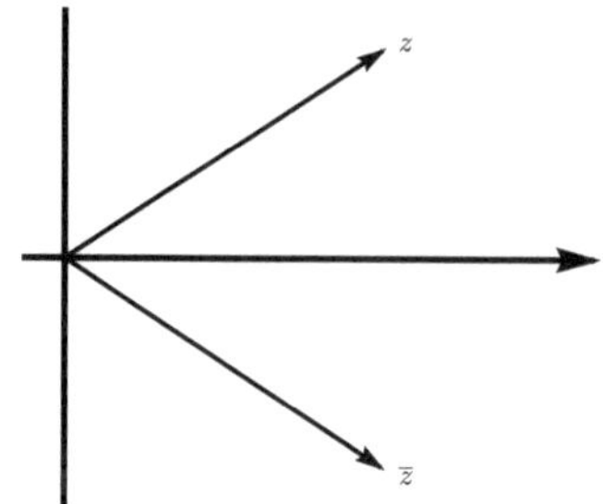

Abb. 6.5 Konjugation komplexer Zahlen.

Grundrechenarten, Konjugation und Gleichheit ausdrücken zu können, da dies uns später ermöglicht, die Tests als projektiv invariante Eigenschaften zu formulieren.

Die einfachste nachprüfbare Eigenschaft ist die Gleichheit der (vom Nullpunkt aus gesehenen) Richtung zweier Punkte der komplexen Ebene. Haben zwei Punkte $A = r_A \cdot e^{i\theta_A}$ und $B = r_B \cdot e^{i\theta_B}$ die gleiche Richtung (also $\theta_A = \theta_B$), so ist deren Quotient $A/B = r_A/r_B \cdot e^{i(\theta_A - \theta_B)} = r_A/r_B \cdot e^{i(0)} = r_A/r_B$ eine reelle Zahl. Unter Ausnützung der Konjugation kann man dies auch folgendermaßen ausdrücken:

$$\theta_A = \theta_B \quad \Longleftrightarrow \quad A\,/\,B = \overline{A}\,/\,\overline{B}.$$

Die letzte Beobachtung kann man auch dazu benutzen, Kollinearität von drei Punkten A, B, C in der komplexen Ebene zu testen. Man überprüft einfach, ob die Differenzenvektoren $B - A$ und $C - A$ in die gleiche Richtung zeigen. D.h.

$$A, B, C \quad \text{sind kollinear} \quad \Longleftrightarrow \quad (B - A)/(C - A) \in \mathbb{R}.$$

Unter Verwendung von Konjugation gilt dann

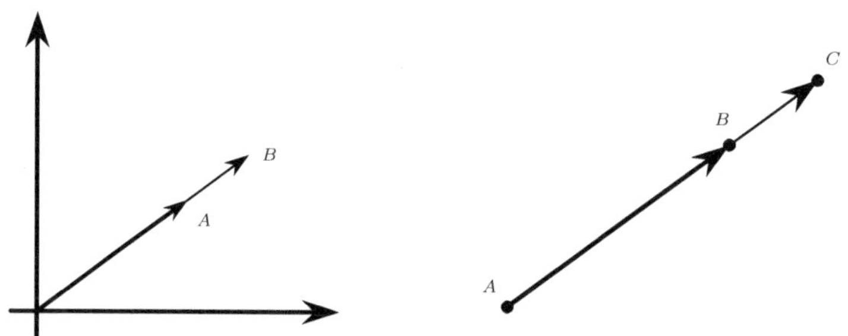

Abb. 6.6 Test auf Winkelgleichheit $A/B \in \mathbb{R}$ (links). Test auf Kollinearität $(B - A)/(C - A) \in \mathbb{R}$ (rechts).

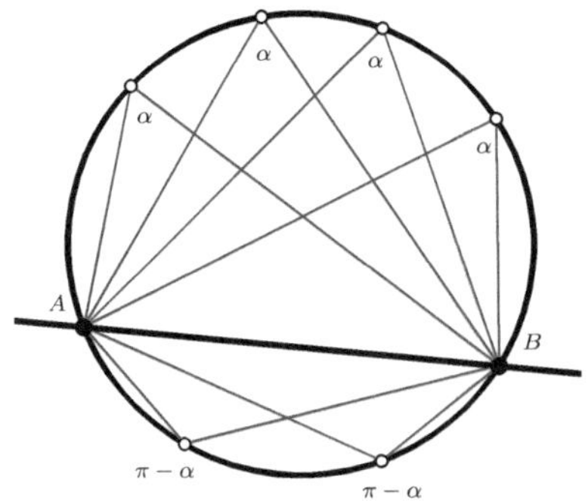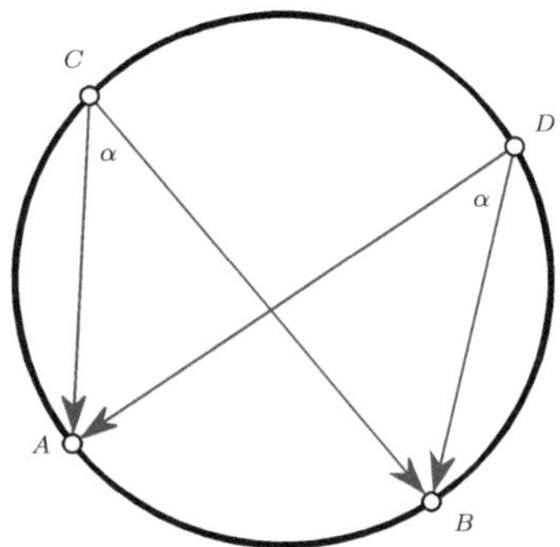

Abb. 6.7 Satz vom Fasskreisbogen.

$$A, B, C \quad \text{sind kollinear} \quad \Longleftrightarrow \quad (B-A)/(C-A) = \overline{(B-A)}\,/\,\overline{(C-A)}.$$

Wir nähern uns nun dem ersten Hauptziel dieses Kapitels, dem Verhältnis von Kreisen, projektiver Geometrie und komplexen Zahlen. Unser nächstes Ziel ist es, einen Test zu formulieren, der nachprüft, ob vier Punkte in $\mathbb{C}$ auf einem Kreis liegen oder nicht. Als Hilfswerkzeug benötigen wir hierzu den aus der Elementargeometrie (hoffentlich) bekannten

Satz vom Fasskreissbogen. *Sei $\mathcal{K}$ ein Kreis und seien A und B zwei Punkte auf $\mathcal{K}$. Alle Kreispunkte auf derselben einen Seite der Verbindungsgeraden $\overline{A,B}$ von A und B "sehen" die Punkte A und B unter dem gleichen Winkel α. Alle Punkte auf der gegenüberliegen Seite von $\overline{A,B}$ sehen die Punkte A und B unter dem Winkel $\pi - \alpha$. Umgekehrt liegen alle Punkte, die A und B unter dem Winkel α oder $\pi - \alpha$ sehen, auf $\mathcal{K}$.*

Ein sehr bekannter Spezialfall dieses Satzes ist der *Satz des Thales*, der besagt, dass die Endpunkte eines Kreisdurchmessers mit allen Kreispunkten einen rechten Winkel bilden.

Wollen wir nun entscheiden, ob vier Punkte A, B, C und D aus $\mathbb{C}$ auf einem gemeinsamen Kreis liegen, so können wir dies unter Zuhilfenahme des Satzes vom Fasskreisbogen auf den Vergleich zweier Winkel zurückführen. Liegen die Punkte C und D auf der gleichen Seite der Geraden $\overline{A,B}$, so müssen sie beide die Punkte A und B unter dem gleichen Winkel sehen. Die beiden zu vergleichenden Winkel erhält man als Winkel der komplexen Zahlen $(A-C)/(B-C)$ und $(A-D)/(B-D)$. Der Vergleich der Winkel lässt sich formulieren als

$$\frac{(A-C)}{(B-C)} \Big/ \frac{(A-D)}{(B-D)} \in \mathbb{R}.$$

Der obige Ausdruck ist überraschenderweise nichts anderes als ein Doppelverhältnis in einer nicht projektiv dargestellten Form, bei der anstatt Repräsentanten von Punkten einer projektiven Geraden die Zahlen selbst eingetragen sind (vgl. S. 44). Unser nächstes Ziel wird es sein diese Relation
vollständig *projektiv* zu interpretieren.

Zuvor noch eine wichtige Beobachtung. Es gibt noch einen weiteren Fall,
bei dem das eben betrachtete Doppelverhältnis reell wird. Dies ist die Situation, wenn wir es im Satz vom Fasskreisbogen mit einem Winkel 0 oder π zu
tun haben. Die vier Punkte A, B, C und D liegen dann auf einer Geraden.
Eine solche Gerade kann man auch als Kreis mit unendlich großem Radius
auffassen. Zusammenfassend erhalten wir

Satz 6.1. *Vier Punkte A, B, C und D in $\mathbb{C}$ liegen genau dann auf einem
Kreis oder einer Geraden, wenn das Doppelverhältnis $\frac{(A-C)}{(B-C)} / \frac{(A-D)}{(B-D)}$ reell ist.*

6.3 Die komplexe projektive Gerade

Die letzte Feststellung offenbart uns einen tiefen Zusammenhang zwischen der
Geometrie der Kreise, projektiver Geometrie und der komplexen Zahlenebene. Die Tatsache, dass die Eigenschaft "Vier Punkte liegen auf einem Kreis"
sich als projektive Invariante ausdrücken lässt, zeigt, dass Kreise "natürliche"
Objekte komplexer projektiver Geometrie sind.

Analog zur Situation über dem Körper $\mathbb{R}$ und der Definition der reellen
projektiven Geraden definieren wir die *komplexe projektive Gerade* als

$$\mathbb{CP}^1 = \frac{\mathbb{C}^2 \setminus \{(0,0)^T\}}{\mathbb{C}^*}.$$

Die Punkte von $\mathbb{CP}^1$ sind repräsentiert durch Vektoren $(z_1, z_2)^T \in \mathbb{C}^2$, wobei
wie immer Vektoren, die sich nur durch ein (komplexes) Vielfaches unter-
scheiden, miteinander identifiziert werden. Die ursprünglichen Punkte von $\mathbb{C}$
werden durch *Homogenisierung* in $\mathbb{CP}^1$ eingebettet, indem wir dem Punkt
$z \in \mathbb{C}$ den Punkt $(z, 1)^T \in \mathbb{CP}^1$ zuordnen. Durch diese Zuordnung bleibt nur
ein einziger Punkt von $\mathbb{CP}^1$ nicht erfasst, der Punkt $(1, 0)^T$. Dieser Punkt
(im Unendlichen) vervollständigt die normale komplexe Ebene zur komplexen projektiven Geraden. Wir werden diesen Punkt im Folgenden öfter mit
∞ abkürzen.

Anmerkung: Ein Wort der Vorsicht zum Sprachgebrauch: Wir sprechen
zwar von der komplexen projektiven *Geraden*, dieses Objekt ist allerdings
in Wirklichkeit (reell betrachtet) zweidimensional, da $\mathbb{C}$ selbst bereits ein
zweidimensionales Objekt ist.

Ähnlich zur Situation der reellen projektiven Ebene vervollständigen wir
hier $\mathbb{R}^2 \approx \mathbb{C}$ durch Hinzunahme unendlich ferner Elemente zu einer randfreien

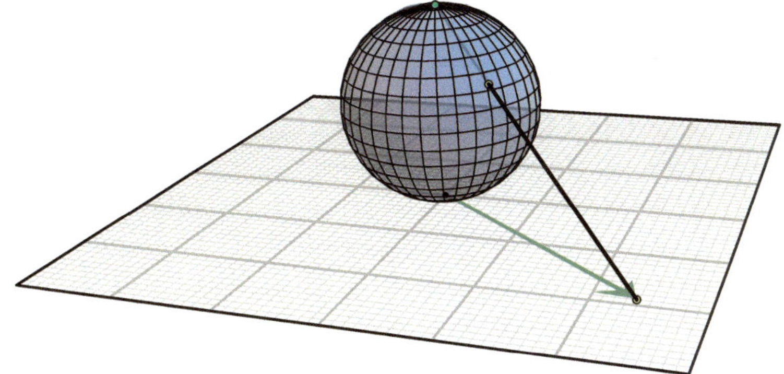

Abb. 6.8 Stereographische Projektion.

zweidimensionalen Fläche. Dennoch ist die Situation qualitativ gesehen eine
andere. Im Fall der reellen projektiven Ebene nehmen wir eine ganze *Gerade
im Unendlichen* mitsamt all ihrer darauf liegenden Punkte hinzu. Auf diese
Weise erhalten wir eine (nicht-orientierbare) Fläche, die topologisch äquivalent zur Kugel mit Identifikation antipodaler Punkte ist.

Im Fall von $\mathbb{CP}^1$ nehmen wir zur Vervollständigung zu $\mathbb{C}$ nur einen einzigen
Punkt hinzu. Die resultierende Fläche ist dann orientierbar und topologisch
äquivalent zur Kugel selbst, d.h.

$$\mathbb{CP}^1 \approx \mathbb{C} \cup \{\infty\} \approx S^2.$$

Die Isomorphie von $\mathbb{C} \cup \{\infty\}$ und S^2 kann durch eine so genannte *stereographische Projektion* konkretisiert werden. Hierzu legt man eine Kugel tangential
an die komplexe Zahlenebene und projiziert vom Nordpol der Kugel $\mathbb{C}$ auf
die Kugeloberfläche. Hierbei wird jeder Punkt von $\mathbb{C}$ eindeutig einem Punkt
von S^2 zugeordnet. Der einzige Punkt von S^2 der hierdurch nicht erfasst
wird ist der Nordpol selbst. Die Bilder sehr großer komplexer Zahlen häufen
sich jedoch um diesen Punkt, so dass wir diesen mit dem hinzugenommenen
Punkt ∞ identifizieren können. Abb. 6.8 verdeutlicht die stereographische
Projektion.

6.4 Transformationen in $\mathbb{CP}^1$

Genau wie auf der reellen projektiven Geraden (oder in der reellen projek-
tiven Ebene), lassen sich in $\mathbb{CP}^1$ projektive Transformationen durch lineare
Abbildungen auf den homogenen Koordinaten ausdrücken. Eine projektive
Transformation eines Punktes $(z_1, z_2)^T \in \mathbb{CP}^1$ hat also die Form

$$\begin{pmatrix} a & b \\ c & d \end{pmatrix} \cdot \begin{pmatrix} z_1 \\ z_2 \end{pmatrix} = \begin{pmatrix} az_1 + bz_2 \\ cz_1 + dz_2 \end{pmatrix}.$$

Insbesondere lassen solche Transformationen analog zu unseren Überlegungen aus Kapitel 4 das Doppelverhältnis beliebiger vier Punkte A, B, C, D unverändert. Wir erhalten also

Satz 6.2. *Projektive Transformationen in $\mathbb{CP}^1$ führen Kreise und Geraden in Kreise und Geraden über.*

Beweis. Sei $\mathcal{K}$ ein Kreis oder eine Gerade in $\mathbb{CP}^1$ und M die Matrix einer projektiven Transformation von $\mathbb{CP}^1$. Wir müssen zeigen, dass das Bild von $\mathcal{K}$ unter M wieder ein Kreis oder eine Gerade ist. Da Kreise durch drei Punkte eindeutig festgelegt sind, genügt es zu zeigen, dass die Bilder von vier Punkten A, B, C, D auf $\mathcal{K}$ nach der Transformation wieder auf einem Kreis liegen. Da die vier Punkte auf einem Kreis liegen, ist deren Doppelverhältnis $(A, B; C, D)$ reell. Wegen der Invarianz des Doppelverhältnisses unter projektiven Transformationen ist das Doppelverhältnis der Bilder ebenfalls reell. Also liegen die Bildpunkte wieder auf einem Kreis oder einer Geraden.   □

Da wir ja den Raum $\mathbb{CP}^1$ aus $\mathbb{C}$ durch Hinzunahme eines einzigen Punktes gewonnen haben, liegt es nahe, sich zu verdeutlichen, was eine projektive Transformation τ_M mit

$$M = \begin{pmatrix} a & b \\ c & d \end{pmatrix}$$

eigentlich mit den ursprünglichen Punkten von $\mathbb{C}$ macht. Wir können eine solche Abbildung in eine Hintereinanderschaltung von einer Homogenisierung $z \mapsto (z, 1)^T$, der eigentlichen Transformation τ_M und einer Dehomogenisierung $(z_1, z_2)^T \mapsto z_1/z_2$ zerlegen. Wir erhalten also insgesamt die Abbildung

$$z \mapsto \frac{az + b}{cz + d}.$$

Dies sind die bekannten *Möbius-Transformationen* aus der Funktionentheorie, die uns bereits in Abschnitt 4.2 begegnet sind. Über $\mathbb{C}$ erkennt man deren geometrische Struktur wesentlich klarer als über $\mathbb{R}$. Sie sind genau die Transformationen in $\mathbb{C}$, die Kreise und Geraden in Kreise und Geraden überführen. Abschließend wollen wir uns noch klarmachen, wie viele reelle Freiheitsgrade eine solche Möbius-Transformation eigentlich hat. Jede der komplexen Zahlen a, b, c und d hat genau zwei Freiheitsgrade. Bei der Transformation kommt es aber insgesamt auf ein komplexes Vielfaches dieser Zahlen nicht an, so dass wir insgesamt $8 - 2 = 6$ Freiheitsgrade erhalten.

6.5 Die Punkte I und J

Unsere bisherigen Betrachtungen haben uns gezeigt, dass wir die normale euklidische Ebene auf zweierlei verschiedene Arten zu projektiven Räumen vervollständigen können.

Die Vervollständigung zur reellen projektiven Ebene ermöglichte es uns, auf elegante Weise mit Punkten und Geraden zu "rechnen". Schnitte und Verbindungsgeraden ließen sich einfach als Kreuzprodukte der homogenen Koordinaten beschreiben. Sonderfälle wie parallele Geraden wurden weitestgehend mit denselben Methoden auflösbar. Auch die Beschreibung von Kegelschnitten wurde auf natürliche Weise möglich. Vollkommen verloren ging dabei allerdings die Betrachtung metrischer Verhältnisse.

Im Gegensatz dazu konnten durch die Vervollständigung der Ebene zur *komplexen* projektiven Geraden Kreise als natürliche Objekte herauskristallisiert werden. Da Kreise intrinsisch durch einen Abstandsbegriff definiert sind (Menge der Punkte mit konstantem Abstand zum Zentrum), liegt hierin der Schlüssel zu einer Betrachtung metrischer Verhältnisse. Allerdings geht in $\mathbb{CP}^1$ wiederum die einfache Berechnung von Verbindungsgeraden und Schnittpunkten vollkommen verloren.

Ziel dieses Abschnittes ist es nun, die beiden Systeme zu einem umfassenderen zu vereinigen, das einen Zugriff auf die Vorteile beider Welten erlaubt.

Erstaunlicherweise lässt sich diese Vereinigung der zwei "Welten" durch einfaches Hinzunehmen (bzw. Auszeichnen) zweier spezieller Elemente erreichen. Dies ist vergleichbar mit der speziellen Rolle der "Geraden im Unendlichen" zum Ausdrücken von Parallelität. Im Unterschied hierzu wird uns allerdings die jetzige Erweiterung die Einbeziehung der *vollständigen* euklidischen Geometrie in eine projektive Umgebung ermöglichen.

Die speziellen Elemente, die wir hinzunehmen müssen, sind zwei Punkte. Sie werden meistens mit I und J bezeichnet und haben die komplexen homogenen Koordinaten

$$\mathrm{I} = \begin{pmatrix} -i \\ 1 \\ 0 \end{pmatrix} \quad \text{und} \quad \mathrm{J} = \begin{pmatrix} i \\ 1 \\ 0 \end{pmatrix}.$$

Betrachten wir zunächst zwei Punkte A und B der euklidischen Ebene mit Koordinaten $(a_1, a_2)^T$ und $(b_1, b_2)^T$. Wir interpretieren diese Punkte einerseits als Punkte $Z_A = a_1 + ia_2$ und $Z_B = b_1 + ib_2$ der komplexen Zahlenebene. Andererseits interpretieren wir die Punkte als homogenisierte Punkte $(a_1, a_2, 1)^T$ und $(b_1, b_2, 1)^T$ in der reellen projektiven Ebene. Betrachten wir nun die Determinante $[A, B, \mathrm{I}]$. Wir erhalten

$$[A, B, \mathrm{I}] = \det \begin{pmatrix} a_1 & b_1 & -i \\ a_2 & b_2 & 1 \\ 1 & 1 & 0 \end{pmatrix}$$

$$= b_1 - ia_2 - a_1 + ib_2$$
$$= b_1 - a_1 + i(b_2 - a_2)$$
$$= Z_B - Z_A.$$

Das heißt, wir können die für das Doppelverhältnis benötigten Differenzen komplexer Zahlen als Determinanten unter Verwendung von I ausdrücken. Das Doppelverhältnis, das die Eigenschaft beschreibt, dass A, B, C und D auf einem Kreis liegen, lässt sich nun darstellen als

$$\frac{[CA\mathrm{I}][DB\mathrm{I}]}{[DA\mathrm{I}][CB\mathrm{I}]}.$$

Wenn diese (im Allgemeinen komplexe) Zahl reell ist, liegen die vier Punkte auf einem Kreis/Gerade. Wir können den Test auf „Reell-Sein" wieder durch Vergleich mit dem konjugiert Komplexen des Werts durchführen. Da aber J das konjugiert Komplexe von I ist, erhalten wir $\overline{[AB\mathrm{I}]} = [AB\mathrm{J}]$. Somit lässt sich der Test, ob vier Punkte auf einem Kreis liegen, schreiben als

$$\frac{[CA\mathrm{I}][DB\mathrm{I}]}{[DA\mathrm{I}][CB\mathrm{I}]} = \frac{[CA\mathrm{J}][DB\mathrm{J}]}{[DA\mathrm{J}][CB\mathrm{J}]}.$$

Wir können durch Multiplikation mit den Nennern der Brüche diesen Test auch als projektiv invariante Eigenschaft eines Determinantenpolynoms schreiben. Wir erhalten

Satz 6.3. *Vier Punkte A, B, C und D in $\mathbb{RP}^2$ liegen genau dann auf einem Kreis oder einer Geraden, wenn*

$$[CA\mathrm{I}][DB\mathrm{I}][DA\mathrm{J}][CB\mathrm{J}] - [CA\mathrm{J}][DB\mathrm{J}][DA\mathrm{I}][CB\mathrm{I}] = 0.$$

Die obige Formel demonstriert, dass man die Eigenschaft der Kozirkularität unter Zuhilfenahme von I und J als *projektiv invariante Eigenschaft* ausdrücken kann. Die Formel aus dem letzten Satz ist uns bereits aus einem anderen Kontext bekannt. Es ist die Formel, die ausdrückt, dass sechs Punkte (in unserem Fall A, B, C, D, I, und J) gemeinsam auf einem Kegelschnitt liegen.

6.6 Kreise und I und J

Die Punkte I und J werden auch als die *imaginären Kreispunkte* bezeichnet. Sie stehen zu Kreisen in folgender ebenso einfachen wie verblüffenden Beziehungen.

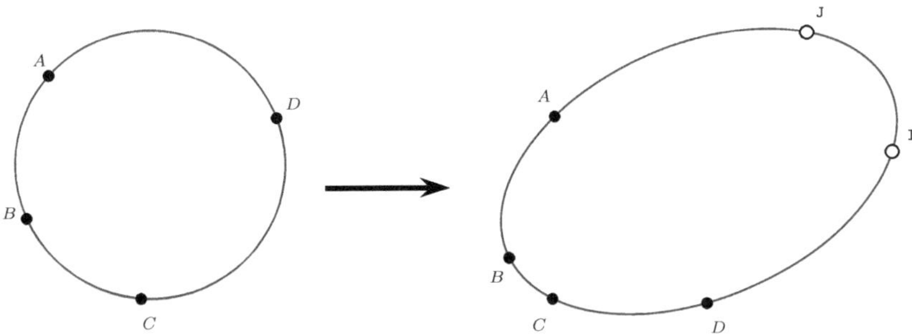

Abb. 6.9 Projektive Interpretation von Kozirkularität.

Alle Kreise verlaufen durch I und J.
Kreise sind genau die Kegelschnitte, die durch I und J verlaufen.

Dies folgt direkt aus der eben hergeleiteten Charakterisierung für Kozirkularität und der Tatsache, dass diese ausdrückt, dass A, B, C, D, I, und J auf einem Kegelschnitt liegen. Wir können uns diesen Fakt aber auch noch direkt an der einen Kreis definierenden quadratischen Gleichung klarmachen. Kreise sind genau die Kegelschnitte, deren quadratische Gleichung die Form

$$x^2 + y^2 + cz^2 + exz + fyz = 0$$

hat. Nun setzen wir I und J in diese Gleichung ein. Die letzten drei Terme fallen weg, da $z = 0$ ist. Die ersten beiden Terme $x^2 + y^2$ verschwinden wegen $i^2 = -1$. Die Beziehungen von I und J zu Kreisen sind mannigfaltig und werden uns im Folgenden noch mehrmals begegnen.

Die eben benutzte Methode zur Herleitung der Charakterisierung von Kozirkularität als projektive Invariante kann auch noch auf viele andere geometrische Eigenschaften angewendet werden. Wir wollen uns dies noch an zwei Beispielen verdeutlichen.

Orthogonalität

Wann bilden zwei Punkte B und C von einem Punkt A aus gesehen einen rechten Winkel? Mittels komplexer Zahlen kann man diese Eigenschaft ausdrücken als

$$\frac{(B - A)}{(C - A)} \in i\mathbb{R}.$$

Schreiben wir nun die Differenzen als Determinanten unter Verwendung des Punktes I, ergibt sich

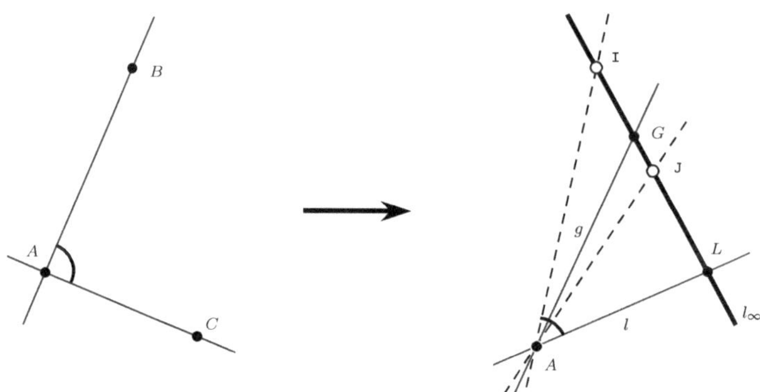

Abb. 6.10 Projektive Interpretation von senkrecht stehen.

$$\frac{[AB\mathtt{I}]}{[AC\mathtt{I}]} \in i\mathbb{R}.$$

Dies ist äquivalent zu

$$\frac{[AB\mathtt{I}]}{[AC\mathtt{I}]} = -\frac{[AB\mathtt{J}]}{[AC\mathtt{J}]} \qquad \text{bzw.} \qquad \frac{[AB\mathtt{I}][AC\mathtt{J}]}{[AC\mathtt{I}][AB\mathtt{J}]} = -1.$$

Der letzte Ausdruck ist wieder ein Doppelverhältnis. Anders ausgedrückt bedeutet dies, dass die Punktepaare $\{B, C\}$ und $\{\mathtt{I}, \mathtt{J}\}$ von A aus gesehen in harmonischer Lage sind.

Senkrechte Geraden

Wir können die letzte Überlegung benutzen um zu charakterisieren, wann zwei Geraden in unserer Standardeinbettung des $\mathbb{RP}^2$ auf die $z = 1$ Ebene senkrecht aufeinander stehen. Seien g und l die beiden Geraden und l_∞ die Ferngerade. Wir bestimmen zunächst die Schnittpunkte $G = g \wedge l_\infty$ und $L = l \wedge l_\infty$. Alle vier Punkte G, L, $\mathtt{I}$ und $\mathtt{J}$ liegen auf der Ferngeraden. Wir erhalten nun

Satz 6.4. *g und l sind genau dann orthogonal, wenn $(G, L; \mathtt{I}, \mathtt{J}) = -1$.*

Beweis. Sei A der Schnittpunkt von g und l. B sei in weiterer Hilfspunkt auf g und C ein weiterer Hilfspunkt auf l. Nach den Überlegungen im vorigem Abschnitt stehen die Geraden senkrecht g.d.w.

$$\frac{[AB\mathtt{I}][AC\mathtt{J}]}{[AC\mathtt{I}][AB\mathtt{J}]} = -1.$$

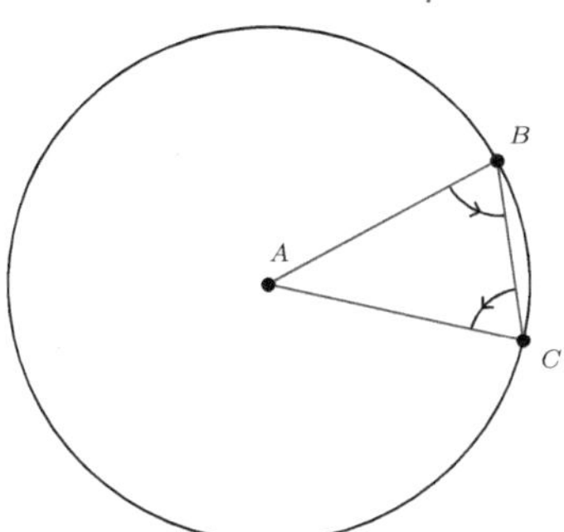

Abb. 6.11 Projektive Interpretation gleicher Entfernung.

Dies ist aber genau das Doppelverhältnis von $B, C, \mathrm{I}, \mathrm{J}$ von A aus gesehen. Nach Lemma 4.9 gilt aber $(B, C; \mathrm{I}, \mathrm{J})_A = (G, L; \mathrm{I}, \mathrm{J})$.   □

Wir werden im nächsten Kapitel sehen, dass es sich bei dieser Charakterisierung von Orthogonalität um einen Spezialfall eines viel allgemeineren Satzes handelt, der es gestattet den Winkel zwischen zwei Geraden zu bestimmen.

Gleiche Entfernung

Abschließend wollen wir die Invariante für die Eigenschaft, dass zwei Punkte B und C gleich weit von einem dritten Punkt A entfernt sind, herleiten. Ist dies der Fall, so bildet die Differenz $A - B$ zu $C - B$ den gleichen Winkel wie $B - C$ zu $A - C$. Es gilt dann also

$$\frac{A - B}{C - B} \Big/ \frac{B - C}{A - C} \in \mathbb{R}.$$

Wie vorher schreiben wir diese Formel zunächst um als

$$\frac{[BA\mathrm{I}]}{[BC\mathrm{I}]} \Big/ \frac{[CB\mathrm{I}]}{[CA\mathrm{I}]} \in \mathbb{R}.$$

Als projektive Invariante ergibt sich nach obigem Verfahren

$$[BA\mathrm{I}][CA\mathrm{I}][BC\mathrm{J}]^2 - [BA\mathrm{J}][CA\mathrm{J}][BC\mathrm{I}]^2 = 0. \tag{6.1}$$

Auch für diese Charakterisierung werden wir im Folgenden sehen, dass es möglich ist, noch viel allgemeiner eine Entfernungsmessung (und nicht nur einen Entfernungsvergleich) durch rein projektive Operationen unter Zuhilfenahme von I und J durchzuführen.

6.7 Exkurs: Die Ästhetik von Möbius-Transformationen

Wir haben in Abschnitt 6.4 Möbius-Transformationen als die projektiven Transformationen in $\mathbb{CP}^1$ kennen gelernt. Diese Transformationen hatten insbesondere die Eigenschaft, dass sie Kreise[2] wieder in Kreise überführen. Ferner erhalten sie (wie man nicht allzuschwer zeigen kann) den Schnittwinkel zweier Kreise. Insbesondere erhalten sie auch die Eigenschaft zweier Kreise tangential zu sein. Angenommen eine Möbius-Transformation τ bildet einen Kreis $\mathcal{K}$ auf einen Kreis $\tau(\mathcal{K})$ ab, der tangential an $\mathcal{K}$ liegt. Dann ist automatisch auch $\tau(\tau(\mathcal{K}))$ tangential an $\tau(\mathcal{K})$, und $\tau(\tau(\tau(\mathcal{K})))$ tangential an $\tau(\tau(\mathcal{K}))$, usw.. Man erhält also eine Kette tangentialer Kreise. Umgekehrt bilden die Kreisketten, die aus $\mathcal{K}$ durch die Umkehrabbildung τ^{-1} entstehen, ebenso eine Kette tangentialer Kreise. Wir bezeichnen mit $\tau^n(\mathcal{K})$ die n-fach iterierte Anwendung von τ auf $\mathcal{K}$. Negative n stehen hierbei für die n-fach iterierte Anwendung der Umkehrabbildung. Die Menge $\{\tau^n(\mathcal{K}) \,:\, n \in \mathbb{N}\}$ stellt den Orbit eines Kreises in der von τ erzeugten Gruppe dar. Je nach Wahl von τ und $\mathcal{K}$ stellen sich qualitativ sehr unterschiedliche Bilder ein. Abbildung 6.12 zeigt eine recht typische Situation, wenn $\mathcal{K}$ so gewählt ist, dass eine Kette von tangentialen Kreisen entsteht (für gegebenes τ ist dies immer möglich, indem man den Kreisradius des Startkreises $\mathcal{K}$ geeignet wählt).

Im Prinzip kann jeder der gezeigten Kreise als Startpunkt der Iteration angesehen werden, das Bild bleibt das gleiche. Die Möbius-Transformation wird durch eine 2×2-Matrix dargestellt und hat somit i.A. zwei Fixpunkte. Fallen diese nicht zusammen (was durchaus passieren kann), so bildet der eine davon einen *anziehenden Fixpunkt* (zu ihm zieht τ hin) und der andere einen

---

Abb. 6.12 Der Orbit eines Kreises in einer von einer Möbius-Transformation erzeugten Gruppe.

abstoßenden Fixpunkt (zu ihm zieht τ^{-1} hin). Legt man durch eine geeignete Ähnlichkeitstransformation, die ja nichts an der prinzipiellen Optik des Bildes ändert, die beiden Fixpunkte auf -1 und 1 in der $\mathbb{C}$-Ebene, so verbleibt noch ein komplexer Freiheitsgrad, der die Struktur der Möbius-Transformation festlegt. Diese hat dann im Prinzip eine rotatorische Komponente (wie sehr rotiere ich in jedem Schritt um die Fixpunkte) und eine Verschiebekomponente (wie sehr bewege ich mich in jedem Schritt von einem Fixpunkt weg und auf den anderen zu). Die Überlagerung beider Bewegungen ergibt das typischerweise spiralförmige Bild, das wir in unserer Kreiskette wahrnehmen. Experten sprechen in diesem Fall von einem *loxodromischen Transformationstyp*.

Durch gezielte Wahl (nach Festlegen der Fixpunkte) des noch freien komplexen Parameters kann sogar erreicht werden, dass die Kreise einer Kette sich noch mehrmals gegenseitig berühren. Hierbei kann, analog zur regulären hexagonalen Kreispackung der Ebene, jeder Kreis bis zu sechs Nachbarn berühren. Die folgende Abbildung zeigt eine solche Situation. Sie ist in gewisser Weise das "komplex projektive Äquivalent zu einer Bienenwabe".

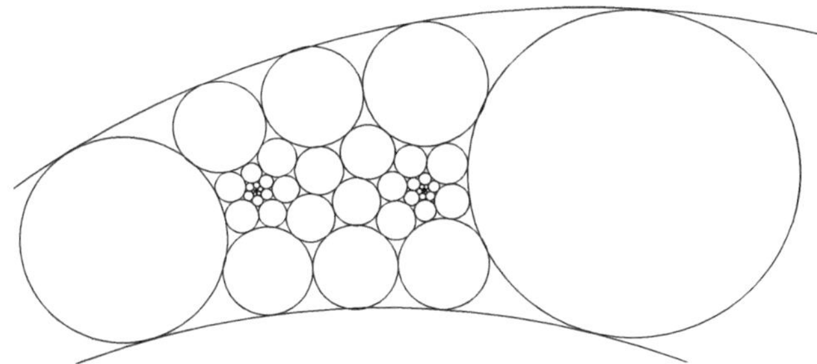

Kann man über die prinzipiellen Möglichkeiten der iterierten Anwendung *einer* Möbius-Transformation schöne wissenschaftliche Artikel schreiben, so kann man über die iterierte Anwendung *zweier* Möbius-Transformationen ganze Bücher verfassen[3]. Wir wollen die Thematik hier nur andeuten. Da iterierte Transformationen zweier Möbius-Transformationen μ und τ (man wende auf alle möglichen Arten die beiden Operationen auf ein Objekt an) i.A. recht schnell zu unübersichtlichen Bildern führen können, beschränkt man sich hier oftmals auf so genannte *Grenzpunktmengen*. Hierzu betrachtet man einen Startpunkt P und bildet auf alle möglichen Arten unendlich lange Sequenzen aus μ, μ^{-1}, τ und τ^{-1}. Wegen der starken Fixpunkteigenshaften gibt es viele konkrete Situationen, in denen jede solcher unendlicher Folgen gegen einen Fixpunkt konvergiert. Diese führen zu interessanten Bildern, die meistens einen berauschend fraktalen Charakter haben.

Wir wollen dies an einem Beispiel nachvollziehen. Die Möbius-Transformationen sind so reichhaltig, dass sie auch alle einfachen Skalierungen um einen

---

[3] Dies ist tatsächlich geschehen. Dem Leser sei an dieser Stelle das wunderschöne Buch [MSW] empfohlen.

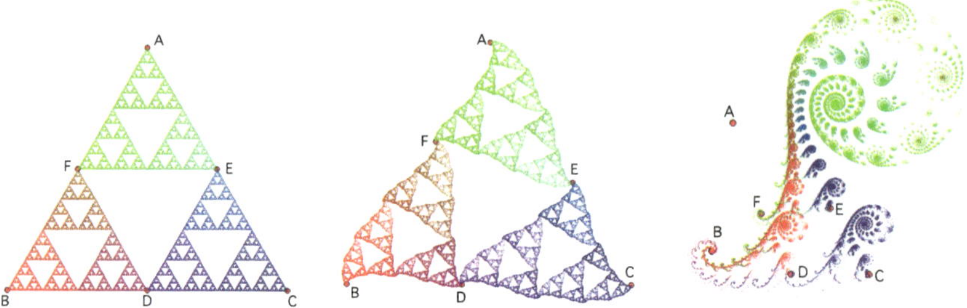

Abb. 6.13 Metamorphosen eines Sierpinski Dreiecks.

Punkt herum enthalten. Wir starten in einer Situation, in der wir die Grenz-punktmengen dreier einfacher Stauchungen um den Faktor 2 betrachten. Ein bekanntes Beispiel ist das so genannte Sierpinski Dreieck (Abbildung 6.13 links). Dies entsteht folgendermaßen: Wir betrachten ein gleichseitiges Drei-eck und drei Abbildungen μ, τ, η, die das Dreieck um einen Faktor zwei verkleinert in jeweils einer seiner Ecken abbilden. Betrachtet man alle un-endliche Folgen der Hintereinanderausführung solcher Abbildungen ergeben sich als Bilder deren Fixpunktmengen, die in Abbildung 6.13 links gezeigten Grenzpunktmengen. Die Figur ist (bis auf die gezeigte Einfärbung) selbstähn-lich bezüglich jeder der drei Abbildungen – d.h. man findet drei um den Fak-tor 2 verkleinerte Kopien des Sierpinski Dreiecks in den Ecken des Dreiecks wieder.

Da es etwas "mühevoll" ist, alle dieser unendlichen Folgen zu berechnen und deren Fixpunkte zu bestimmen, gibt es einen einfachen Trick, wie man diese Bilder approximativ auch anders erzeugen kann. Man betrachtet hierzu ein so genanntes *iteriertes Funktionensystem*. Man beginnt mit einem belie-bigen Startpunkt, iteriert den mit einer Zufallsfolge der betrachteten Trans-formationen. Dies geschieht beispielsweise durch folgenden Algorithmus.

```
p = 0;
wiederhole 1000000 mal {
    α =  eine zufällig ausgewählte Abbildung aus {μ,τ,η};
    p = α(p);
    male p;
}
```

Am Besten verwirft man hierbei die ersten 1000 Punkte, da diese noch nicht sehr nahe an der Fixpunktmenge liegen. Die Bilder in Abbildung 6.13 sind auf diese Weise entstanden. Wir realisieren nun die drei Transformationen jeweils durch eine Möbius-Transformation. Diese kann man jeweils dadurch angeben, dass man zwei Punktetripel angibt, die aufeinander abgebildet werden sollen. In unserem Beispiel sind die Transformationen vollständig beschrieben durch die Punktetripel

Abb. 6.14 Grenzpunktmenge einer Schottky Gruppe.

$$(A, B, C) \mapsto (A, E, F),\ (A, B, C) \mapsto (D, B, F),\ (A, B, C) \mapsto (D, E, C).$$

Behält man nun die Abbildungsvorschriften bei, verändert jedoch die Position der Punkte, so ergeben sich (unter anderem) die weiteren in Abbildung 6.13 gezeigten Bilder als Grenzpunktmengen.

Die entstehenden Strukturen sind extrem reichhaltig und stecken für spezielle Wahlen der Parameter voller Überraschungen. Das 412-seitige Buch [MSW] beschäftigt sich fast ausschließlich mit Grenzpunktmengen zweier Möbius-Transformationen und ihrer Inversen, die zudem noch bestimmten einschränkenden Forderungen unterliegen, so genannter Schottky Gruppen, die den Parameterraum der Gebilde letztlich auf zwei komplexe Parameter reduzieren. In diesem Fall bilden die Grenzpunktmengen Strukturen aus, die zwar unendlich fein fraktal verschachtelt sind, aber sich dennoch in einem Strich komplett zeichnen lassen, also homöomorph zu einem Kreis sind. Stellvertretend sei hier nur eine der Grenzpunktmengen aus Indras Pearls wiedergegeben, bei der das Innere des fraktal "ausgebeulten" Kreises zur Verdeutlichung eingefärbt wurde.

Übungsaufgaben

1. Weisen Sie explizit nach, dass Gleichung (6.1) auf Seite 85 tatsächlich eine projektive Invariante ist.

2. Welcher Punkt aus $\mathbb{CP}^1$ liegt auf allen Geraden?

3. Unten auf der linken Seite ist die Zeichnung eines geometrischen Satzes gegeben. Wenn Sie diesen Satz so interpretieren, dass die drei Kreise zu Kegelschnitten werden, könnten Sie die andere Zeichnung erhalten. Ordnen Sie in dieser Zeichnung den eingezeichneten Punkten sinnvoll die Bezeichnungen der ursprünglichen Zeichnung zu. Geben Sie ebenso den noch verbleibenden Punkten eine geometrisch sinnvolle Interpretation.

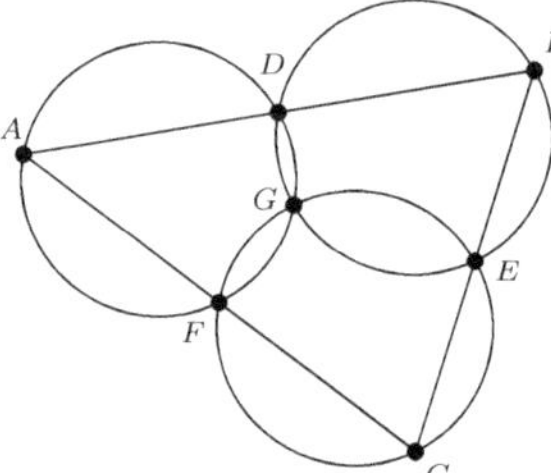
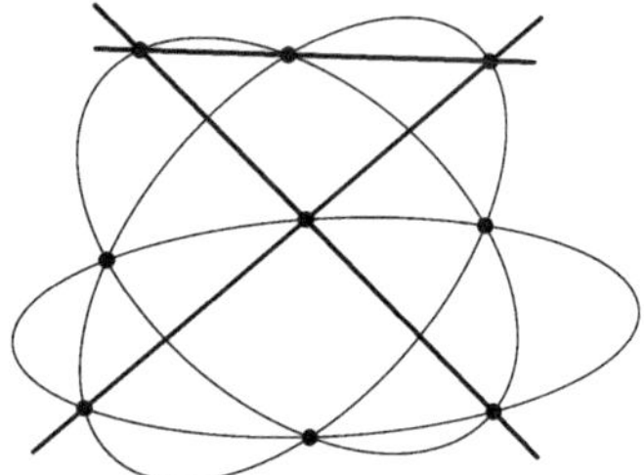

4. Betrachten Sie noch einmal die Zeichnung des geometrischen Satzes aus der vorhergehenden Aufgabe. Wenn Sie dieses Satz diesmal so interpretieren, dass die drei Geraden zu Kreisen werden, könnten Sie die nachstehende Zeichnung erhalten. Ordnen Sie in dieser Zeichnung den eingezeichneten Punkten sinnvoll die Bezeichnungen der ursprünglichen Zeichnung zu. Geben Sie ebenso dem letzten noch verbleibenden Punkt eine geometrisch sinnvolle Interpretation.

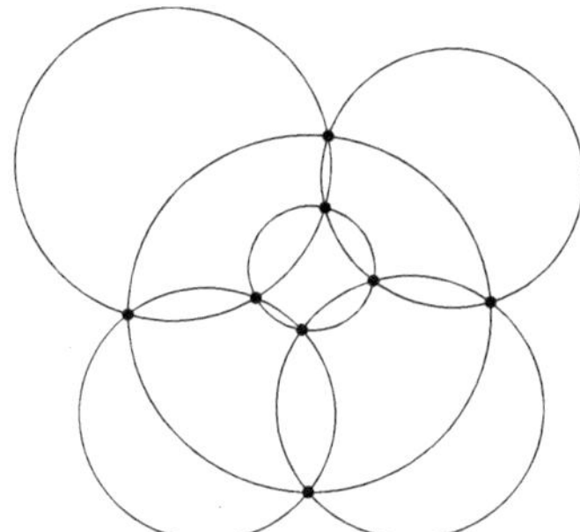

5. Für $j \in \{1, 2, 3\}$ seien A_j, B_j Punkte aus $\mathbb{CP}^1$. Dann gibt es eine projektive Transformation τ_M derart, dass $\tau(A_j) = B_j$ für $j \in \{1, 2, 3\}$. Bestimmen Sie τ_M für den Fall, dass

$$A_1 = \begin{pmatrix} 1 \\ 0 \end{pmatrix}, A_2 = \begin{pmatrix} 0 \\ 1 \end{pmatrix}, A_3 = \begin{pmatrix} 1 \\ 1 \end{pmatrix},$$

$$B_1 = \begin{pmatrix} i \\ 1 \end{pmatrix}, B_2 = \begin{pmatrix} 1 \\ 0 \end{pmatrix}, B_3 = \begin{pmatrix} 1 \\ 1 \end{pmatrix}.$$

Bestimmen Sie zusätzlich die Fixpunkte von τ_M in $\mathbb{CP}^1$.

7

Euklidische Geometrie

7.1 Zwei Welten

Wir wollen uns in diesem Kapitel nochmals genau die Rollen von I und J im Zusammenspiel mit $\mathbb{RP}^2$ klarmachen. Fassen wir nochmals zusammen: Wir haben bisher zwei Betrachtungsweisen unserer *normalen* euklidischen Zeichenebene $\mathbb{R}^2$ kennen gelernt. Und zwar ...

> ... als Teilausschnitt der reellen projektiven Ebene $\mathbb{RP}^2$ in der üblichen Einbettung auf $z = 1$. Die Zeichenebene musste um die Ferngerade ergänzt werden um $\mathbb{RP}^2$ zu erhalten.
>
> ... als geometrische Interpretation der komplexen Zahlenebene $\mathbb{C}$. Wird $\mathbb{C}$ um einen Fernpunkt erweitert, gelangte man zu $\mathbb{CP}^1$, der komplexen projektiven Geraden.

Die Betrachtungen des letzten Kapitels haben gezeigt, dass es möglich ist die Vorteile der einen Welt mit der der anderen zu verbinden. Die komplexen Fernpunkte I und J dienten hierbei quasi als "Übersetzungshilfen". Ziel dieses Kapitels soll es nun sein, diese Übersetzung zu strukturieren und zu systematisieren. Eine natürliche Vorgehensweise wäre hierbei nach einem System zu suchen, welches beide Geometrien $\mathbb{RP}^2$ und $\mathbb{CP}^1$ umfasst. Ein kanonischer Kandidat hierfür ist $\mathbb{CP}^2$ – die zweidimensionale komplexe projektive Ebene. In ihr würde jeder Punkt und jede Gerade durch drei komplexe Zahlen dargestellt. Diese Vektoren würden durch Äquivalenzklassenbildung[1] bezüglich komplexer Vielfachen zusammengefasst. Projektive Transformationen entsprächen Multiplikationen mit einer komplexwertigen 3×3-Matrix. Dieser Ansatz ist viel versprechend, bringt aber ein großes Problem mit sich. Die Sonderrolle, die die reelle projektive Ebene in diesem Szenario spielen soll, tritt durch die Allgemeinheit des reell vierdimensionalen Raumes $\mathbb{CP}^2$ nahezu vollkommen in den Hintergrund. Insbesondere sind die erlaubten projektiven

---

[1] In diesem Kapitel werden wir wieder auf die Klammernotation für Äquivalenzklassen verzichten.

J. Richter-Gebert, T. Orendt, *Geometriekalküle*, Springer-Lehrbuch, DOI 10.1007/978-3-642-02530-3_7, © Springer-Verlag Berlin Heidelberg 2009

Transformationen wesentlich zu reichhaltig. Eine komplexwertige 3×3-Matrix hat bis auf skalare Vielfache insgesamt 16 freie reelle Parameter. Man kann damit $\mathbb{RP}^2$ als Teilraum von $\mathbb{CP}^2$ nach Belieben auf einen anderen isomorphen Unterraum abbilden.

Um all dies zu vermeiden, werden wir hier einen anderen (einfacheren) Weg gehen. Wir fassen zwar $\mathbb{RP}^2$ als eine Unterstruktur von $\mathbb{CP}^2$ auf, schränken aber die erlaubten Objekte und Transformationen stark ein. Zunächst einmal lassen wir als Transformation ausschließlich die bisher schon betrachteten reellwertigen 3×3-Matrizen zu, d.h. also die Transformationsgruppe von $\mathbb{RP}^2$. Objekte, die wir für unsere Operationen und Berechnungen zulassen, sind die üblichen Objekte der reellen projektiven Ebene, zuzüglich der beiden Punkte I und J, sowie alle Objekte, die durch unsere geometrischen Operationen (z.B. Join oder Meet) aus diesen gebildet werden können.

Etwas salopp ausgedrückt, könnte man sagen, wir rechnen so weiter wie bisher, und lassen einfach I und J als zusätzliche Punkte zum Konstruieren zu. Eine Subtilität müssen wir dabei allerdings berücksichtigen. Die Äquivalenzklassen, die zur Bildung von homogenen Koordinaten betrachtet werden, müssen nun auch komplexwertige skalare Vielfache miteinander identifizieren. Weiterhin ist zu beachten, dass die konkrete Wahl der Koordinaten von I und J sich auf die Standardeinbettung der Zeichenebene auf $z = 1$ bezieht.[2]

Ein einfaches Beispiel soll verdeutlichen, warum wir nun auch komplexe skalare Vielfache zulassen müssen. Die Punkte I und J liegen beide auf der Ferngeraden und spannen diese auf. Berechnen wir deren Join, so erhalten wir

$$\begin{pmatrix} -i \\ 1 \\ 0 \end{pmatrix} \times \begin{pmatrix} i \\ 1 \\ 0 \end{pmatrix} = \begin{pmatrix} 0 \\ 0 \\ -2i \end{pmatrix} = -2i \begin{pmatrix} 0 \\ 0 \\ 1 \end{pmatrix} \sim \begin{pmatrix} 0 \\ 0 \\ 1 \end{pmatrix}.$$

Ein komplexer Vorfaktor ist notwendig, um dem Endergebnis (die Ferngerade) wieder einen reellen Koordinatenvektor zuordnen zu können. Wir können hier auch einen weiteren interessanten Effekt beobachten. Verknüpfung konjugiert komplexer Objekte in symmetrischer oder antisymmetrischer Weise führt wieder zu reellen geometrischen Objekten. Wir werden diesem Effekt noch öfter begegnen.

7.2 Ähnlichkeitstransformationen

Was haben wir nun durch die Hinzunahme von I und J gewonnen? Im Kapitel 6 haben wir gesehen, dass diese beiden Punkte es uns ermöglicht haben, die Objekte von $\mathbb{RP}^2$ in Objekte von $\mathbb{CP}^1$ zu übersetzen und dadurch euklidische Eigenschaften wie Kozirkularität abzutesten. Der tiefere Grund dafür ist,

---

[2] Jede andere Wahl zweier konjugiert komplexer Punkte wäre genau so möglich, würde aber im Allgemeinen zu einer anderen Einbettung der Zeichenebene führen.

dass man I und J dazu benutzen kann, die euklidischen Transformationen zusammen mit Skalierungen aus den projektiven Transformationen wieder herauszufiltern.

Als wir ganz zu Anfang in Kapitel 2 begannen projektive Transformationen einzuführen, haben wir diese als Verallgemeinerung von euklidischen Transformationen wie Drehungen und Translationen kennen gelernt. Betrachten wir nur $\mathbb{RP}^2$ ohne zusätzliche Informationen, so kann man die euklidischen Transformationen nicht von anderen projektiven Transformationen unterscheiden. Dies ändert sich, wenn wir bestimmte Elemente als Fixobjekte der Transformationen auszeichnen. In dem Moment, wo wir beispielsweise wissen, welche Gerade die Rolle der Ferngeraden spielt, gelingt es die *affinen* Transformationen zu charakterisieren. Es sind diejenigen projektiven Transformationen, die die Ferngerade als Ganzes fest lassen. Die Ferngerade alleine genügt jedoch nicht um z.B. Drehungen von allgemeinen affinen Transformationen zu unterscheiden. An dieser Stelle kommen I und J ins Spiel.

Die projektiven Transformationen, die I und J als Paar festhalten, sind bzgl. der Standardeinbettung genau die aus Drehungen, Translationen und Skalierungen zusammengesetzten Transformationen. Die Gruppe dieser Transformationen nennt man auch *Ähnlichkeitstransformationen*. Sie wird von Matrizen der folgenden Typen erzeugt:

$$\begin{pmatrix} \cos(\alpha) & \sin(\alpha) & 0 \\ -\sin(\alpha) & \cos(\alpha) & 0 \\ 0 & 0 & 1 \end{pmatrix}, \quad \begin{pmatrix} 1 & 0 & t_x \\ 0 & 1 & t_y \\ 0 & 0 & 1 \end{pmatrix}, \quad \begin{pmatrix} s & 0 & 0 \\ 0 & s & 0 \\ 0 & 0 & 1 \end{pmatrix}, \quad \begin{pmatrix} -1 & 0 & 0 \\ 0 & 1 & 0 \\ 0 & 0 & 1 \end{pmatrix}.$$

Die letzte Matrix ist hierbei eine Spiegelung an der x-Achse. Lässt man sie weg, so erhält man die Gruppe der orientierungserhaltenden Ähnlichkeitstransformationen. Matrizen dieses Typs haben die allgemeine Form

$$\begin{pmatrix} c & s & a \\ -s & c & b \\ 0 & 0 & 1 \end{pmatrix}.$$

Analog erhält man die orientierungsumkehrenden Ähnlichkeitstransformationen als

$$\begin{pmatrix} c & s & a \\ s & -c & b \\ 0 & 0 & 1 \end{pmatrix}.$$

In beiden Fällen muss man $c^2 + s^2 \neq 0$ voraussetzen, so dass die Determinante nicht verschwindet.

Satz 7.1. *In der Standardeinbettung sind die orientierungserhaltenden Ähnlichkeitstransformationen genau diejenigen, die I und J invariant lassen. Orientierungsumkehrende Ähnlichkeitstransformationen sind die Matrizen, die I und J vertauschen.*

Beweis. Wendet man eine orientierungserhaltende Ähnlichkeitstransformation τ_S auf I an, erhält man

$$S \cdot \mathrm{I} = \begin{pmatrix} c & s & a \\ -s & c & b \\ 0 & 0 & 1 \end{pmatrix} \cdot \begin{pmatrix} -i \\ 1 \\ 0 \end{pmatrix} = \begin{pmatrix} -ic + s \\ is + c \\ 0 \end{pmatrix} = (c + is) \begin{pmatrix} -i \\ 1 \\ 0 \end{pmatrix} = (c + is)\mathrm{I}.$$

Die Zahl $c + is$ ist ungleich Null, da $c^2 + s^2 \neq 0$. Analog erhält man $S \cdot \mathrm{J} = (c+is)\mathrm{J}$. Für eine orientierungsumkehrende Ähnlichkeitstransformationen τ_R erhält man analog

$$R \cdot \mathrm{I} = \begin{pmatrix} c & s & a \\ s & -c & b \\ 0 & 0 & 1 \end{pmatrix} \cdot \begin{pmatrix} -i \\ 1 \\ 0 \end{pmatrix} = \begin{pmatrix} -ic + s \\ -is - c \\ 0 \end{pmatrix} = (-c - is) \begin{pmatrix} i \\ 1 \\ 0 \end{pmatrix} = (-c - is)\mathrm{J}$$

und $R \cdot \mathrm{J} = (-c - is)\mathrm{I}$.

Nun nehmen wir umgekehrt an, dass M die Matrix einer projektiven Transformation in $\mathbb{RP}^2$ ist, die I invariant lässt. Insbesondere hat M nur reelle Einträge. Wir haben also $M \cdot \mathrm{I} = \lambda\mathrm{I}$. Wir werden aus dieser Bedingung nun sukzessive die Bedingungen ermitteln, die die Koeffizienten von M erfüllen müssen. Zuerst betrachten wir die letzte Zeile von M.

$$\begin{pmatrix} \bullet & \bullet & \bullet \\ \bullet & \bullet & \bullet \\ x & y & \bullet \end{pmatrix} \cdot \begin{pmatrix} -i \\ 1 \\ 0 \end{pmatrix} = \lambda \begin{pmatrix} -i \\ 1 \\ 0 \end{pmatrix}$$

Wir erhalten $-ix + y = 0$. Da die Koeffizienten der Matrix alle reell sein müssen, impliziert dies $x = y = 0$. Da die Determinante von M nicht verschwindet, kann der letzte Eintrag der letzten Zeile von M nicht verschwinden. Nach Skalieren der Matrix können wir o.B.d.A. annehmen, dass dieser 1 ist. Wir betrachten nun den oberen linken 2×2-Block der Matrix. Es ergibt sich

$$\begin{pmatrix} u & v & \bullet \\ w & x & \bullet \\ 0 & 0 & 1 \end{pmatrix} \cdot \begin{pmatrix} -i \\ 1 \\ 0 \end{pmatrix} = \lambda \begin{pmatrix} -i \\ 1 \\ 0 \end{pmatrix}.$$

Also ergibt sich $-ui + v = -i\lambda$ und $-wi + x = \lambda$. Zieht man das i-fache der ersten Gleichung von der zweiten ab, erhält man $-u - iv - wi + x = 0$. Da wiederum alle Matrixeinträge reell sein sollen, gilt $u = x$ und $v = -w$. Die verbleibenden beiden Matrixeinträge können beliebig gewählt werden, da diese mit 0 multipliziert werden. Insgesamt hat die Matrix also die Form

$$\begin{pmatrix} c & s & a \\ -s & c & b \\ 0 & 0 & 1 \end{pmatrix}.$$

Sie beschreibt eine orientierungserhaltende Ähnlichkeit. Eine analoge Argumentation zeigt, dass, wenn τ_M die Punkte I und J vertauscht, als einzige Möglichkeit eine orientierungsumkehrende Ähnlichkeit in Frage kommt. $\square$

Wir können nun den Spieß umdrehen und I und J zur Charakterisierung von Ähnlichkeitstransformationen heranziehen. Diese sind einfach die Transformationen, die I und J als Paar invariant lassen. Es ist eine bekannte Tatsache, dass Kreise unter Ähnlichkeitstransformationen wieder in Kreise übergeführt werden. Wir können dies nun rein begrifflich folgendermaßen begründen:

Ein Kreis $\mathcal{K}$ ist ein Kegelschnitt durch I und J. Wird dieser mit einer Ähnlichkeitstransformation τ_M abgebildet, so bleiben I und J als Paar unverändert (gemäß unserer eben gemachten Definition von Ähnlichkeitstransformation). Da τ_M aber eine projektive Transformation ist, erhält sie die Inzidenz zwischen $\mathcal{K}$ und den darauf liegenden Punkten. Also geht der abgebildete Kegelschnitt wiederum durch I und J und ist somit ein Kreis.

7.3 Winkel

Wie kann man nun I und J zur konkreten Bestimmung von Winkeln und Entfernungen heranziehen? Im Gegensatz zu unseren vorhergehenden *geometrischen Tests* müssen wir hierzu konkrete Zahlen aus den Positionen der Punkte und Geraden extrahieren. In unserer Philosophie heißt das, sie unter Zuhilfenahme von I und J irgendwie auf projektiv invariante Funktionen zurückzuführen.

Wir betrachten hier zunächst den Fall der Winkelbestimmung zwischen zwei Geraden. Angenommen die Geraden haben homogene Koordinaten

$$l = \begin{pmatrix} l_1 \\ l_2 \\ l_3 \end{pmatrix} \quad \text{und} \quad m = \begin{pmatrix} m_1 \\ m_2 \\ m_3 \end{pmatrix}.$$

Die "verkürzten" Vektoren $(l_1, l_2)^T$ und $(m_1, m_2)^T$ sind genau die (ebenen) Normalenvektoren auf den beiden Geraden und bilden daher den gleichen Winkel zueinander wie die ursprünglichen Geraden. Fassen wir diese als Punkte $Z_l = l_1 + il_2 = r_l e^{i\theta_l}$ und $Z_m = m_1 + im_2 = r_m e^{i\theta_m}$ der komplexen Ebene auf, so kann man aus diesen Zahlen den Winkel zwischen l und m berechnen. Wir müssen lediglich den Winkel $\theta_l - \theta_m$ aus den beiden Zahlen Z_l und Z_m extrahieren. Dies geschieht folgendermaßen: Der Quotient Z_l/Z_m ist gerade

$$\frac{Z_l}{Z_m} = \frac{r_l}{r_m} e^{i(\theta_l - \theta_m)}.$$

Diese Zahl enthält bereits die gesuchte Winkeldifferenz. Wir müssen nun noch den Betrag r_l/r_m "wegdiskutieren". Dazu verwenden wir das konjugiert Komplexe von Z_l und Z_m via

$$\frac{Z_l}{Z_m} \bigg/ \frac{\overline{Z_l}}{\overline{Z_m}} = \frac{r_l}{r_m} \bigg/ \frac{\overline{r_l}}{\overline{r_m}} \cdot e^{i(2\theta_l - 2\theta_m)} = e^{i(2\theta_l - 2\theta_m)}.$$

Durch Ziehen des Logarithmus erhalten wir

$$\theta_l - \theta_m = \frac{1}{2i} ln \left(\frac{Z_l}{Z_m} \bigg/ \frac{\overline{Z_l}}{\overline{Z_m}} \right).$$

Das Besondere an der letzten Formel ist, dass sie sich auch allein aus projektiven Operationen auf homogenen Koordinaten durch Determinanten darstellen lässt. Dies geschieht wieder unter Zuhilfenahme von I und J. Betrachten wir die Determinante gebildet aus l, I und l_∞

$$\det \begin{pmatrix} l_1 & -i & 0 \\ l_2 & 1 & 0 \\ l_3 & 0 & 1 \end{pmatrix} = l_1 + il_2 = Z_l.$$

Diese Determinante ergibt genau die benötigte komplexe Zahl Z_l. Analog berechnen wir Z_m, $\overline{Z_m}$ und $\overline{Z_l}$. Wir kürzen 3×3-Determinanten der homogenen Koordinaten dreier Punkte oder Geraden A, B und C wieder mit $[A, B, C]$ ab und erhalten als Formel für den gesuchten Winkel

$$\theta_l - \theta_m = \frac{1}{2i} ln \left(\frac{[l, \text{I}, l_\infty][m, \text{J}, l_\infty]}{[m, \text{I}, l_\infty][l, \text{J}, l_\infty]} \right).$$

Der Ausdruck in der Klammer jedoch ist das *Doppelverhältnis* $(l, m; \text{I}, \text{J})_{l_\infty}$. Natürlich hängt die Berechnung des Winkels ausschließlich von der Situation auf der Geraden im Unendlichen ab, da für Winkel nur die Richtung, nicht aber die exakte Lage der Geraden relevant ist. Die Richtung einer Geraden ist aber bereits komplett durch deren Schnitt mit der Geraden im Unendlichen festgelegt. Denn es gilt

$$l \times l_\infty = \begin{pmatrix} l_2 \\ -l_1 \\ 0 \end{pmatrix} \quad \text{und} \quad m \times l_\infty = \begin{pmatrix} m_2 \\ -m_1 \\ 0 \end{pmatrix}.$$

Dies sind aber genau die ebenen Richtungsvektoren der beiden Geraden, die ebenso den Winkel $\theta_l - \theta_m$ einschließen.

Ersetzen wir wieder l und m durch deren Schnitte L und M mit der Ferngeraden, so erhalten wir

$$\theta_l - \theta_m = \frac{1}{2i} ln((L, M; \text{I}, \text{J})).$$

Oder in Prosa:

> *Der eingeschlossene Winkel ergibt sich als geeignet skalierter*
> *Logarithmus des Doppelverhältnisses.*

Diese Formel wurde erstmalig im Jahre 1853 von *Edmond Laguerre* (1834-1886) im Alter von 19 Jahren entdeckt. Felix Klein schreibt darüber in seinen 1928 erschienenen "Vorlesungen über nicht-euklidische Geometrie":

"Dieses schöne Resultat [...] blieb aber lange unbeachtet, vermutlich, weil sich die Geometer an den Gedanken gewöhnt hatten, dass Metrik und projektive Geometrie in keiner Beziehung zueinander ständen."

Laguerres Formel und die Punkte I und J sind der Schlüssel zur Einbeziehung von Metriken (euklidisch und nicht-euklidisch) in die projektive Geometrie.

Wir wollen hier kurz einige kleine Beobachtungen machen, die aus dieser Formel für den Winkel folgen und typische Eigenschaften der Winkelmessung widerspiegeln:

- Die erhaltene Formel ist mehrdeutig modulo π, da der Logarithmus mehrdeutig modulo $2i\pi$ ist. Dies spiegelt genau die Situation der Winkelmessung zwischen unorientierten Geraden wieder.

- Vertauschen der Geraden kehrt den Winkel um. Dies folgt aus der Identität $(A, B; X, Y) = 1/(B, A; X, Y)$ und der Eigenschaft, dass der Logarithmus Kehrwerte in Vorzeichenwechsel überführt.

- Winkel sind additiv modulo π. Dies folgt aus der multiplikativen Eigenschaft $(A, B; X, Y) \cdot (B, C; X, Y) = (A, C; X, Y)$ und der Tatsache, dass der Logarithmus Produkte in Summen überführt.

- Senkrecht stehen führt zu der harmonischen Lage $(L, M; I, J) = -1$. Dies folgt aus $ln(-1) = i\pi$.

Gleichheit von Winkeln

Wir können, ohne den Winkel direkt ausrechnen zu müssen, auch direkt die Gleichheit zweier eingeschlossener Winkel durch einen geeigneten Determinantenausdruck prüfen. Seinen l und m ein Geradenpaar und r und s ein weiteres. L, M, R, S die zugehörigen Schnittpunkte mit der Ferngeraden. Um zu zeigen, dass die beiden Geradenpaare den gleichen Winkel einschließen, müssen wir lediglich die Gleichheit der beiden folgenden Doppelverhältnisse sicherstellen.

$$(L, M; I, J) = (R, S; I, J).$$

Ein gegebenes Doppelverhältnis legt die Position der vier beteiligten Punkte bis auf projektive Äquivalenz fest. Daher ist die letzte Formel auch äquivalent zu

$$(\mathtt{J}, M; \mathtt{I}, L) = (\mathtt{J}, S; \mathtt{I}, R)$$

oder in Determinantenschreibweise nach Einführung von Koordinaten auf der Ferngeraden

$$\frac{[\mathtt{J}, \mathtt{I}][M, L]}{[\mathtt{J}, L][M, \mathtt{I}]} = \frac{[\mathtt{J}, \mathtt{I}][S, R]}{[\mathtt{J}, R][S, \mathtt{I}]}.$$

Nach Herauskürzen der Determinante $[\mathtt{J}, \mathtt{I}]$ und Multiplikation mit den Nennern erhalten wir folgenden projektiv invarianten Test:

$$[M, L][\mathtt{J}, R][S, \mathtt{I}] - [M, \mathtt{I}][\mathtt{J}, L][S, R] = 0.$$

Sechs Punkte auf einer projektiven Geraden, die diese Bedingung erfüllen, werden ein *Quadrilateral Set* genannt. Quadrilateral Sets spielen in der projektiven Geometrie eine vergleichbar wichtige Rolle wie harmonische Punktequadrupel.

7.4 Längen

Unter Zuhilfenahme von $\mathtt{I}$ und $\mathtt{J}$ ist es auch möglich, die Entfernung $|X, Y|$ zweier Punkte X und Y in euklidischer Geometrie auszudrücken. Diese Formel ist ein wenig "trickreich" und wir wollen sie hier zur Referenz ohne formalen Beweis angeben. Zunächst einmal kann man nicht hoffen, eine euklidische Länge alleine unter Zuhilfenahme von X, Y, $\mathtt{I}$ und $\mathtt{J}$ in einer projektiv invarianten Formel auszudrücken. Dies kann nicht gehen, da ja $\mathtt{I}$ und $\mathtt{J}$ nur Ähnlichkeitstransformationen und nicht größenerhaltende euklidische Transformationen charakterisieren. Bestenfalls können wir auf eine Formel hoffen, die den Abstand von X zu Y im Verhältnis zu einer vorher festgelegten Einheitslänge von A nach B bestimmt. Wir werden also nach einer Formel für $\frac{|X, Y|}{|A, B|}$ suchen.

Das bedeutet, wir suchen einen projektiv invarianten Ausdruck in den Punkten $A, B, X, Y, \mathtt{I}, \mathtt{J}$, der für die konkrete Position von $\mathtt{I}$ und $\mathtt{J}$ das obige Längenverhältnis ergibt. Üblicherweise bestimmt man Entfernungen zweier Punkte $X = (x_1, x_2)^T$ und $Y = (y_1, y_2)^T$ im $\mathbb{R}^2$ über den Satz von Pythagoras.

$$|X, Y| = \sqrt{(x_1 - y_1)^2 + (x_2 - y_2)^2}.$$

Zunächst übersetzen wir diesen Ausdruck bzgl. der Standardeinbettung in eine Determinantenformel, die wir dann auf geeignete Weise zu einer projektiven Invarianten erweitern werden. Wir setzen $X = (x_1, x_2, 1)^T$ und $Y = (y_1, y_2, 1)^T$ und betrachten den Ausdruck $\sqrt{[Y, X, \mathtt{I}][Y, X, \mathtt{J}]}$. Ausmultiplizieren ergibt

$$\sqrt{\begin{vmatrix} y_1 & x_1 & -i \\ y_2 & x_2 & 1 \\ 1 & 1 & 0 \end{vmatrix} \begin{vmatrix} y_1 & x_1 & i \\ y_2 & x_2 & 1 \\ 1 & 1 & 0 \end{vmatrix}}$$

$$= \sqrt{((x_1 - y_1) + i(x_2 - y_2)) \cdot ((x_1 - y_1) - i(x_2 - y_2))}$$

$$= \sqrt{(x_1 - y_1)^2 + (x_2 - y_2)^2}$$

$$= |X, Y|.$$

Dies ist genau die gesuchte Entfernung. Leider ist der Ausdruck

$$\sqrt{[Y, X, \mathrm{I}][Y, X, \mathrm{J}]}$$

nicht im Geringsten eine projektive Invariante. Im Gegensatz zur folgenden Formel

$$\frac{\sqrt{[Y, X, \mathrm{I}][Y, X, \mathrm{J}]}[A, \mathrm{I}, \mathrm{J}][B, \mathrm{I}, \mathrm{J}]}{\sqrt{[B, A, \mathrm{I}][B, A, \mathrm{J}]}[X, \mathrm{I}, \mathrm{J}][Y, \mathrm{I}, \mathrm{J}]} = |X, Y|/|A, B|.$$

Dieser Ausdruck ist eine projektive Invariante, da jeder Buchstabe über dem Bruchstrich in gleicher Potenz wie unter dem Bruchstrich auftaucht. Im Falle der Standardeinbettung erhalten wir genau das gewünschte Entfernungsverhältnis

$$\frac{\overbrace{\sqrt{[Y, X, \mathrm{I}][Y, X, \mathrm{J}]}}^{|X,Y|}\overbrace{[A, \mathrm{I}, \mathrm{J}]}^{-2i}\overbrace{[B, \mathrm{I}, \mathrm{J}]}^{-2i}}{\underbrace{\sqrt{[B, A, \mathrm{I}][B, A, \mathrm{J}]}}_{|A,B|}\underbrace{[X, \mathrm{I}, \mathrm{J}]}_{-2i}\underbrace{[Y, \mathrm{I}, \mathrm{J}]}_{-2i}} = |X, Y|/|A, B|.$$

Wir erhalten

Satz 7.2. *Die euklidische Entfernung zweier Punkte X und Y kann man durch*

$$\frac{\sqrt{[Y, X, \mathrm{I}][Y, X, \mathrm{J}]}[A, \mathrm{I}, \mathrm{J}][B, \mathrm{I}, \mathrm{J}]}{\sqrt{[B, A, \mathrm{I}][B, A, \mathrm{J}]}[X, \mathrm{I}, \mathrm{J}][Y, \mathrm{I}, \mathrm{J}]} \tag{7.1}$$

berechnen, wenn $|A, B| = 1$ als Referenzlänge vorgegeben wird.

Hier ist es instruktiv sich klarzumachen, warum wir an dieser Stelle eine *projektive Invariante* konstruiert haben. Die Formel ist so angelegt, dass sie bzgl. der Standardeinbettung genau das gesuchte Längenverhältnis ergibt. Sie war aber so gewählt, dass sie insbesondere nach Multiplikation eines der beteiligten Punkte mit einem Skalar invariant bleibt. Daher können wir problemlos die übliche homogene Darstellung der Punkte verwenden.

7.5 Einige geometrische Sätze

Wie wollen an dieser Stelle auf ein paar geometrische Sätze aufmerksam
machen, die sich mit unseren Begriffsbildungen sehr elegant zeigen lassen.
Zunächst ein Satz über Entfernungen, der sich am besten über $\mathbb{CP}^1$ beweisen
lässt.

Der Satz von Ptolemy

Wir bezeichnen mit $|A, B|$ die euklidische Entfernung von A nach B. Stellt
man die Zahl $A - B$ in Polarkoordinaten $r_{AB} \cdot e^{i\theta_{AB}}$ dar, so ist $|A, B|$ gerade
die absolute Grösse von r_{AB}. Es gilt der folgende auf den ersten Blick etwas
verblüffende Satz.

Satz 7.3. *Sind A, B, C und D vier Punkte der Ebene, so gilt*

$$|A, B||C, D| + |A, D||B, C| \geq |A, C||B, D|.$$

*Gleichheit gilt genau dann, wenn die Punkte in der Reihenfolge A, B, C, D
auf einem Kreis oder einer Geraden liegen.*

Beweis. Für beliebige vier Punkte A, B, C und D in $\mathbb{CP}^1$ gilt die Grassmann-
Plücker-Relation

$$[A, B][C, D] + [A, D][B, C] = [A, C][B, D].$$

Wir setzen

$$[A, B][C, D] = \alpha, \quad [A, D][B, C] = \beta, \quad [A, C][B, D] = \gamma$$

und

$$\alpha = r_\alpha \cdot e^{i\theta_\alpha}, \quad \beta = r_\beta \cdot e^{i\theta_\beta}, \quad \gamma = r_\gamma \cdot e^{i\theta_\gamma}.$$

Die zu beweisende Formel drückt nun nichts anderes aus als

$$r_\alpha + r_\beta \geq r_\gamma.$$

Dies ist aber nichts anderes als die bekannte Dreiecksungleichung für die
Vektoren α, β und γ, für die ja nach der Grassmann-Plücker-Relation $\alpha + \beta =
\gamma$ gilt.

Gleichheit gilt genau dann, wenn die drei Vektoren in die gleiche Richtung (inklusive Orientierung) zeigen. Dies ist genau dann der Fall, wenn die
Quotienten α/γ und β/γ reell und positiv sind. Diese Quotienten

$$\frac{\alpha}{\gamma} = \frac{[A, B][C, D]}{[A, C][B, D]} \quad \text{und} \quad \frac{\beta}{\gamma} = \frac{[A, D][B, C]}{[A, C][B, D]}$$

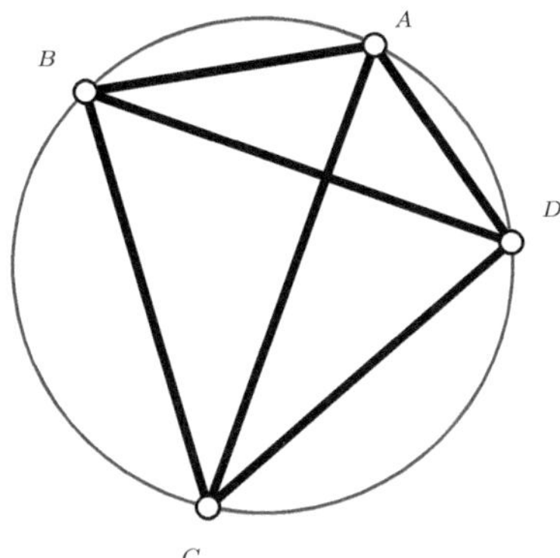
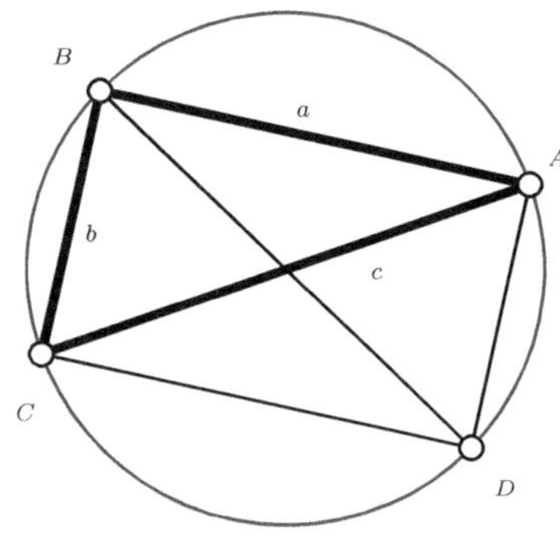

Abb. 7.1 Die Sätze von Ptolemy und Pythagoras.

sind genau die Doppelverhältnisse, deren Reell-Sein ausdrückt, dass A, B, C
und D auf einem Kreis oder einer Geraden liegen. Die Positivität sorgt für
die richtige Reihenfolge der Punkte. □

Dieser letzte Satz ist in zweierlei Hinsicht bemerkenswert. Zum einen ist
bemerkenswert, dass in ihm die für die projektive Geometrie fundamenta-
le Struktur der Grassmann-Plücker-Relationen quasi als "Schatten" in einem rein elementargeometrischen Zusammenhang auftaucht. Die Struktur
der Gleichung

$$|A, B||C, D| + |A, D||B, C| - |A, C||B, D| \geq 0$$

ist identisch mit der einer dreisummandigen Grassmann-Plücker-Relation, bis
auf die Tatsache, dass statt Determinanten Entfernungen auftreten.

Die zweite bemerkenswerte Tatsache ist ein überraschender Spezialfall dieses Satzes. Nehmen wir hierzu an, die vier Punkte A, B, C und D sind die
Eckpunkte eines Rechtecks. Nach dem Satz von Thales liegen die vier Punkte
dann auf einem Kreis. Die beiden Faktoren in jedem Term sind wegen der
Symmetrie des Rechtecks identisch. Bezeichnen wir die Längen der Rechteck-
seiten mit a und b und die Diagonale mit c. So erhalten wir als Spezialfall
des obigen Satzes den bekannten Satz von Pythagoras

$$a^2 + b^2 = c^2.$$

Dieser Satz ist in seiner Struktur also gleichwohl der "Schatten" einer
Grassmann-Plücker-Relation.

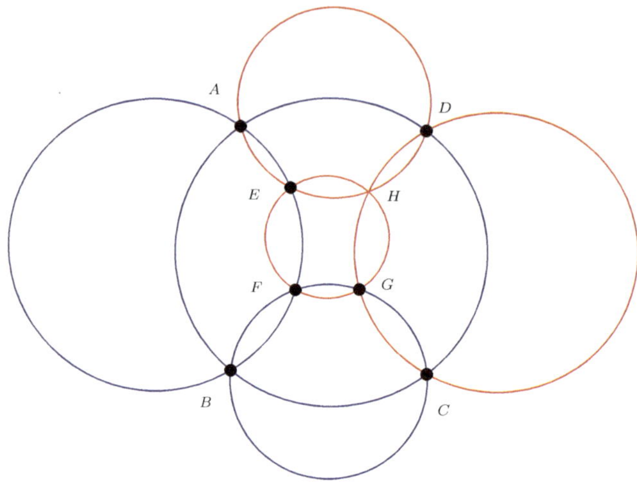

Abb. 7.2 Der Satz von Miguel.

Der Satz von Miguel

Der folgende Satz steht ebenso in engem Zusammenhang mit unserer komplexen Charakterisierung der Kozirkularität.

Satz 7.4. *Es seien $A, \ldots, H$ acht unterschiedliche Punkte der Ebene. Liegen die Punktequadrupel*

$$(ABCD),\ (ABEF),\ (BCFG),\ (CDGH),\ (ADEH)$$

jeweils auf einem Kreis, so liegen auch die vier Punkte $(EFGH)$ auf einem Kreis.

Beweis. Die Kozirkularitäten in der Hypothese dieses Satzes lassen sich als das Reell-Sein der folgenden Doppelverhältnisse ausdrücken:

$$\frac{[A,B][C,D]}{[A,D][C,B]},\ \frac{[A,E][F,B]}{[A,B][F,E]},\ \frac{[C,B][F,G]}{[C,G][F,B]},\ \frac{[C,G][H,D]}{[C,D][H,G]},\ \frac{[A,D][H,E]}{[A,E][H,D]}.$$

Sind alle diese Quotienten aber reell, so ist deren Produkt auch reell. Dieses Produkt gekürzt wird dann aber genau zu

$$\frac{[F,G][H,E]}{[F,E][H,G]},$$

was die Konklusion des Satzes beweist. Das Kürzen ist möglich, da wegen der Verschiedenheit der Punkte keine der Determinanten verschwindet.　□

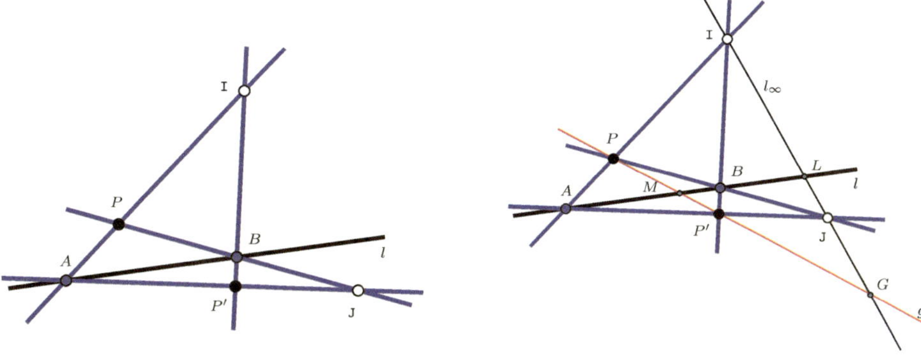

Abb. 7.3 Konstruktion eines Spiegelpunktes.

7.6 Einige geometrische Konstruktionen

Abschließend wollen wir uns noch einige geometrische Konstruktionen ansehen, die unter Zuhilfenahme von I und J überraschend einfach werden.

Spiegelung

Wir beginnen mit einer Konstruktion (und Charakterisierung) des Spiegelbil-
des eines Punktes P bezüglich einer Geraden l. Die folgende Konstruktion in
sieben einfachen Schritten leistet das Gewünschte und konstruiert das Spie-
gelbild P' von P.

1: $l_{P,\mathrm{I}} = P \vee \mathrm{I}$;
2: $l_{P,\mathrm{J}} = P \vee \mathrm{J}$;
3: $A = l_{P,\mathrm{I}} \wedge l$;
4: $B = l_{P,\mathrm{J}} \wedge l$;
5: $l_{P',\mathrm{J}} = A \vee \mathrm{J}$;
6: $l_{P',\mathrm{I}} = B \vee \mathrm{I}$;
7: $P' = l_{P',\mathrm{I}} \wedge l_{P',\mathrm{J}}$;

Abbildung 7.3 (links) verdeutlicht die Situation. Wie immer wurden die
Punkte I und J zur Verdeutlichung auf endliche reelle Positionen geschoben.
Andernfalls würde man bei dieser Konstruktion nämlich nicht viel "sehen".
Lägen nämlich I und J an ihren wahren Positionen wären alle Zwischener-
gebnisse komplex.

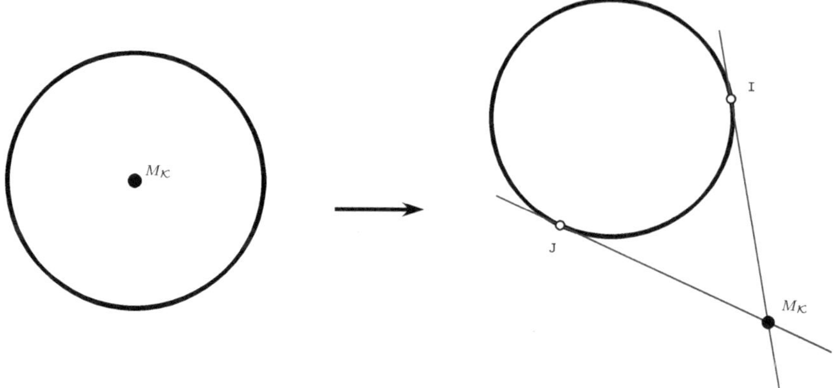

Abb. 7.4 Konstruktion des Mittelpunktes eines Kreises.

Man kann die Korrektheit der Konstruktion zeigen, indem man die zwei charakteristischen Eigenschaften einer Spieglung nachweist. Die Gerade $g = P \vee P'$ steht senkrecht auf l und deren Schnittpunkt M mit l liegt genau in der Mitte zwischen P und P'. Um die erste Eigenschaft nachzuweisen, benutzen wir die Charakterisierung von Orthogonalität aus Satz 6.4. Sei l_∞ die Ferngerade und seien $L = l \wedge l_\infty$ und $G = g \wedge l_\infty$ die Fernpunkte von l und g. Wie müssen zeigen, dass $(L, G; \mathrm{I}, \mathrm{J}) = -1$ gilt, also eine harmonische Lage vorliegt. Dies kann man direkt aus Abbildung 7.3 (rechts) ablesen, bei der die zusätzlichen Hilfspunkte und Hilfsgeraden eingezeichnet wurden. Es liegt genau die in Satz 4.12 hergeleitete Konfiguration vor, die harmonische Punkte garantiert.

Es bleibt zu zeigen, dass M in der Mitte von P und P' liegt. Auch dies kann über eine harmonische Bedingung gezeigt werden. Hierzu betrachten wir die vier Punkte auf der Geraden g. Auch diese liegen harmonisch. Da G ein Fernpunkt ist, liegen P, M, P' äquidistant (vgl Abb. 4.6).

Kreismittelpunkt

Eine weitere überraschende Konstruktion ergibt sich bei der Bestimmung des Mittelpunktes eines Kreises. Hierzu sei nur ein Kreis $\mathcal{K}$ gegeben. Gesucht sei der Mittelpunkt des Kreises. Die folgende Konstruktion leistet das Gewünschte.

Da $\mathcal{K}$ ein Kreis ist, liegen I und J auf $\mathcal{K}$. Wir können durch I und J also Tangenten an $\mathcal{K}$ anlegen. Der Schnitt dieser beiden Tangenten ist genau der gesuchte Mittelpunkt.

Diese überraschend einfache Konstruktion hat auch eine genauso überraschend einfache algebraische Entsprechung. Sei Q die Matrix der zu $\mathcal{K}$ gehörenden quadratischen Form. Die Tangenten ergeben sich zu $Q \cdot \mathrm{I}$ und $Q \cdot \mathrm{J}$. Deren Schnitt ist einfach

$$M_\mathcal{K} = (Q \cdot \mathrm{I}) \times (Q \cdot \mathrm{J}).$$

Einfaches Nachrechnen zeigt, dass $M_\mathcal{K}$ genau die gewünschte Lage hat. Hierzu sei der Kreis gegeben mit Mittelpunktskoordinaten $(m_x, m_y)^T$. Die Kreisgleichung ergibt sich zu

$$(x - m_x)^2 + (x - m_y)^2 = r^2.$$

Die entsprechende Matrix der quadratischen Form ergibt sich zu

$$Q = \begin{pmatrix} 1 & 0 & -m_x \\ 0 & 1 & -m_y \\ -m_x & -m_y & \alpha \end{pmatrix}$$

für geeignet gewähltes α. Ausmultiplizieren ergibt nun

$$(Q\mathrm{I}) \times (Q\mathrm{J}) = \begin{pmatrix} 1 & 0 & -m_x \\ 0 & 1 & -m_y \\ -m_x & -m_y & \alpha \end{pmatrix} \begin{pmatrix} -i \\ 1 \\ 0 \end{pmatrix} \times \begin{pmatrix} 1 & 0 & -m_x \\ 0 & 1 & -m_y \\ -m_x & -m_y & \alpha \end{pmatrix} \begin{pmatrix} i \\ 1 \\ 0 \end{pmatrix}$$

$$= \begin{pmatrix} -i \\ 1 \\ im_x - m_y \end{pmatrix} \times \begin{pmatrix} i \\ 1 \\ -im_x - m_y \end{pmatrix}$$

$$= \begin{pmatrix} -2im_x \\ -2im_y \\ -2i \end{pmatrix}$$

$$= -2i \begin{pmatrix} m_x \\ m_y \\ 1 \end{pmatrix},$$

was die Korrektheit unserer Konstruktion beweist.

Abbildung 7.4 illustriert den Zusammenhang. Das linke Bild zeigt die Situation, bei der I und J an ihren korrekten komplexen Positionen sitzen. Zugegebenermaßen sieht man auf diesem Bild nicht viel, da wieder alle notwendigen Schritte der Hilfskonstruktion rein komplex sind. Im Bild auf der rechten Seite wurden zur Illustration der Konstruktion die Punkte I und J auf reelle Positionen gesetzt. Dann ist natürlich der konstruierte "Mittelpunkt" nicht dort, wo er sein sollte.

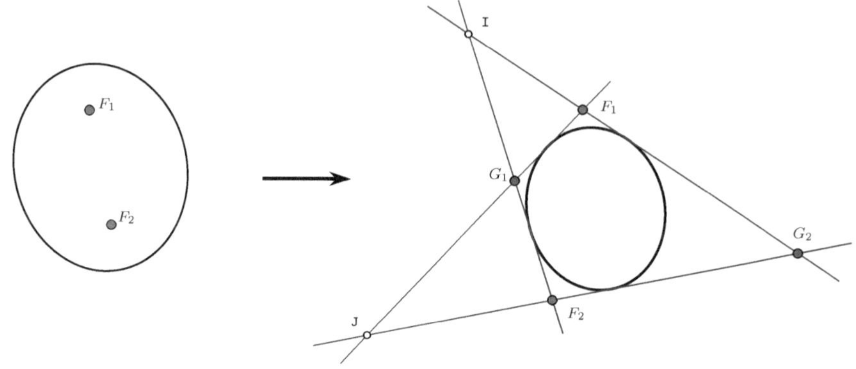

Abb. 7.5 Konstruktion der Brennpunkte eines Kegelschnittes.

Brennpunkte

Die letzte Konstruktion hat eine hübsche Verallgemeinerung. Betrachtet man
einen allgemeinen (reellen) Kegelschnitt $\mathcal{C}$, der kein Kreis ist, so liegen die
Punkte I und J nicht auf ihm. Sowohl von I aus als auch von J aus gibt es
rechnerisch zwei (komplexe) Tangenten an $\mathcal{C}$. Diese vier Geraden haben außer
I und J noch *vier* weitere Schnittpunkte. Hierbei handelt es sich genau um
die Brennpunkte des Kegelschnittes. Abbildung 7.5 zur Linken zeigt wieder
die Situation für I und J auf reellen Positionen (die Brennpunkte liegen dann
natürlich nicht auf den korrekten Positionen).

Die eben gemachte Behauptung mag auf den ersten Blick verwirren, da
ein Kegelschnitt bekanntlich *zwei* und nicht *vier* Brennpunkte hat. Dieser
scheinbare Widerspruch löst sich folgendermaßen auf: In jeder konkreten Situation (bei der I und J an ihren korrekten Positionen sitzen) ist ein Paar von
Brennpunkten komplex und ein anderes Paar nimmt zwei reelle Positionen
an. Die reellen Brennpunkte sind die üblichen, die aus der Elementargeometrie bekannt sind. Die komplexen erfüllen zwar immer noch algebraisch die
Bedingung für einen Brennpunkt, sind aber reell nicht sichtbar.

Die obige Konstruktion ist insofern überraschend, als dass es elementargeometrisch relativ schwierig ist aus der reinen geometrischen Lage eines Kegelschnittes dessen Brennpunkte zu konstruieren. Wohingegen die komplexe
Konstruktion an Einfachheit kaum zu überbieten ist.

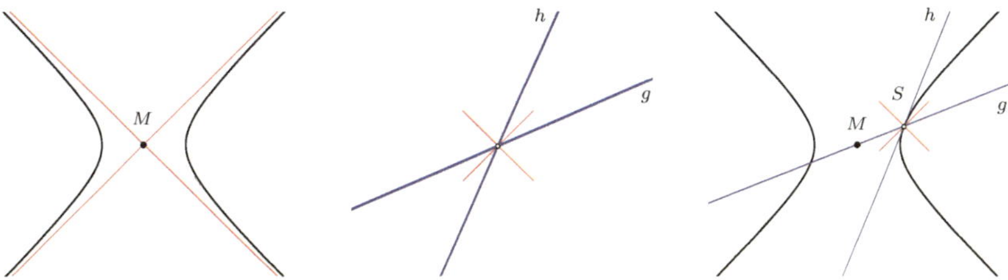

Abb. 7.6 Pseudo-Euklidische Grundbegriffe.

7.7 Exkurs: Pseudo-Euklidische Geometrie

Wir haben gesehen, dass man die euklidische Geometrie aus der projektiven Geometrie aufbauen kann, indem man die Punkte I und J als ausgezeichnete Punkte hinzunimmt – Kreise sind Kegelschnitte durch I und J, zwei Geraden stehen senkrecht aufeinander, wenn deren Schnitte mit der Ferngeraden zu I und J in harmonischer Lage stehen, u.s.w.. Vom projektiven Standpunkt aus spielen I und J eigentlich keine Sonderrolle. Es sind zwei Punkte, die die euklidische Ferngerade aufspannen. Die Eigenschaft, dass diese komplex sind, trägt entscheidend zum qualitativen Verhalten der euklidischen Geometrie bei.

Wir wollen in diesem Exkurs studieren, was passiert, wenn wir eine Geometrie definieren, die einen analogen Aufbau zur euklidischen Geometrie hat, nur dass wir die beiden definierenden Punkte I und J auf *reelle* Punkte der Ferngeraden legen. Im Prinzip gibt es dazu viele Möglichkeiten, letztlich führen diese aber alle zu isomorphen Strukturen, so dass wir ohne Bedenken eine spezielle Wahl treffen können. Wir setzen bis zum Ende dieses Kapitels $I = (1, 1, 0)^T$ und $J = (1, -1, 0)^T$. Dies sind die beiden Punkte auf der Ferngeraden, die in Richtung der beiden 45°-Achsen des Koordinatensystems liegen. Man nennt die Richtungen dieser beiden Geraden auch die *isotrope Richtungen* und die so entstehende Geometrie die *pseudo-euklidische Geometrie*. Isotrope Richtungen spielen in ihr eine herausragende Rolle. Im Folgenden sollen Gemeinsamkeiten und Unterschiede von dieser und der üblichen euklidischen Geometrie herausgearbeitet werden. Zunächst sei aber bemerkt, dass sich natürlich alle algebraischen Operationen in beiden Geometrien absolut identisch durchführen lassen. Insbesondere, wenn ein typischer Schnittpunktssatz in der euklidischen Geometrie gilt (z.B. die Höhen eines Dreiecks schneiden sich in einem Punkt), muss er eine Entsprechung in der pseudo-euklidischen Geometrie haben (es kommt im Beispiel des Höhenschnittpunktsatzes nur auf die richtge Interpretation des Begriffes "Höhen" an).

Was sich allerdings durchaus ändern kann, ist die Frage, ob bestimmte Kontruktionselemente reell oder komplex sind. Konstruktionen, die in euklidischer Geometrie einfach reell durchführbar sind, müssen nicht notwendi-

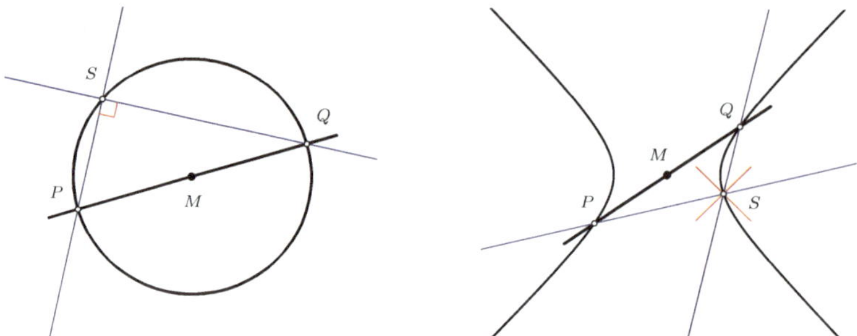

Abb. 7.7 Satz von Thales in euklidischer und pseudo-euklidischer Geometrie.

gerweise auch in pseudo-euklidischer Geometrie reell durchführbar sein. Wir
wollen nun Schritt für Schritt Analogien ziehen.

Kreise. *Kreise sind Kegelschnitte durch* I *und* J. Wenn wir diese Definition
hernehmen, bekommen wir sofort eine Vorstellung wie ein Kreis in pseudo-
euklidischer Geometrie aussieht. Es ist ein Kegelschnitt, der durch die zwei
speziellen *reellen* Punkte I und J auf der Ferngeraden geht. Insbesondere
bedeutet dies, dass ein solcher Kreis die Form einer Hyperbel hat, da er
die Ferngerade zweimal schneidet. Die Stellen, an denen er schneidet und
somit auch die Richtung der Asymptoten der Hyperbel liegen damit fest. Die
Asymptoten der Hyperbel sind zwei isotrope Geraden, die einen 45°-Winkel
zu der x- und y-Achsen bilden.

Kreismittelpunkt. In Abschnitt 7.6 haben wir gesehen, dass der Kreismittelpunkt genau der Schnittpunkt der an I und J angelegten Kreistangenten
ist. Dies können wir im Fall der pseudo-euklidischen Geometrie als Definition heran ziehen. Die Tangenten an I und J sind aber nichts anders als die
Asymptoten der Hyperbel. Der Schnitt dieser beiden Geraden ist genau das
Symmetriezentrum der Hyperbel. Abbildung 7.6 (links) zeigt einen pseudo-
euklidischen Kreis, zusammen mit der Konstruktion seines Mittelpunktes.

Orthogonalität. Zwei Geraden g und h stehen senkrecht, wenn deren Fernpunkte $G = g \times l_\infty$ und $H = h \times l_\infty$ mit I und J ein harmonisches Punktequadrupel bilden, also $(G, L; \text{I}, \text{J}) = -1$ gilt. Geometrisch bedeutet dies
Folgendes: Zunächst zeichnen wir vom Schnittpunkt der Geraden g und h
zwei Verbindungen i und j zu I und J. Dies sind genau wieder isotrope Geraden im 45°-Winkel zu den Koordinatenachsen. Sind nun g und h senkrecht,
so liegen diese spiegelsymmetrisch (im üblichen euklidischen Sinne) zu jeder
der Geraden i und j (vgl. Abbildung 7.6, mitte). Wir werden im Folgenden
Orthogonalität zweier Geraden immer durch Einzeichnen kleiner Referenz-
linien im 45°-Winkel zu den Koordinatenachsen andeuten, so dass man die
symmetrische Lage optisch abschätzen kann.

Ein einfacher Satz. Wir wollen uns einen einfachen Satz anschauen, der
sowohl Kreise als auch Mittelpunkte, als auch Orthogonalität in Beziehung

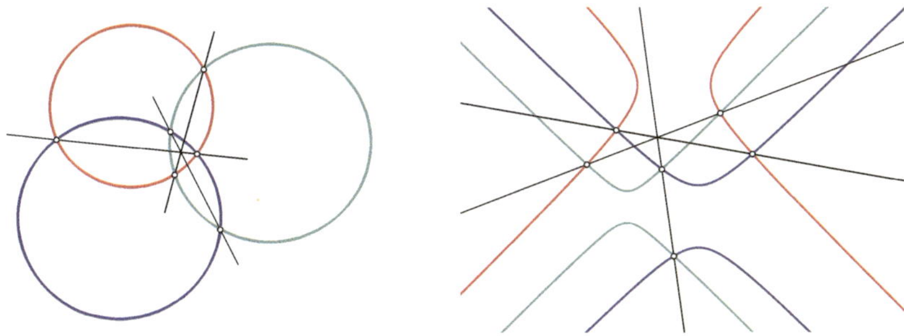

Abb. 7.8 Ein Satz in euklidischer und pseudo-euklidischer Geometrie.

setzt. Es sei S ein beliebiger Punkt auf dem Rand eines Kreises. Verbindet man einerseits S mit dem Kreismittelpunkt und zeichnet andererseits die Kreistangente an S, so stehen diese beiden Geraden senkrecht aufeinander. Ein entsprechender Satz gilt selbstverständlich auch in pseudo-euklidischer Geometrie. Abbildung 7.6, (rechts) zeigt eine Beispielinstanz.

Satz von Thales.   Geringfügig komplexer ist der Satz von Thales. Hierzu sei ein Diameter durch einen Kreis gegeben, d.h. eine Gerade durch den Mittelpunkt. Verbindet man die beiden Schnitte des Diameters mit irgendeinem Punkt des Kreises, so ergibt sich ein rechter Winkel. Abbildung 7.7 zeigt die euklidische Version (links) und die pseudo-euklidische Version (rechts) des Satzes. Die Struktur eines algebraischen Beweises bleibt in beiden Fällen unverändert.

Ein weiterer Satz.   Hier ein Beispiel eines Satzes, der mehrere Kreise involviert (vgl. Abbildung 7.8). Verbindet man für jedes Paar von drei Kreisen jeweils die beiden Kreisschnittpunkte, so schneiden sich die drei entstehenden Geraden in einem Punkt.

Wir wollen nun ein wenig auf die Unterschiede von euklidischer zu pseudo-euklidischer Geometrie eingehen. Betrachten wir zunächst *Abstände*. Ein Kreis ist die Menge all der Punkte, die vom Kreismittelpunkt M den gleichen Abstand haben. Während es in der euklidischen Geometrie nur einen Punkt gibt, der zu M den Abstand Null hat, nämlich M selbst, ist dies in pseudo-euklidischer Geometrie nicht mehr der Fall. Der Kreis mit Radius 0 um M ist entartet und besteht aus einem isotropen Geradenpaar durch M. Alle Punkte auf diesem Geradenpaar haben zu M den Abstand Null. Eine sinnvolle Formel von Abständen zwischen zwei Punkten $(x_1, y_1)^T$, $(x_2, y_2)^T$ ergibt sich in pseudo-euklidischer Geometrie als

$$\sqrt{(x_1 - x_2)^2 - (y_1 - y_2)^2}.$$

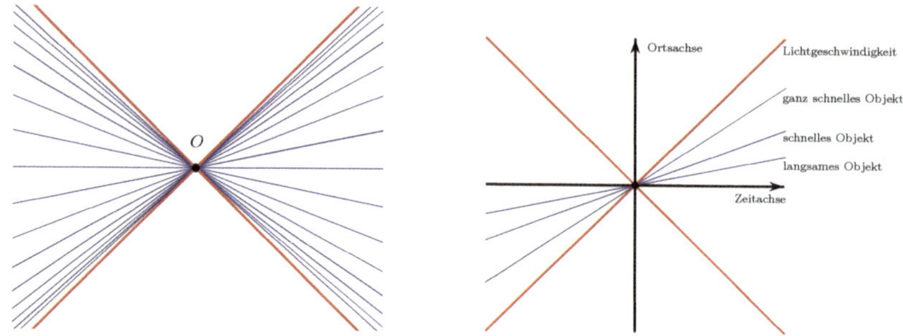

Abb. 7.9 Winkel in pseudo-euklidischer Geometrie und spezielle Relativitätstheorie.

Das Vorzeichen *unter* der Wurzel ist hierbei Konventionssache[3]. Diese Definition hat zur Folge, dass von $M = (x_1, y_2)^T$ aus gesehen, die Abstände zu den links und rechts liegenden Quadranten, die von den isotropen Geraden durch M ausgeschnitten werden, reell sind, während nach oben und unten die Abstände komplex sind. Man kann dadurch zeigen, dass es in pseudo-euklidischer Geometrie weder gleichseitige Dreiecke, noch Quadrate gibt[4].

Interessant ist die Situation auch bei Winkeln. Abbildung 7.9 (links) zeigt eine Schar von Geraden (blau) durch einen Punkt. Je zwei aufeinander folgende Geraden schließen den gleichen pseudo-euklidischen Winkel ein. Man erkennt, dass man in solch einer Folge von Geraden sich iterativ immer mehr an den Winkel der isotropen Geraden annähert, diesen aber nie erreicht. Der Winkel der isotropen Geraden zu einer nicht-isotropen ist immer *unendlich*. Dies steht im krassen Kontrast zur euklidischen Geometrie, in der man bei fortgesetzten Abtragen eines Winkels irgendwann einmal die Ausgangssituation wieder überstreicht.

Eine wichtige Anwendung pseudo-euklidischer Geometrie findet sich in der speziellen Relativitätstheorie. Betrachtet man die x-Achse als Zeit- und die y-Achse als Positionsangabe, so beschreibt eine Gerade in diesem Koordinatensystem eine gleichförmige Bewegung (Abbildung 7.9 rechts). Man normiert das Ganze so, dass die isotropen Geraden genau Lichtgeschwindigkeit haben. Eine Gerade, die flacher als eine isotrope ist, entspricht somit einem Objekt, das sich langsamer als Lichtgeschwindigkeit bewegt. Die Relativgeschwindigkeit zweier gleichförmig bewegter Objekte ergibt sich aus dem Arkustangens des Schnittwinkels. Hierdurch sieht man auch die (der alltäglichen Erfahrung scheinbar widersprechende) Tatsache, dass fortgesetzte Addition von Geschwindigkeiten nicht zu unendlich schnellen Objekten, sondern lediglich zu Grenzgeschwindigkeiten nahe der Lichtgeschwindigkeit führt.

---

[3] In machen Zusammenhängen ist es auch sinnvoll nur den Betrag dieses Abstandes zu betrachten, wir wollen dies hier aber nicht tun.

[4] Betrachtet man nur Absolutbeträge der Abstände, ist dies sehr wohl möglich.

Übungsaufgaben

1. Weisen Sie explizit nach, dass der Ausdruck (7.1) auf Seite 99 tatsächlich eine projektive Invariante ist.

2. Zeigen Sie die folgenden Sätze unter Verwendung von projektiven Hilfsmitteln.

   a) *Gegeben sei ein konvexes Viereck in der euklidischen Ebene, bei dem drei der vier Innenwinkel rechte Winkel sind. Dann folgt, dass der vierte Innenwinkel ebenfalls ein rechter Winkel ist.*

   b) *Gegeben sei ein konvexes Viereck in der euklidischen Ebene, bei dem es zwei gegenüberliegende Winkel gibt, die gleich groß sind. Dann liegen die Eckpunkte des Vierecks auf einem Kreis.*

   c) *Die Winkelsumme in einem Dreieck der euklidischen Ebene ist gleich Null modulo π.*

   d) *Gegeben seien drei Geraden g, l und l', die paarweise verschieden sind. Ferner seinen l und l' parallel. Sowohl g und l, als auch g und l' schließen den gleichen Winkel ein.*

3. Gegeben seien sechs paarweise verschiedene Punkte $A, \ldots, F$ auf der x-Achse der euklidischen Ebene. Unter einem Lifting eines Punkts $A = (a, 0, 1)^T$ der x-Achse verstehen wir die Zuweisung einer y-Koordinate $h_A \in \mathbb{R}^*$, so dass wir einen Punkt $A' = (a, h_A, 1)^T$ erhalten. Nun sollen die Punkte $A, \ldots, F$ so geliftet werden, dass die Punktetripel (A', B', C'), (A', E', F'), (B', D', F') und (C', D', E') jeweils kollinear sind. Zeigen Sie, dass dies genau dann möglich ist, wenn für die homogenen Koordinaten der Punkte $A, \ldots, F$ auf der x-Achse

$$[A, E][B, F][C, D] = [A, F][B, D][C, E]$$

gilt. Gehen Sie dabei wie folgt vor:

   a) Drücken Sie die Kollinearität der vier Punktetripel mittels vier verschwindender Determinanten aus.

   b) Leiten Sie lineare Bedingungen für die y-Koordinaten $h_A, \ldots, h_F$ her, indem Sie die Determinanten geeignet entwickeln.

   c) Nutzen Sie die in Teilaufgabe b) hergeleiteten Bedingungen, um ein lineares Gleichungssystem für $h_A, \ldots, h_F$ aufzustellen und lösen Sie dieses.

   d) Folgern Sie die gewünschte Bedingung.

4. Gegeben seien die drei paarweise verschiedenen Punkte $A, B, C \in \mathbb{CP}^1$. Ferner seien A, B, C endliche Punkte und der Kreis durch diese drei Punkte sei mit $\mathcal{K}$ bezeichnet. Des Weiteren sind A, B, C wie in der nebenstehenden Zeichnung auf $\mathcal{K}$ angeordnet. Sei nun ebenfalls $D \in \mathbb{CP}^1$ ein weiterer Punkt, dessen Position nicht weiter bestimmt ist. Beantworten Sie die folgenden Fragen.

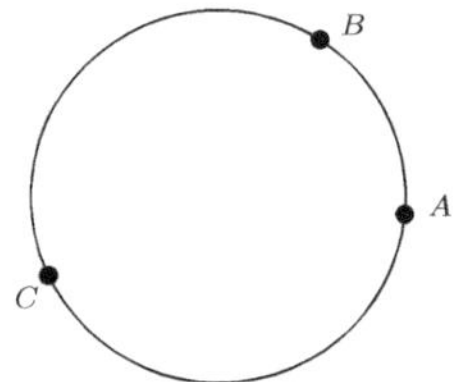

   a) Was können Sie über das Doppelverhältnis $(A, B; C, D)$ aussagen, wenn D innerhalb von $\mathcal{K}$ liegt?

   b) Es sei das Doppelverhältnis $(A, B; C, D)$ mit λ bezeichnet. Welche Werte nimmt λ für $D \in \{A, B, C\}$ an?

   c) Es gelte nun $(A, B; C, D) = -1$. Was können Sie jetzt über die Position des Punktes D aussagen?

8

Der projektive Raum

Bisher haben wir uns ausschließlich mit niederdimensionalen Strukturen beschäftigt. In den Kapiteln 1-3 haben wir die projektive Ebene $\mathbb{RP}^2$ kennen gelernt. Diese erwies sich als sehr geeignet um Punkte, Geraden, Kegelschnitte, Inzidenz und Tangentialität zu beschreiben. Kapitel 4 befasst sich ausgiebig mit den Verhältnissen auf der projektiven Geraden $\mathbb{RP}^1$. Kapitel 6 handelt von der *komplexen* projektiven Geraden $\mathbb{CP}^1$. Komplex betrachtet ist diese ein eindimensionales Gebilde. Durch die zweidimensionale Interpretation der komplexen Zahlen als *Zahlenebene* konnten wir auch im Rahmen von $\mathbb{CP}^1$ ebene Operationen durchführen. $\mathbb{CP}^1$ erwies sich als geeignet um euklidische Kreise und Winkel gut zu beschreiben. Kapitel 7 schließlich hat durch die Einführung der Punkte I und J die Vorzüge der beiden ebenen Betrachtungsweisen $\mathbb{RP}^2$ und $\mathbb{CP}^1$ vereinigt.

In diesem Kapitel wollen wir uns mit höherdimensionalen projektiven Räumen beschäftigen. Hierzu werden wir uns wieder zunächst allein mit linearen Strukturen[1] und Inzidenz zwischen ihnen beschäftigen. Insbesondere werden wir uns mit der geeigneten Beschreibung von k-dimensionalen linearen Strukturen im d-dimensionalen projektiven Raum $\mathbb{RP}^d$ beschäftigen. Es wird sich herausstellen, dass jede dieser k-dimensionalen Teilstrukturen wieder selbst ein projektiver Raum ist, der isomorph zum $\mathbb{RP}^k$ ist.

8.1 Fernpunkte und $\mathbb{R}^3$

Beginnen wir zunächst mit dem üblichen reellen dreidimensionalen Raum $\mathbb{R}^3$. Analog zu unseren Betrachtungen über die reelle projektive Ebene ist es nützlich diesen um Punkte im Unendlichen zu erweitern, um die durch Parallelität entstehenden Sonderfälle zu eliminieren. Auf jeder Gerade g im Raum wird *ein* Fernpunkt eingeführt (diese wird somit zur projektiven Ge-

---

[1] Das sind z.B. Punkte, Geraden, Ebenen und Hyperebenen.

J. Richter-Gebert, T. Orendt, *Geometriekalküle*, Springer-Lehrbuch,
DOI 10.1007/978-3-642-02530-3_8, © Springer-Verlag Berlin Heidelberg 2009

raden). Alle Parallelen zu g haben mit g den gleichen Fernpunkt gemeinsam. Somit treffen sich die Parallelen einer solche Parallelenschar in genau einem (Fern-)Punkt, der ausschließlich von der Richtung der Parallelen abhängt.

Zu jeder Richtung des $\mathbb{R}^3$ gehört somit genau ein Fernpunkt. Betrachten wir den Punkt $O = (0,0,0)^T \in \mathbb{R}^3$ als Koordinatenursprung, so legt jeder Vektor $v \in \mathbb{R}^3 \setminus \{O\}$ eine Richtung und somit einen Fernpunkt fest. Vektoren, die sich dabei nur um ein skalares Vielfaches unterscheiden, repräsentieren die gleiche Richtung. Somit können wir die Menge der Fernpunkte des $\mathbb{R}^3$ mit der Menge

$$\frac{\mathbb{R}^3 \setminus \{(0,0,0)^T\}}{\mathbb{R} \setminus \{0\}}$$

identifizieren, die uns als Menge der Punkte einer projektiven Ebene wohl bekannt ist. Wir nennen diese projektive Ebene die zum $\mathbb{R}^3$ gehörige *Ebene im Unendlichen* h_∞[2]. Die Fernpunkte einer Ebene e im $\mathbb{R}^3$ bilden dabei eine Gerade in h_∞. Zusammen mit dieser Geraden bildet e wieder eine projektive Ebene.

Bevor wir uns mit der algebraischen Repräsentation des projektiven dreidimensionalen Raums beschäftigen, wollen wir zunächst einmal qualitativ die Schnittverhältnisse dieser Struktur betrachten. Wir fassen diese in einigen kurzen Sachverhalten zusammen[3]:

- Der Schnitt einer Ebene e mit der Fernebene h_∞ ist die Ferngerade von e.
- Zwei Ebenen e und f des $\mathbb{R}^3$ schneiden sich i.A. in einer endlichen Geraden[4]. Sind e und f aber parallel, so schneiden sie sich in einer Ferngeraden, die komplett in h_∞ enthalten ist.
- Zwei Geraden des $\mathbb{R}^3$ liegen in aller Regel *windschief* zueinander. Dies bedeutet, dass es keine Ebene E gibt, die beide Geraden gleichzeitig enthält. Liegen die Geraden dennoch in einer Ebene, so kann einer von zwei Fällen auftreten. Entweder die beiden Geraden schneiden sich in einem endlichen Punkt des $\mathbb{R}^3$ oder sie sind parallel und treffen sich somit in einem Fernpunkt.
- Drei Punkte des $\mathbb{R}^3$, die nicht auf einer gemeinsamen Geraden liegen, legen eine Ebene eindeutig fest, nämlich genau die Ebene, die durch die drei Punkte verläuft.

Durch Einbeziehung homogener Koordinaten[5] ist es nun möglich all diese Schnitteigenschaften algebraisch darzustellen. Die Unterscheidung von endlichen Punkten und Fernpunkten wird dabei überflüssig.

---

[2] manchmal auch *Fernebene* genannt.

[3] Diese sollen hier nicht bewiesen werden. Im Gegenteil wir wollen im nächsten Abschnitt eine algebraische Struktur definieren, die diesen qualitativen Zusammenhängen gerecht wird.

[4] Diese hat wiederum *einen* Fernpunkt.

[5] analog zu $\mathbb{RP}^2$.

8.2 Punkte und Ebenen in $\mathbb{RP}^3$

Wir wollen nun zunächst die Punktemenge des reellen projektiven Raumes beschreiben. Hierzu betten wir den dreidimensionalen Raum $\mathbb{R}^3$ in einen vierdimensionalen Raum ein, und zwar als affinen Raum, der nicht durch den Ursprung des $\mathbb{R}^4$ geht. Hierzu gibt es natürlich wieder viele verschiedene Möglichkeiten und wie im Falle homogener Koordinaten für die Ebene entscheiden wir uns hier, die letzte Koordinate der Einbettung einfach auf 1 zu setzen.

$$\begin{pmatrix} x \\ y \\ z \end{pmatrix} \to \left[\begin{pmatrix} x \\ y \\ z \\ 1 \end{pmatrix} \right].$$

Skalare Vielfache ungleich Null werden wieder miteinander identifiziert. Die Ebene im Unendlichen wird von den Punkten gebildet, die im letzten Eintrag eine 0 haben. Wir erkennen dabei in den Vektoren der Form $(x, y, z, 0)^T$ bereits unsere geläufige projektive Ebene als Fernebene wieder.

Die Gerade, die von zwei Punkten $[P]$ und $[Q]$ aufgespannt wird, wird durch alle Vektoren der Form $\lambda P + \mu Q$ repräsentiert, wobei es auch hier nicht auf Vielfache ungleich Null des Vektors $(\lambda, \mu)^T$ ankommt. Die Parameter $(\lambda, \mu)^T$ können wieder als Homogene Koordinaten auf der Geraden durch $[P]$ und $[Q]$ aufgefasst werden. Analog sind alle Punkte auf der von drei Punkten $[P], [Q], [R]$ aufgespannten Ebene repräsentiert durch alle Vektoren der Form $\lambda P + \mu Q + \tau R$. Auch hier können die Parameter $(\lambda, \mu, \tau)^T$ als homogene Koordinaten in dieser Ebene aufgefasst werden.

Bevor wir uns der Frage nach der idealen algebraischen Repräsentation von Geraden im dreidimensionalen projektiven Raum widmen, wenden wir uns zunächst der Darstellung von Ebenen zu. Im $\mathbb{R}^3$ ist eine affine Ebene durch Angabe einer Gleichung der Form $ax + by + cz + d = 0$ beschrieben. Analog zur Situation in $\mathbb{RP}^2$ wird nun eine Ebene im Raum durch Angabe des Parametervektors $(a, b, c, d)^T$ festgelegt. Wobei wiederum skalare Vielfache ungleich Null dieses Vektors die gleiche Ebene repräsentieren. Somit ist ein Punkt $[P] = [(x, y, z, w)^T]$ inzident zu einer Ebene $[e] = [(a, b, c, d)^T]$, wenn er die zugehörigen Ebenengleichung erfüllt, d.h. wenn $\langle P, e \rangle = ax + by + cz + dw = 0$ gilt.

Befinden sich drei Punkte $[P_1], [P_2], [P_3]$ in hinreichend allgemeiner Lage[6], so legen diese eine Ebene eindeutig fest. Diese Ebene enthält alle drei Punkte gleichzeitig. Gilt nun $P_i = (x_i, y_i, z_i, w_i)^T$, so sind die Koordinaten einer entsprechenden Ebene $[e] = [(a, b, c, d)^T]$ gegeben, als die von Null verschiedenen Lösungen des linearen Gleichungssystems

---

[6] d.h. die entsprechenden Vektoren seien linear unabhängig.

$$\begin{pmatrix} x_1 & y_1 & z_1 & w_1 \\ x_2 & y_2 & z_2 & w_2 \\ x_3 & y_3 & z_3 & w_1 \end{pmatrix} \cdot \begin{pmatrix} a \\ b \\ c \\ d \end{pmatrix} = \begin{pmatrix} 0 \\ 0 \\ 0 \end{pmatrix}.$$

Der Lösungsraum ist in diesem Fall eindimensional und beschreibt genau den zur Ebene gehörenden Parametervektor. Prinzipiell könnte man diesen algorithmisch bestimmen (z.B. durch eine geeignete Variante des Gauß-Algorithmus). Wir sind hier aber an einer geschlossenen Lösung interessiert — wiederum in Analogie zur projektiven Ebene, wo wir die Gerade durch zwei Punkte direkt durch das Kreuzprodukt bestimmt haben. Wir suchen somit quasi eine vierdimensionale Verallgemeinerung des Kreuzproduktes, bei der aus einer Eingabe von drei Vektoren ein vierter dazu senkrechter Vektor bestimmt wird. Wir suchen also einen Vektor $(a, b, c, d)^T \neq (0, 0, 0, 0)^T$, der gleichzeitig ein verschwindendes Skalarprodukt mit P_1, P_2 und P_3 hat. Dazu machen wir die folgende Überlegung: Wenn $[P] = [(x, y, z, w)^T]$ ein Punkt auf der Ebene $[e]$ ist, dann lässt er sich als Linearkombination der Vektoren P_1, P_2 und P_3 schreiben und somit gilt

$$\det \begin{pmatrix} x_1 & y_1 & z_1 & w_1 \\ x_2 & y_2 & z_2 & w_2 \\ x_3 & y_3 & z_3 & w_1 \\ x & y & z & w \end{pmatrix} = 0.$$

Entwickeln wir diese Determinante nach der letzten Zeile erhalten wir die Summe

$$x \cdot \begin{bmatrix} y_1 & z_1 & w_1 \\ y_2 & z_2 & w_2 \\ y_3 & z_3 & w_1 \end{bmatrix} - y \cdot \begin{bmatrix} x_1 & z_1 & w_1 \\ x_2 & z_2 & w_2 \\ x_3 & z_3 & w_1 \end{bmatrix} + z \cdot \begin{bmatrix} x_1 & y_1 & w_1 \\ x_2 & y_2 & w_2 \\ x_3 & y_3 & w_1 \end{bmatrix} - w \cdot \begin{bmatrix} x_1 & y_1 & z_1 \\ x_2 & y_2 & z_2 \\ x_3 & y_3 & z_1 \end{bmatrix}.$$

Diese Summe verschwindet, wenn $(x, y, z, w)^T$ einen Punkt der Ebene $[e]$ repräsentiert. Anders ausgedrückt heißt das, dass jeder Punkt der Ebene senkrecht auf dem Vektor

$$\left(+ \begin{bmatrix} y_1 & z_1 & w_1 \\ y_2 & z_2 & w_2 \\ y_3 & z_3 & w_1 \end{bmatrix}, - \begin{bmatrix} x_1 & z_1 & w_1 \\ x_2 & z_2 & w_2 \\ x_3 & z_3 & w_1 \end{bmatrix}, + \begin{bmatrix} x_1 & y_1 & w_1 \\ x_2 & y_2 & w_2 \\ x_3 & y_3 & w_1 \end{bmatrix}, - \begin{bmatrix} x_1 & y_1 & z_1 \\ x_2 & y_2 & z_2 \\ x_3 & y_3 & z_1 \end{bmatrix} \right)^T$$

steht. Also ist dies gerade der gesuchte Vektor, der die Verbindungsebene der drei Punkte darstellt. Die Tatsache, dass der Lösungsraum des vorherigen Gleichungssystems eindimensional ist, sichert uns, dass der so berechnete Vektor auch tatsächlich den gesamten Lösungsraum aufspannt.

Betrachtet man diesen Vektor etwas genauer, so stellt man fest, dass dieser tatsächlich eine direkte Verallgemeinerung des Kreuzproduktes im $\mathbb{R}^3$ ist. Dort hatten wir die zwei dreidimensionalen Vektoren, aus denen das Kreuzprodukt gebildet wurde, als 2×3-Matrix aufgefasst. Die Einträge berechneten sich als 2×2-Determinanten, die durch Herausstreichen der Spalten dieser Matrix entstanden und mit alternierenden Vorzeichen versehen wurden. Hier fassen wir nun die drei vierdimensionalen Vektoren als 3×4-Matrix auf. Die Einträge des berechneten Vektors entstehen als Determinanten der 3×3-Untermatrizen dieser Matrix, die ebenso mit alternierenden Vorzeichen versehen werden. Wir nennen die so berechnete Größe das *verallgemeinerte Kreuzprodukt* $\otimes(P_1, P_2, P_3)$ der drei Vektoren.

Sind P_1, P_2, P_3 linear abhängig, so sind auch die Zeilenvektoren der betrachteten Untermatrizen linear abhängig und das verallgemeinerte Kreuzprodukt verschwindet. Darüber hinaus ist $\otimes(P_1, P_2, P_3)$ offensichtlich linear in jedem der Einträge und antikommutativ[7]. Insbesondere wird das verallgemeinerte Kreuzprodukt zum Nullvektor, wenn ein Vektor doppelt auftritt. Das verallgemeinerte Kreuzprodukt hat eine weitere sehr nützliche Eigenschaft. Ersetzt man die drei Punkte $[P_1], [P_2], [P_3]$ durch drei andere Punkte $[Q_1], [Q_2], [Q_3]$, die die gleiche Ebene aufspannen, so ergibt das verallgemeinerte Kreuzprodukt ein skalares Vielfaches des ursprünglichen Vektors. Dies ist klar, da der so berechnete Vektor nur von der Ebene, nicht aber von den Punkten abhängt. Obwohl diese Begründung alleine bereits ausreicht, soll hier trotzdem noch kurz gezeigt werden, wie diese Aussage bereits aus der Antikommutativität und der Linearität folgt. Es reicht zu zeigen, dass beim Austausch eines einzigen Punktes sich das verallgemeinerte Kreuzprodukt nur um einen Vorfaktor ändert. Sei also $Q = \lambda P_1 + \mu P_2 + \tau P_3$ mit $\lambda \neq 0$. Wegen $\lambda \neq 0$ liegt $[Q]$ nicht auf der Geraden durch $[P_2]$ und $[P_3]$. Wenn wir den Punkt $[P_1]$ in $\otimes(P_1, P_2, P_3)$ durch $[Q]$ ersetzen erhalten wir

$$\begin{aligned}
\otimes(Q, P_2, P_3) &= \otimes(\lambda P_1 + \mu P_2 + \tau P_3, P_2, P_3) \\
&= \lambda \cdot \otimes(P_1, P_2, P_3) + \mu \cdot \otimes(P_2, P_2, P_3) + \tau \cdot \otimes(P_3, P_2, P_3) \\
&= \lambda \cdot \otimes(P_1, P_2, P_3).
\end{aligned}$$

Das verallgemeinerte Kreuzprodukt kommt auch bei Ebenen zum Tragen, denn man kann in analoger Weise auch den Schnittpunkt dreier Ebenen als verallgemeinertes Kreuzprodukt der repräsentierenden Koeffizientenvektoren darstellen. In unserer bisher gewählten Repräsentation können wir den Koeffizientenvektor $(a, b, c, d)^T$ einer Ebene wie folgt geometrisch interpretieren: Der Raum $\mathbb{R}^3$ wurde im $\mathbb{R}^4$ mit $w = 1$ eingebettet. Eine Ebene in diesem so eingebetteten $\mathbb{R}^3$ spannt mit dem Nullpunkt des $\mathbb{R}^4$ einen dreidimensionalen Untervektorraum des $\mathbb{R}^4$ auf. Dieser Teilraum hat einen eindimensionalen Orthogonalraum. Der zu der Ebene gehörende Koeffizientenvektor spannt genau diesen Orthogonalraum auf[8].

Wir könnten nun an dieser Stelle die Beschreibung des projektiven Raumes $\mathbb{RP}^3$ beenden und uns auf den Standpunkt zurückziehen, dass der projektive dreidimensionale Raum ein Tripel $(\mathcal{P}, \mathcal{E}, \mathrm{I})$ ist, bei dem die Mengen $\mathcal{P}$ und $\mathcal{E}$

---

[7] d.h. das Vertauschen zweier Argumente ändert das Vorzeichen.

[8] Es lohnt sich an dieser Stelle nochmals einen Blick auf Abbildung 1.1 zu werfen, die genau die gleiche Situation in einer niedrigeren Dimension darstellt

zwei disjunkte Kopien von

$$\frac{\mathbb{R}^4 \setminus \{(0,0,0,0)^T\}}{\mathbb{R}^*}$$

sind, die jeweils Punkte und Ebenen repräsentieren. Die Inzidenzrelation $\mathrm{I} \subseteq \mathcal{P} \times \mathcal{E}$ ist gemäß $[P] \; \mathcal{I} \; [e] \iff \langle P, e \rangle = 0$ erklärt. Alle weiteren Begriffe, die in diesem Raum eine Rolle spielen, wie z.B. Geraden und deren Schnittverhalten, können prinzipiell aus diesen Begriffen abgeleitet werden.

Wir wollen allerdings einen Schritt weiter gehen und auch für Geraden eine geeignete algebraische Repräsentation finden. Dies soll im nächsten Kapitel geschehen.

Zuvor wollen wir noch darauf hinweisen, dass wir im Folgenden wieder auf die Klammernotation für Punkte und Ebenen verzichten werden. Dies können wir wieder problemlos tun, da die Inzidenzrelation $\mathcal{I}$ verträglich bzgl. der Äquivalenzklassenbildung ist.

8.3 Geraden in $\mathbb{RP}^3$

Punkte und Ebenen wurden jeweils durch Vektoren repräsentiert. Wobei die Zuordnung von Vektoren zu Punkten bzw. Ebenen jeweils bis auf ein skalares Vielfaches ungleich Null eindeutig war. D.h. zwei Vektoren repräsentierten den gleichen Punkt bzw. Ebene, wenn sie linear abhängig waren. Es wäre wünschenswert eine Gerade im Raum ebenso mittels eines Vektor zu repräsentieren.

Eine naheliegende Darstellung einer Geraden wäre es, Koordinaten zweier auf ihr liegender Punkte $P_1 = (x_1, y_1, z_1, w_1)^T$ und $P_2 = (x_2, y_2, z_2, w_2)^T$ dafür zu nutzen. Hierbei würde die Gerade durch 8 Parameter dargestellt. Leider erfüllt diese Darstellung nicht die wünschenswerte Forderung, dass die Darstellung unabhängig von der speziellen Wahl der Punkte ist, die die Gerade aufspannen. Ersetzen wir P_1 und P_2 durch zwei andere Punkte Q_1 und Q_2, die dieselbe Gerade aufspannen, so sind deren Koordinaten i.A. keine skalaren Vielfachen der Koordinaten von P_1 und P_2. Es gelingt aber aus P_1 und P_2 einen Vektor abzuleiten, der diese Forderung erfüllt.

Hierzu schreiben wir die Koordinaten von P_1 und P_2 als die 2×4-Matrix

$$\begin{pmatrix} x_1 \; y_1 \; z_1 \; w_1 \\ x_2 \; y_2 \; z_2 \; w_2 \end{pmatrix}$$

und berechnen alle 2×2-Unterdeterminanten dieser Matrix und schreiben diese in den folgenden Vektor.

$$\left(\begin{bmatrix} x_1 & y_1 \\ x_2 & y_2 \end{bmatrix}, \begin{bmatrix} x_1 & z_1 \\ x_2 & z_2 \end{bmatrix}, \begin{bmatrix} x_1 & w_1 \\ x_2 & w_2 \end{bmatrix}, \begin{bmatrix} y_1 & z_1 \\ y_2 & z_2 \end{bmatrix}, \begin{bmatrix} y_1 & w_1 \\ y_2 & w_2 \end{bmatrix}, \begin{bmatrix} z_1 & w_1 \\ z_2 & w_2 \end{bmatrix} \right)^T$$

Diesen Vektor (wir kürzen ihn aus Gründen, die später ersichtlich werden, mit $P_1 \vee P_2$ ab) nennt man auch die *Plücker-Koordinaten* der Geraden. Er erfüllt, wie wir gleich sehen werden, genau die eben beschriebene Forderung. Bis auf ein skalares Vielfaches ungleich Null ist er eindeutig einer Geraden zugeordnet. Genau wie im Falle des verallgemeinerten Kreuzprodukts von drei Vektoren ist auch $P_1 \vee P_2$ antikommutativ und linear in jedem der beiden Einträge. Dies lässt sich sofort aus der Definition ablesen. Wir erhalten

Satz 8.1. *Seien P_1, P_2 und Q_1, Q_2 zwei jeweils paarweise verschiedene Punktepaare im reellen projektiven Raum, die die gleiche Gerade aufspannen. Dann existiert ein $\lambda \in \mathbb{R}^*$ mit $P_1 \vee P_2 = \lambda \cdot (Q_1 \vee Q_2)$.*

Beweis. Liegen Q_1 und Q_2 auf der von P_1 und P_2 aufgespannten Geraden, so gilt $Q_1 = \lambda_1 P_1 + \mu_1 P_2$ und $Q_2 = \lambda_2 P_1 + \mu_2 P_2$. Somit ergibt sich

$$
\begin{aligned}
Q_1 \vee Q_2 &= (\lambda_1 P_1 + \mu_1 P_2) \vee (\lambda_2 P_1 + \mu_2 P_2) \\
&= \lambda_1 \lambda_2 (P_1 \vee P_1) + \mu_1 \lambda_2 (P_2 \vee P_1) + \lambda_1 \mu_2 (P_1 \vee P_2) + \mu_1 \mu_2 (P_2 \vee P_2) \\
&= (\lambda_1 \mu_2 - \mu_1 \lambda_2)(P_1 \vee P_2).
\end{aligned}
$$

Der Ausdruck $\lambda_1 \mu_2 - \mu_1 \lambda_2$ ist der gesuchte Vorfaktor λ, für den gilt $P_1 \vee P_2 = \lambda \cdot (Q_1 \vee Q_2)$. Da auch Q_1 und Q_2 die Gerade aufspannen, gilt $\lambda \neq 0$. $\qquad\square$

Der so berechnete sechsdimensionale Vektor ist somit nur von der Geraden, nicht aber von beiden konkreten zur Berechnung herangezogenen Punkten abhängig. Es gilt aber auch die Umkehrung.

Satz 8.2. *Unterscheiden sich die Plücker-Koordinaten g und l zweier Geraden nur um ein skalares Vielfaches, so stellen sie die gleiche Gerade dar.*

Beweis. Es seien $g = P_1 \vee P_2$ und $l = P_3 \vee P_4$ und es gelte $g = \lambda \cdot l$ mit $\lambda \neq 0$. Wir setzen $P_i = (x_i, y_i, z_i, w_i)^T$ für $i = 1, \ldots, 4$. Ferner betrachten wir die beiden Matrizen

$$
A = \begin{pmatrix} x_1 \; y_1 \; z_1 \; w_1 \\ x_2 \; y_2 \; z_2 \; w_2 \end{pmatrix} \quad \text{und} \quad B = \begin{pmatrix} x_3 \; y_3 \; z_3 \; w_3 \\ x_4 \; y_4 \; z_4 \; w_4 \end{pmatrix}.
$$

Mit $\rho(A)$ und $\rho(B)$ bezeichnen wir die Plücker-Koordinaten, die aus den sechs 2×2-Determinanten dieser Matrizen gebildet werden. Es gilt also $g = \rho(A)$ und $l = \rho(B)$. O.B.d.A. nehmen wir nun an, dass der erste Eintrag dieser beiden Vektoren nicht verschwindet. Aus der Definition von $\rho(A)$ folgt sofort, dass für eine 2×2-Matrix T $\rho(T \cdot A) = \det(T) \cdot \rho(A)$ gilt. Wir setzen nun

$$
T_A = \begin{pmatrix} x_1 \; y_1 \\ x_2 \; y_2 \end{pmatrix}^{-1} \quad \text{und} \quad T_B = \begin{pmatrix} x_3 \; y_3 \\ x_4 \; y_4 \end{pmatrix}^{-1}.
$$

Diese Inversen existieren, da nach unserer Annahme, die aus den x- und y-Spalten gebildeten Teilmatrizen eine nicht verschwindende Determinante haben. Somit haben die Matrizen $T_A \cdot A$ und $T_B \cdot B$ die Form

$$T_A \cdot A = \begin{pmatrix} 1 & 0 & z_1' & w_1' \\ 0 & 1 & z_2' & w_2' \end{pmatrix} \quad \text{und} \quad T_B \cdot B = \begin{pmatrix} 1 & 0 & z_3' & w_3' \\ 0 & 1 & z_4' & w_4' \end{pmatrix}.$$

Es gilt $\rho(T_A \cdot A) = \rho(T_B \cdot B)$, da sich die beiden Vektoren nur um einen Faktor von unseren ursprünglichen Vektoren g und l unterscheiden und zusätzlich im ersten Eintrag miteinander übereinstimmen. Betrachten wir nun den zweiten Eintrag dieser beiden Vekoren. Dieser ist die Determinante aus der ersten und dritten Spalte der beteiligten Matrizen. Wir haben also

$$\begin{pmatrix} 1 & z_1' \\ 0 & z_2' \end{pmatrix} = \begin{pmatrix} 1 & z_3' \\ 0 & z_4' \end{pmatrix},$$

woraus $z_2' = z_4'$ folgt. Analog können wir $z_1' = z_3'$, $w_1' = w_3'$ und $w_2' = w_4'$ folgern. Somit gilt

$$T_A \cdot A = T_B \cdot B.$$

Woraus wieder wegen der Invertierbarkeit von T_B die Gleichung

$$T_B^{-1} \cdot T_A \cdot A = B$$

folgt. Dies bedeutet aber nichts anderes, als dass sich die Vektoren P_3 und P_4 als Linearkombination der Vektoren P_1 und P_2 schreiben lassen. Somit liegen P_3 und P_4 auf der durch P_1 und P_2 aufgespannten Geraden, was bedeutet, dass g und l die gleiche Gerade beschreiben. $\qquad\square$

Die letzen beiden Sätze erlauben es uns guten Gewissens eine Gerade mit ihrem bis auf skalare Vielfache ungleich Null eindeutig bestimmten Plücker-Koordinaten zu identifizieren. Die Plücker-Koordinaten stellen folglich eine Art homogene Koordinate für Geraden dar.

8.4 Join und Meet im $\mathbb{RP}^3$

Unsere bisherigen Überlegungen haben uns gezeigt, dass es eine sinnvolle homogene Darstellung von Punkten, Geraden und Ebenen im $\mathbb{RP}^4$ gibt. Hierbei werden Punkte durch vierdimensionale Vektoren, Geraden durch sechsdimensionale Vektoren und Ebenen wieder durch vierdimensionale Vektoren repräsentiert. Eine naheliegende Frage ist nun, wie sich mit diesen Darstellungen sinnvolle Operationen wie z.B. der Schnitt von Objekten (Meet) oder das kleinste von Objekten aufgespannte Objekte (Join) darstellen lässt. Man würde beispielsweise erwarten, dass der Meet einer Geraden mit einer Ebene einen Punkt, eben deren Schnittpunkt, ergibt. Sind die Gerade und die Ebene parallel, so sollte dieser Schnittpunkt automatisch im Unendlichen liegen. Ferner sollte z.B. der Meet zweier Ebenen eine Gerade ergeben, ebenso wie der Join zweier Punkte.

Wir haben im Prinzip bereits alle Zutaten bereitgestellt um diese Operationen zu definieren. Wir haben allerdings an dieser Stelle ein großes Problem. Die "Buchführung" über Vorzeichen und Koordinatenpositionen. Um an dieser Stelle die Dinge so einfach wie möglich zu gestalten, werden wir die Darstellung von Ebenen gegenüber der in Abschnitt 8.2 eingeführten Darstellung geringfügig abwandeln. Dort hatten wir gesagt, dass die Ebene $\{(x, y, z, w)^T : ax + by + cz + dw = 0\}$ durch den Koeffizientenvektor $(a, b, c, d)^T$ repräsentiert werden soll. Dies hatte den Vorteil, dass dieser eine direkte geometrische Interpretation[9] zulies. Im Gegensatz dazu werden wir nun zur Darstellung mittels des Vektors $(-d, c, -b, a)^T$ übergehen. Dieser enthält genau die gleiche Information, wird aber, wie wir gleich sehen werden, die Buchführung über die Koordinateneinträge etwas leichter machen. Wir gehen hierzu noch einen Schritt weiter und indizieren diesen Vektor nicht mit den Zahlen von 1 bis 4, sondern mit geordneten 3-elementigen Teilsequenzen der Ziffernfolge 1234. Also mit 123, 124, 134 und 234. Wir erhalten also für einen Punkt P und eine Ebene e die wie folgt indizierten Vektoren

$$
P = \begin{array}{c} 1 \\ 2 \\ 3 \\ 4 \end{array}\begin{pmatrix} x \\ y \\ z \\ w \end{pmatrix} \quad \text{und} \quad e = \begin{array}{c} 123 \\ 124 \\ 134 \\ 234 \end{array}\begin{pmatrix} -d \\ c \\ -b \\ a \end{pmatrix}
$$

Die Inzidenzrelation $ax + by + cz + dw = 0$ schreibt sich nun als die nachstehende Gleichung

$$
P_1 e_{234} - P_2 e_{134} + P_3 e_{124} - P_4 e_{123} = 0. \tag{8.1}
$$

Wir wollen nun die "Buchführung" darüber führen, welcher Eintrag mit welchem multipliziert wird und welches Vorzeichen dieser erhält. Dies wollen wir einzig und allein über die beteiligten Indizes aufbauen. Fassen wir die Indizes der Vektoren als Teile einer Permutation auf, so können wir über das Vorzeichen der Permutation das entsprechende Vorzeichen des Summanden bestimmen. Hierzu betrachten wir eine beliebige Ziffernfolge $i_1 i_2 \dots i_k$, bei der keine zwei Ziffern identisch sein sollen und definieren

$$
\sigma(i_1 i_2 \dots i_k) = (-1)^{\text{Anzahl der zum Sortieren der Ziffernfolge benötigten Vertauschungen}}.
$$

Dies ist wohldefiniert, da die Anzahl der Vertauschungen für eine feste Ziffernfolge immer eine feste Parität hat[10]. Wir benötigen noch drei weitere Operationen auf sortierten Ziffernfolgen. Sind $\lambda = i_1 i_2 \dots i_k$ und $\mu = j_1 j_2 \dots j_m$, so soll $\lambda \cup \mu$ die sortierte Ziffernfolge aus allen beteiligten Ziffern darstellen, wobei doppelt auftretende Ziffern nur einmal aufgeführt werden. Analog soll $\lambda \cap \mu$ die sortierte Folge der Ziffern sein, die in beiden Teilfolgen auftreten.

---

[9] Senkrecht stehen auf dem durch die Ebene aufgespannten Teilraum.
[10] vgl. [Fis].

Es ist also z.B. $134 \cup 2 = 1234$ und $124 \cap 234 = 24$. Ferner bezeichne τ, μ die Konkatenation der beiden Teilsequenzen und $\lambda \setminus \mu$ das Entfernen aller Ziffern von μ aus λ. Also ist $124 \setminus 234 = 1$. Nun führen wir noch folgende Mengen ein

$$
\begin{aligned}
\Lambda_{0,4} &= \{\varnothing\}, \\
\Lambda_{1,4} &= \{1, 2, 3, 4\}, \\
\Lambda_{2,4} &= \{12, 13, 14, 23, 24, 34\}, \\
\Lambda_{3,4} &= \{123, 124, 134, 234\}, \\
\Lambda_{4,4} &= \{1234\},
\end{aligned}
$$

wobei $\varnothing$ die leere Liste bezeichnet. Die Menge $\Lambda_{i,4}$ ist also die Menge der i-stelligen Teilsequenzen von 1234. Mit all diesen Konventionen können wir nun unser vorheriges Skalarprodukt (8.1) folgendermaßen schreiben:

$$
\sum_{\substack{\tau \in \Lambda_{1,4} \\ \mu \in \Lambda_{3,4} \\ \tau \cup \mu = 1234}} \sigma(\tau, \mu) \cdot P_\tau \cdot e_\mu.
$$

Jetzt stellt sich natürlich die Frage, was wir nun durch all diesen Aufwand gewonnen haben. Die Antwort ist, dass die obige Formel im Aufbau dazu geeignet ist, nicht nur das benötigte Skalarprodukt, sondern auch in gleicher Weise die Berechnung von verallgemeinerten Kreuzprodukten, Plücker-Koordinaten, Determinanten, etc. zu beschreiben. Wir benutzen die Indexmengen $\Lambda_{1,4}$, $\Lambda_{2,4}$ und $\Lambda_{3,4}$ zum Indizieren der homogenen Koordinaten von Punkten, Geraden und Ebenen (in dieser Reihenfolge). Die Indexmengen $\Lambda_{0,4}$ und $\Lambda_{4,4}$ werden formal die Rolle von Indizes einer Zahl übernehmen. Wir werden im Folgenden verallgemeinert von Punkten, Geraden, Ebenen und Räumen als *flats* reden. Der *Rang* eines flats ist dessen geometrische Dimension plus eins. Punkte haben also Rang 1, Geraden Rang 2, Ebenen Rang 3 und der dreidimensionale Raum hat Rang 4. Eine flat von Rang r wird mit den Elementen von $\Lambda_{r,4}$ indiziert. Wir definieren nun eine Verknüpfungsoperation $\vee$ (Join) zwischen zwei flats R und R von Rang r und Rang s. Damit die Operation überhaupt Sinn macht, muss $r + s \leq 4$ gelten. Das Ergebnis ist ein flat von Rang $r + s$. Der Join zweier Punkte ergibt also eine Gerade. Der Join einer Geraden und eines Punktes ergibt eine Ebene, der Join eines Punktes und einer Ebene ergibt den gesamten Raum, der durch eine einzige Zahl indiziert wird, nämlich durch $\Lambda_{4,4}$. Die Koordinateneinträge von $P = R \vee S$ ergeben sich gemäß der folgenden Formel:

$$
P_\lambda = \sum_{\substack{\tau \in \Lambda_{r,4} \\ \mu \in \Lambda_{s,4} \\ \tau \cup \mu = \lambda}} \sigma(\tau, \mu) \cdot R_\tau \cdot S_\mu.
$$

Betrachten wir zunächst, was passiert, wenn wir gemäß dieser Formel zwei Punkte $P = (p_1, p_2, p_3, p_4)^T$ und $Q = (q_1, q_2, q_3, q_4)^T$ miteinander verknüpfen

$$P \vee Q = \begin{array}{c} 1 \\ 2 \\ 3 \\ 4 \end{array}\!\begin{pmatrix} p_1 \\ p_2 \\ p_3 \\ p_4 \end{pmatrix} \vee \begin{array}{c} 1 \\ 2 \\ 3 \\ 4 \end{array}\!\begin{pmatrix} q_1 \\ q_2 \\ q_3 \\ q_4 \end{pmatrix} = \begin{array}{c} 12 \\ 13 \\ 14 \\ 23 \\ 24 \\ 34 \end{array}\!\begin{pmatrix} p_1 q_2 - p_2 q_1 \\ p_1 q_3 - p_3 q_1 \\ p_1 q_4 - p_4 q_1 \\ p_2 q_3 - p_3 q_2 \\ p_2 q_4 - p_4 q_2 \\ p_3 q_4 - p_4 q_3 \end{pmatrix}.$$

Der Join berechnet also genau die in Abschnitt 8.3 eingeführten Plücker-Koordinaten der durch P und Q gehenden Geraden. Er wird deshalb auch berechtigterweise mit dem Formelzeichen $\vee$ abgekürzt. Was passiert, wenn wir die so berechnete Gerade nochmals mit einem weiteren Punkt $R = (r_1, r_2, r_3, r_4)^T$ verknüpfen? Wir erhalten

$$(P \vee Q) \vee R = \begin{array}{c} 12 \\ 13 \\ 14 \\ 23 \\ 24 \\ 34 \end{array}\!\begin{pmatrix} p_1 q_2 - p_2 q_1 \\ p_1 q_3 - p_3 q_1 \\ p_1 q_4 - p_4 q_1 \\ p_2 q_3 - p_3 q_2 \\ p_2 q_4 - p_4 q_2 \\ p_3 q_4 - p_4 q_3 \end{pmatrix} \vee \begin{array}{c} 1 \\ 2 \\ 3 \\ 4 \end{array}\!\begin{pmatrix} r_1 \\ r_2 \\ r_3 \\ r_4 \end{pmatrix}$$

und nach weiterem Extrahieren

$$(P \vee Q) \vee R = \begin{array}{c} 123 \\ 124 \\ 134 \\ 234 \end{array}\!\begin{pmatrix} (p_1 q_2 - p_2 q_1)r_3 - (p_1 q_3 - p_3 q_1)r_2 + (p_2 q_3 - p_3 q_2)r_1 \\ (p_1 q_2 - p_2 q_1)r_4 - (p_1 q_4 - p_4 q_1)r_2 + (p_2 q_4 - p_4 q_2)r_1 \\ (p_1 q_3 - p_3 q_1)r_4 - (p_1 q_4 - p_4 q_1)r_3 + (p_3 q_4 - p_4 q_3)r_1 \\ (p_2 q_3 - p_3 q_2)r_4 - (p_2 q_4 - p_4 q_2)r_3 + (p_3 q_4 - p_4 q_3)r_2 \end{pmatrix}.$$

In den Zeilen des Ergebnisvektors erkennt man die Determinanten der 3×3-Untermatrizen der von P, Q, R gebildeten 3×4-Matrix. Die Ordnung und das Vorzeichen ist dergestalt, dass die zu Beginn dieses Abschnitts vorgeschlagene Ordnung der Koeffizenten $(-d, c, -b, a)^T$ entsteht. Letztlich ergibt Hinzufügen eines weiteren Punkts $S = (s_1, s_2, s_3, s_4)^T$

$$((P \vee Q) \vee R) \vee S = \det(P, Q, R, S).$$

Somit ergeben der Reihe nach $P \vee Q$ die Plücker-Koordinaten der Geraden durch P und Q. Diese wird zum Nullvektor, wenn die Repräsentanten der beiden Punkte linear abhängig sind, also wenn die Punkte zusammenfallen. Es ist $(P \vee Q) \vee R$ die von P, Q, R aufgespannte Ebene. Dieses Produkt wird zum Nullvektor, wenn die Punkte linear abhängig sind und somit keine Ebene mehr aufspannen. Schließlich ist $((P \vee Q) \vee R) \vee S$ die Determinante, die beispielsweise verschwindet, wenn S in der von P, Q und R aufgespannten Ebene liegt. Allgemein verschwindet diese immer dann, wenn die Punkte selbst nicht den ganzen Raum aufspannen, sondern in einer Ebene liegen.

Man kann zeigen[11], dass die $\vee$-Operation assoziativ ist und man somit getrost die Klammern in den obigen Ausdrücken weglassen kann bzw. nach belieben umklammern kann. Betrachtet man beispielsweise den Join $g \vee l$ zweier Geraden $g = P \vee Q$ und $l = R \vee S$, so verschwindet dieser genau dann, wenn die Determinante

$$\det(P, Q, R, S) = ((P \vee Q) \vee R) \vee S = (P \vee Q) \vee (R \vee S) = g \vee l$$

verschwindet. In diesem Fall sind die vier Punkte koplanar, was für die Geraden beeutet, dass diese sich in einem Punkt[12] treffen.

Das Gegenstück zur *Join*-Operation ist die *Meet*-Operation. Man kann diese entweder direkt definieren und zeigen, dass sie das Gewünschte leistet, oder sich bei der Definition die Dualität der projektiven Geometrie zu nutzen machen. Wir werden beide Wege kurz skizzieren. Im dritten Kapitel haben wir gesehen, dass es zu einem geometrischen Objekt immer ein duales Objekt und zu einer geometrischen Operation immer eine duale Operation gibt. In höheren Dimensionen ist das nicht anders. Uns kommt nun bei der folgenden Definition zugute, dass wir bereits eine systematische Buchführung für unsere Objekte eingeführt haben.

Es sei R ein flat von Rang r, d.h. ein flat, das mit Ziffernfolgen aus $\Lambda_{r,4}$ indiziert ist. Dann definieren wir eine Abbildung $* : \mathbb{R}^{|\Lambda_{r,4}|} \to \mathbb{R}^{|\Lambda_{4-r,4}|}$. Das Bild R^* von R unter $*$ ist ein flat S_τ, dessen Koordinateneinträge wie folgt bestimmt sind:

$$S_\tau = \sigma(\lambda, \tau)\, R_\lambda \quad (\lambda \cup \tau = 1234).$$

Die Abbildung $*$ nennen wir *Dualität* und S das duale flat zu R. Statt $S = *(R)$ schreiben wir $S = R^*$. Schauen wir uns konkret an, was diese Abbildung leistet. Dazu sei $P = (x, y, z, w)^T$ ein Punkt. Da P vom Rang 1 ist, muss das dazu duale flat vom Rang 3, also eine Ebene, sein. Es gilt

$$\begin{array}{c} 1 \\ 2 \\ 3 \\ 4 \end{array} \begin{pmatrix} x \\ y \\ z \\ w \end{pmatrix} \overset{*}{\mapsto} \begin{array}{c} 123 \\ 124 \\ 134 \\ 234 \end{array} \begin{pmatrix} -w \\ z \\ -y \\ x \end{pmatrix}.$$

Nochmaliges Anwenden der Dualität liefert wieder den ursprünglichen Punkt P, da gilt

$$\begin{array}{c} 123 \\ 124 \\ 134 \\ 234 \end{array} \begin{pmatrix} -w \\ z \\ -y \\ x \end{pmatrix} \overset{*}{\mapsto} \begin{array}{c} 1 \\ 2 \\ 3 \\ 4 \end{array} \begin{pmatrix} -x \\ -y \\ -z \\ -w \end{pmatrix}.$$

---

[11] dies überlassen wir einem Computeralgebrasystem oder dem geduldigen Leser.

[12] Dieser Punkt kann auch ein Fernpunkt sein.

Man beachte, dass gilt $(P^*)^* = -P$. Trotz Vorzeichenwechsel repräsentieren natürlich P und $-P$ den gleichen Punkt. Geraden verhalten sich, wie wir gleich sehen werden, ganz analog. Geometrisch verbirgt sich hinter dem Dualitätsoperator die Berechnung eines Orthogonalraums im Vektorraum der Repräsentanten $\mathbb{R}^4$. Repräsentiert $P = (a, b, c, d)^T \in \mathbb{R}^4$ einen Punkt in $\mathbb{RP}^3$, so repräsentiert P^* die Ebene, die dem Orthogonalraum $\{\lambda P : \lambda \in \mathbb{R}\}^\perp$ zugeordnet ist – also die Menge aller Punkte $\{(x, y, z, w)^T : ax + by + cz + dw = 0\}$. Man beachte, dass die Definition des Dualitätsoperators konsistent mit der Koeffizienten- und Vorzeichenanordnung in Gleichung (8.1) gewählt wurde, um genau dies zu gewährleisten. Nun gelten für Untervektorräume W, U eines Vektorraums V die Beziehungen

$$U \oplus W = (U^\perp \cap W^\perp)^\perp \quad \text{und} \quad U \cap W = (U^\perp \oplus W^\perp)^\perp,$$

wobei $U \oplus W$ den kleinsten Vektorraum bezeichnen soll, der sowohl U als auch W umfasst. Es lässt sich also der $\oplus$-Operator im primalen Raum auf den $\cap$-Operator im dualen Raum zurückführen und umgekehrt. Diese entsprechen aber genau den Join- und Meet-Operationen in unserem projektiven Setup. Für eine Gerade $g = P \vee Q$, die als Join zweier Punkte entsteht, muss nun die entsprechende duale Gerade g^* sich als Meet der beiden zu P und Q dualen Ebenen ergeben, d.h. $g^* = P^* \wedge Q^*$. Unsere allgemeine Definition des Dualitätsoperators ist genau so gewählt, dass sie mit Forderungen dieser Art verträglich ist.

Für Geraden erhalten wir die folgende Situation: Da der Rang einer Geraden 2 ist, folgt, dass im $\mathbb{RP}^3$ das duale flat zu einer Geraden wieder eine Gerade ist. Genauer gesagt, gilt

$$\begin{array}{c}12\\13\\14\\23\\24\\34\end{array}\begin{pmatrix}a\\b\\c\\d\\e\\f\end{pmatrix} \stackrel{*}{\mapsto} \begin{array}{c}12\\13\\14\\23\\24\\34\end{array}\begin{pmatrix}f\\-e\\d\\c\\-b\\a\end{pmatrix}.$$

Auch bei einer Geraden g erzeugt zweimaliges Dualisieren die gleiche Gerade. Hier tritt kein Vorzeichenwechsel auf und es gilt $(g^*)^* = g$.

Nach dieser Vorarbeit können wir nun endlich die Meet-Operation basierend auf dem Dualitätsoperator definieren. Analog zur Join-Operation müssen die Ränge der beteiligten flats einer Nebenbedingung genügen, um eine wohldefinierte Operation sicherzustellen. Es seien R und S flats vom Rang r und s, deren Rangsumme $r + s \geq 4$ erfüllt. Dann definieren wir den Meet $R \wedge S$ als das Duale vom Join der beiden dualen flats, d.h.

$$R \wedge S = (R^* \vee S^*)^*.$$

$P = R \wedge S$ ist dann ein flat vom Rang $r + s - 4 \geq 0$. Extrahiert man aus der Definition der Meet-Operation die entsprechende Koeffizientenbuchführung, so erhält man die explizite Formel

$$P_\lambda = \sum_{\substack{\lambda = \mu \cap \tau \\ \mu \in \Lambda_{r,4} \\ \tau \in \Lambda_{s,4}}} \sigma(\mu \backslash \lambda, \tau \backslash \lambda)\, R_\mu S_\tau.$$

So ist beispielsweise der Schnitt zweier Ebenen (beide haben Rang 3) vom Rang $3 + 3 - 4 = 2$, also eine Gerade. Der Schnitt einer Ebene und einer Geraden ist vom Rang 1, also ein Punkt. Der Schnitt eines Punktes und einer Ebene ist vom Rang 0, somit wieder eine Zahl. Diese Zahl wird nur dann Null, wenn der Punkt auf der Ebene liegt. Der Meet zweier Geraden hat ebenso Rang 0. Er verschwindet dann, wenn die beiden Geraden einen Punkt gemeinsam haben (bzw. parallel sind).

8.5 Einige Beispiele

Um ein wenig vertraut mit der Wirkungsweise von Join und Meet zu werden, betrachten wir ein einfaches Beispiel, in dem wir für konkrete Punkte und Ebenen einige Schnitt- bzw. Verbindungsflats berechnen. Wir berechnen zunächst den Join zweier Punkte P und Q

$$\begin{matrix} 1 \\ 2 \\ 3 \\ 4 \end{matrix}\begin{pmatrix} 3 \\ -2 \\ 4 \\ 1 \end{pmatrix} \vee \begin{matrix} 1 \\ 2 \\ 3 \\ 4 \end{matrix}\begin{pmatrix} -3 \\ 3 \\ 5 \\ 1 \end{pmatrix} = \begin{matrix} 12 \\ 13 \\ 14 \\ 23 \\ 24 \\ 34 \end{matrix}\begin{pmatrix} 3{\cdot}3 - (-2){\cdot}(-3) \\ 3{\cdot}5 - 4{\cdot}(-3) \\ 3{\cdot}1 - 1{\cdot}(-3) \\ (-2){\cdot}5 - 4{\cdot}3 \\ (-2){\cdot}1 - 1{\cdot}3 \\ 4{\cdot}1 - 1{\cdot}5 \end{pmatrix} = \begin{matrix} 12 \\ 13 \\ 14 \\ 23 \\ 24 \\ 34 \end{matrix}\begin{pmatrix} 3 \\ 27 \\ 6 \\ -22 \\ -5 \\ -1 \end{pmatrix}.$$

Dieser sechsdimensionale Vektor repräsentiert die Gerade g, die von P und Q aufgespannt wird. Insbesondere ist die Gerade, wie jede Gerade, inzident mit sich selbst, also muss der Join $g \vee g$ verschwinden, was wir leicht nachrechnen können. Wir erhalten wie erwartet

$$g \vee g = 2 \cdot (3{\cdot}(-1) - 27{\cdot}(-5) + 6{\cdot}(-22)) = -3 + 135 - 132 = 0.$$

Wir fahren mit unserem Beispiel fort, indem wir die Gerade g mit einer Ebene e schneiden. Dazu berechnen wir den Meet der beiden Koordinatenvektoren.

$$
\begin{matrix}12\\13\\14\\23\\24\\34\end{matrix}\begin{pmatrix}3\\27\\6\\-22\\-5\\-1\end{pmatrix}\wedge\begin{matrix}123\\124\\134\\234\end{matrix}\begin{pmatrix}4\\2\\1\\5\end{pmatrix}=\begin{matrix}1\\2\\3\\4\end{matrix}\begin{pmatrix}3{\cdot}1-27{\cdot}2+6{\cdot}4\\3{\cdot}5-(-22){\cdot}2+(-5){\cdot}4\\27{\cdot}5-(-22){\cdot}1+(-1){\cdot}4\\6{\cdot}5-(-5){\cdot}1+(-1){\cdot}2\end{pmatrix}=\begin{matrix}1\\2\\3\\4\end{matrix}\begin{pmatrix}-27\\39\\153\\33\end{pmatrix}.
$$

Der resultierende Punkt sollte nun sowohl auf der Ebene e als auch auf der Geraden g liegen. Wir wollen dies für die Ebene nachprüfen, indem wir explizit den Join mit dem erhaltenen Punkt berechnen.

$$
\begin{matrix}1\\2\\3\\4\end{matrix}\begin{pmatrix}-27\\39\\153\\33\end{pmatrix}\vee\begin{matrix}123\\124\\134\\234\end{matrix}\begin{pmatrix}4\\2\\1\\5\end{pmatrix}=\;1234\;\left((-27){\cdot}5-39{\cdot}1+153{\cdot}2-33{\cdot}4\right)=0.
$$

Abschließend wollen wir noch untersuchen welche besondere Rolle Geraden, die komplett in der Fernebene liegen, in unserem speziellen Koordinatensetup[13] spielen. Ferngeraden können entweder als Schnitt zweier paralleler Ebenen oder als Verbindung zweier Fernpunkte entstehen. Wir wollen beide Situationen exemplarisch durchrechnen. Die Verbindung zweier Fernpunkte ergibt

$$
\begin{matrix}1\\2\\3\\4\end{matrix}\begin{pmatrix}x_1\\y_1\\z_1\\0\end{pmatrix}\vee\begin{matrix}1\\2\\3\\4\end{matrix}\begin{pmatrix}x_2\\y_2\\z_2\\0\end{pmatrix}=\begin{matrix}12\\13\\14\\23\\24\\34\end{matrix}\begin{pmatrix}x_1y_2-x_2y_1\\x_1y_3-x_3y_1\\0\\x_2y_3-x_3y_2\\0\\0\end{pmatrix}.
$$

Eine Ferngerade ist genau dadurch repräsentiert, dass die Einträge welche den Index 4 enthalten, zu Null werden. Bzgl. der verbleibenden Einträge 12, 13 und 23, verhält sich der Join wie das gewöhnliche Kreuzprodukt, dass aus zwei Punkten die Koordinaten der Verbindungsgeraden berechnet.

Zwei Ebenen sind parallel, wenn sie sich nur im Eintrag mit Index 123 unterscheiden. Der Meet zweier paralleler Ebenen ergibt sich somit zu

$$
\begin{matrix}123\\124\\134\\234\end{matrix}\begin{pmatrix}d_1\\c\\b\\a\end{pmatrix}\wedge\begin{matrix}123\\124\\134\\234\end{matrix}\begin{pmatrix}d_2\\c\\b\\a\end{pmatrix}=\begin{matrix}12\\13\\14\\23\\24\\34\end{matrix}\begin{pmatrix}d_1c-d_2c\\d_1b-d_2b\\cb-bc\\d_1a-d_2a\\ca-ac\\ba-ab\end{pmatrix}=(d_1-d_2)\cdot\begin{matrix}12\\13\\14\\23\\24\\34\end{matrix}\begin{pmatrix}c\\b\\0\\a\\0\\0\end{pmatrix}.
$$

---

[13] der Einbettung auf der Ebene $w=1$.

Wieder treten bei dieser Ferngeraden drei Nulleinträge an den Stellen 14, 24 und 34 auf. Der Vorfakor $d_1 - d_2$ kann folgendermaßen interpretiert werden: Fallen die beiden Ebenen zusammen, so degeneriert die Meet-Operation und wird zum sechsdimensionalen Nullvektor. Die übrigen Koordinateneinträge kodieren den gemeinsamen Normalenvektor der beiden Ebenen.

8.6 Join und Meet im $\mathbb{RP}^d$

In den vorangegangenen Abschnitten haben wir die Grundzüge der so genannten *multilinearen Algebra* sehr pragmatisch aufgebaut, indem wir einfach konkrete Rechenvorschriften angegeben haben, die die gewünschten geometrischen Operationen algebraisch durchführen. Man hätte das Ganze auch wesentlich theoretischer angehen und zunächst einen axiomatischen Aufbau der Operationen angeben können, um danach zu zeigen, dass dieser einerseits algebraisch auf isomorphe Strukturen zu unseren Join- und Meet-Operationen führt und andererseits die Schnittverhältnisse in der projektiven Geometrie widerspiegelt. Dies soll aber nicht das Thema dieses Buchs sein.

Man kann aber leicht vermuten, dass hinter den in den letzten Abschnitten angegebenen Rechenvorschriften eine allgemeine Theorie steckt, die in keiner Weise auf den dreidimensionalen projektiven Raum beschränkt ist. In der Tat lassen sich unsere Formeln für Join und Meet einfach verallgemeinern, so dass diese auch für Schnittoperationen in höheren Dimensionen benützt werden können.

Wir wollen im Folgenden (ohne Beweise und theoretischen Unterbau) kurz die Verhältnisse skizzieren wie sie sich im d-dimensionalen projektiven Raum $\mathbb{RP}^d$ darstellen. In diesem Raum[14] werden die Punkte durch $n = d + 1$ homogene Koordinateneinträge repräsentiert. Das gleiche gilt für die Ebenen. Wieder indizieren wir die Koordinaten mit Teilfolgen einer geordneten Ziffernfolge[15]. Die Ziffernfolge sei $12345\ldots n$. Es bezeichne $\Lambda_{r,n}$ die Menge aller r-stelligen Teilfolgen dieser Ziffernfolge. Die Menge $\Lambda_{r,n}$ enthält also $\binom{n}{r}$ Elemente. Diese werden zum Indizieren von flats mit Rang r herangezogen.

Sind nun R und S flats vom Rang r und s mit $r + s \leq n$, so ergibt sich der Join dieser Flats als ein Rang $r + s$ Flat $P = R \vee S$ gemäß der Formel

$$P_\lambda = \sum_{\substack{\tau \in \Lambda_{r,n} \\ \mu \in \Lambda_{s,n} \\ \tau \cup \mu = \lambda}} \sigma(\tau, \mu) \cdot R_\tau \cdot S_\mu.$$

---

[14] er hat Rang $d + 1$.

[15] Ziffern seien hier im allgemeinen Sinn verstanden, d.h. auch mehrstellige Zahlen sollen als eine Ziffer verstanden werden.

Im Vergleich zum letzten Abschnitt wurde hierbei lediglich der Spezialfall $n = 4$ fallen gelassen. Die Operation $R \vee S$ erzeugt hierbei einen Repräsentanten des kleinsten sowohl R als auch S umfassenden Unterraums. Sollten R und S nicht in allgemeiner Lage sein und einen nicht-leeren Schnitt aufweisen, so degeneriert die Operation zum Nullvektor.

Die Berechnung eines dualen flats $S = R^*$ ergibt sich gemäß

$$S_\tau = \sigma(\lambda, \tau)\, R_\lambda \quad (\lambda \cup \tau = 1 \ldots n).$$

Ebenso in analoger Weise kann man den Meet-Operator definieren, der zu zwei flats R und S vom Rang r und s mit $r + s - n \geq 0$ den gemeinsamen Schnitt $P = R \wedge S$ berechnet. Dieser hat Rang $r + s - n$ und ist definiert durch die Formel

$$P_\lambda = \sum_{\substack{\lambda = \mu \cap \tau \\ \mu \in \Lambda_{r,n} \\ \tau \in \Lambda_{s,n}}} \sigma(\mu \backslash \lambda, \tau \backslash \lambda) R_\mu S_\tau.$$

Wiederum ist dies eine direkte Verallgemeinerung der im letzten Abschnitt vorgestellten Operation im $\mathbb{RP}^3$.

8.7 Exkurs: Roboter

Man mag es auf den ersten Blick nicht erwarten, aber es gibt einen überraschenden Querbezug von Plücker-Koordinaten zur Robotik. Plücker-Koordinaten von Geraden liefern ein Kriterium, mit dem man nachprüfen kann, ob der *Effektor* eines Roboters (der Greifer, die Schweißpistole, etc.) in einer bestimmten Lage alle räumlichen Freiheitsgrade ausschöpfen kann. Wir können hier zwar nicht alle Details dieser schönen Querverbindung ausarbeiten, können aber immerhin den Zusammenhang etwas erläutern.

Die Orientierung und Position eines Gegenstandes im Raum (stellen sie sich gleich den Effektor vor) können durch sechs Parmeter beschrieben werden. Bestimmt man zunächst den Schwerpunkt des Gegenstandes, so kann man diese in Parameter für die Position und Orientierung aufteilen. Man kann z.B. drei Parameter (xyz-Koordinaten) benutzen um die Position des Schwerpunkts zu beschreiben. Drei weitere Parameter sind nötig um die Rotationslage um den Schwerpunkt anzugeben. Mit anderen Worten kann man sagen, dass die Orientierung und Lage eines Gegenstandes durch sechs *Freiheitsgrade* beschrieben wird. Dies ist der Grund, warum man einen guten Industrieroboter üblicherweise mit sechs Dreh- bzw. Schubgelenken ausstattet.

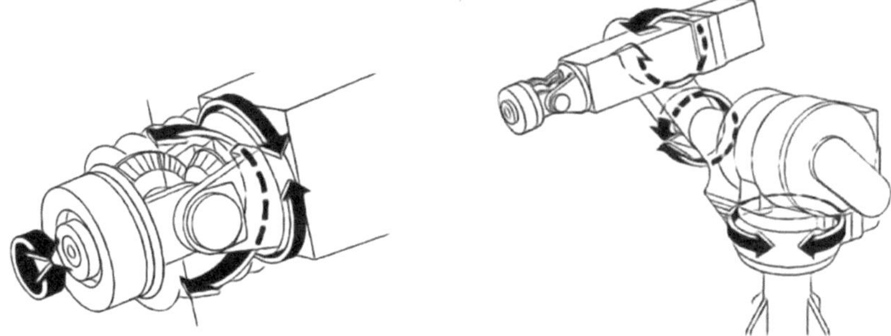

Abb. 8.1 Skizze eines Roboters mit sechs Gelenken.

Durch gezielte Einstellung der Gelenke kann man in der Regel den Effektor
in jede gewünschte Lage bringen.[16]

Abbildung 8.1 zeigt die Skizze eines sechsarmigen Roboters mit angedeuteten Drehachsen. Die linke Skizze zeigt eine Vergrößerung der Situation nahe
dem Effektor, wo sich insgesamt drei Drehachsen konzentrieren. Die rechte
Skizze hebt die "Grobmotorik" des Roboters, die drei drehbaren Armgelen-
ke, hervor. Für die meisten Gelenkpositionen kann der Effektor über diese
sechs Drehgelenke beliebig in Lage und Orientierung verändert werden. Es
gibt allerdings lokal spezielle Gelenkstellungen, in denen der Effektor nicht
alle sechs Freiheitsgrade voll ausschöpfen kann. Üblicherweise versucht man
in der Robotersteuerung genau diese Positionen zu vermeiden.

Plücker-Koordinaten können dazu benutzt werden, derartig *degenerierte* Situationen zu charakterisieren. Ohne Beweis wollen wir diese Charakterisierung hier angeben. Hierzu ordnet man für eine konkrete Roboterstel-
lung jedem Gelenk einen Plücker-Vektor zu. Bei Drehgelenken nimmt man
die Drehachse (also eine Gerade) und den zugehörigen sechsdimensionalen
Plücker-Vektor. Einem Schubgelenk (dieses bewirkt eine Verschiebung der
nachfolgenden Mechanik) kann man ebenso einen Plücker-Vektor zuordnen.
Eine Verschiebung ist projektiv gesehen eine Drehung um eine unendlich
ferne Drehachse. Diese "Drehachse" erhält man dadurch, dass man eine beliebige Ebene, die senkrecht auf der Verschieberichtung steht, mit der Ebene
im Unendlichen schneidet. Auch die so konstruierte Gerade im Unendlichen
hat einen Plücker-Vektor. Diesen ordnet man der Drehachse zu. Hat man

---

[16] Die Evolution hat dies übrigens schon vor einigen Millionen Jahren herausgefunden.
Fixieren Sie Ihren Oberkörper, so können sie Ihre Hand (in ihren anatomischen Grenzen)
in jede beliebige Lage bringen. Das Schultergelenk ist ein kugelgelenk und hat *zwei* rotatorische Freiheitsgrade. Der Ellenbogen ist ein Drehgelenk mit *einem* Freiheitsgrad. Ferner
hat das Handgelenk als Sattelgelenk *zwei* Freiheitsgrade und dann ist es noch möglich das
Hangelenk *ein*achsig gegenüber dem Ellenbogen zu verderehen. Macht alles in allem sechs
Freiheitsgrade.

einen sechsarmigen Roboter, so erhält man auf diese Weise insgesamt sechs
sechsdimensionale Plücker-Vektoren $g_1, \ldots, g_6$. Die aus diesen Vektoren gebildete 6×6-Matrix hat genau dann vollen Rang, wenn lokal alle Freiheitsgrade
ausschöpfbar sind. Somit kann man eine degenerierte Situation durch die
Bedingung

$$\det \begin{pmatrix} g_{11} & g_{21} & g_{31} & g_{41} & g_{51} & g_{61} \\ g_{12} & g_{22} & g_{32} & g_{42} & g_{52} & g_{62} \\ g_{13} & g_{23} & g_{33} & g_{43} & g_{53} & g_{63} \\ g_{14} & g_{24} & g_{34} & g_{44} & g_{54} & g_{64} \\ g_{15} & g_{25} & g_{35} & g_{45} & g_{55} & g_{65} \\ g_{16} & g_{26} & g_{36} & g_{46} & g_{56} & g_{66} \end{pmatrix} = 0$$

erkennen. Aus dieser Bedingung lassen sich bereits einige spezielle Situationen
ableiten, die auf alle Fälle degeneriert sein müssen. Treffen sich beispielsweise
drei Drehachsen in einem Punkt, so sind deren Plücker-Vektoren bereits linear
abhängig (vgl. Aufgabe 6). Sie sind ebenso linear abhängig, wenn die drei
Drehachsen in einer Ebene liegen. Die geometrische Charakterisierung der
Abhängigkeit von vier Vektoren ist bereits subtiler. Diese sind abhängig, wenn
sie auf einem gemeinsamen Hyperboloid liegen. Für fünf und sechs Geraden
ist die obige algebraische Charakterisierung in aller Regel die griffigste.

Übungsaufgaben

1. Welchen Geraden entsprechen den sechs Einheitsvektoren im $\mathbb{R}^6$, wenn man diese als Plücker-Koordinaten interpretiert?

2. Es seien $(a, b, c, d, e, f)^T$ die Plücker-Koordinaten einer Geraden des $\mathbb{RP}^3$.

   a) Zeigen Sie, dass $af - be + cd = 0$ gilt.
   b) Welchen Geraden erhält man, wenn $a = 0$ gilt?
   c) Zeigen Sie, dass wenn $a = b = 0$ gilt, eine weitere Plücker-Koordinate verschwindet.

3. Es seien $(a_1, b_1, c_1, d_1, e_1, f_1)^T$ und $(a_2, b_2, c_2, d_2, e_2, f_2)^T$ die Plücker-Koordinaten zweier Geraden des $\mathbb{RP}^3$. Zeigen Sie, dass die beiden Geraden sich genau dann schneiden, wenn $a_1 f_2 + b_1 e_2 + c_1 d_2 + d_1 c_2 + e_1 b_2 + f_1 a_2 = 0$ ist.

4. Gegeben seien die beiden Punkte $P = (1, 1, 0)^T$ und $Q = (-1, -1, -1)^T$ als Elemente aus $\mathbb{R}^3$ sowie die Ebene e als die Ebene durch die drei Einheitsvektoren $(1, 0, 0)^T$, $(0, 1, 0)^T$, $(0, 0, 1)^T$ des $\mathbb{R}^3$.

   a) Bestimmen Sie die homogenen Koordinaten der Punkte P und Q sowie der Ebene e in $\mathbb{RP}^3$. Berechnen Sie die Plücker-Koordinaten der Geraden g durch die beiden Punkte P und Q.
   b) Zeigen Sie, dass die Plücker-Koordinaten von g die in der zweiten Aufgabe gezeigte Identität erfüllen.
   c) Berechnen Sie den Schnittpunkt der Geraden g mit der Ebene e.

5. Es sei P ein flat vom Rang k im $\mathbb{RP}^d$.

   a) Wie viele Plücker-Koordinaten hat P?
   b) Wie viele der Plücker-Koordinaten von P werden i.A. bereits durch die anderen bestimmt?

6. Es seien g_1, g_2, g_3 die Plückervektoren dreier Geraden im $\mathbb{RP}^3$. Zeigen Sie:

   a) g_1, g_2, g_3 sind linear abhängig, wenn sich die Geraden in einem Punkt treffen.
   b) g_1, g_2, g_3 sind linear abhängig, wenn die Geraden in einer Ebene liegen.

7. Zeigen Sie, dass drei Punkte des $\mathbb{RP}^3$ genau dann kollinear sind, wenn sämtliche 3×3-Determinanten, die Sie aus diesen drei Punkten bilden können, verschwinden.

8. Gegeben sei ein Punkt $g = (g_1, g_2, g_3, g_4, g_5, g_6)^T$ des $\mathbb{RP}^5$. Der Punkt g liegt genau dann auf der sogenannten *Plücker-Quadrik* $\mathcal{Q}$, wenn $g_1 g_6 - g_2 g_5 + g_3 g_4 = 0$ gilt.

   a) Bestimmen Sie eine symmetrische Matrix $Q \in \mathbb{R}^{6 \times 6}$, mit der Sie die definierende Gleichung der Plücker-Quadrik $\mathcal{Q}$ als Nullniveau einer quadratischen Form schreiben können.
   b) Bestimmen Sie die Eigenwerte von Q.
   c) Zeigen Sie, dass die Punkte der Plücker-Quadrik $\mathcal{Q}$ eins-zu-eins den Geraden des $\mathbb{RP}^3$ entsprechen.

9. Jede Gerade, die in $\mathcal{Q}$ aus der letzten Aufgabe enthalten ist, entspricht einem Geradenbüschel in $\mathbb{RP}^3$. Um dies zu zeigen, beweisen Sie den folgenden Satz:

   Es seien $g, l \in \mathcal{Q}$ zwei Punkte der Plücker-Quadrik.
   Die Verbindungsgerade $g \wedge l$ ist genau dann in $\mathcal{Q}$ enthalten,
   wenn die beiden zugehörigen Geraden in $\mathbb{RP}^3$ sich schneiden.

9

Determinanten

Dem aufmerksamen Leser dürfte es nicht entgangen sein, welch entscheidende Rolle Determinanten an den verschiedensten Stellen der vorangegangenen Kapitel gespielt haben. In diesem Kapitel soll nun gezielt auf einige strukturelle Aspekte eingegangen werden, die das Verhältnis von Determinanten zu projektiven Ansätzen etwas verdeutlichen. Determinanten traten auf...

... beim Abprüfen der Kollinearität von drei Punkten[1] im P, Q, R im $\mathbb{RP}^3$. Wir hatten als Test $[P, Q, R] = 0$.

... beim Berechnen von Doppelverhältnissen. Dies war definiert als

$$(A, B; C, D) = \frac{[A, C] \cdot [B, D]}{[A, D] \cdot [B, C]}.$$

... beim Formulieren projektiver Eigenschaften, wie z.B., dass sechs Punkte auf einem Kegelschnitt liegen. Dies war der Fall, wenn

$$[A, D, E][B, C, E][A, C, F][B, D, F]$$
$$- [A, C, E][B, D, E][A, D, F][B, C, F] = 0.$$

... als Koordinateneinträge beim Berechnen der Plücker Koordinaten eines flats im $\mathbb{RP}^d$. Entsprachen die Zeilen von

$$\begin{pmatrix} x_1 & y_1 & z_1 & w_1 \\ x_2 & y_2 & z_2 & w_2 \end{pmatrix}$$

zwei Punkten im $\mathbb{RP}^3$, so ergaben sich die Plücker Koordinaten der von ihnen aufgespannten Geraden als $([x, y], [x, z], [x, w], [y, z], [y, w], [z, w])^T$.

In diesem Kapitel wollen wir nun all diese Situationen von einem etwas vereinheitlichtem Standpunkt aus betrachten.

---

[1] Wir haben nun einen Kenntnisstand erreicht, bei dem wir getrost auf die explizite Unterscheidung zwischen Repräsentanten und flats verzichten können.

J. Richter-Gebert, T. Orendt, *Geometriekalküle*, Springer-Lehrbuch,
DOI 10.1007/978-3-642-02530-3_9, © Springer-Verlag Berlin Heidelberg 2009

9.1 Von Determinanten zu Punkten

Wir wollen unsere Überlegungen mit einem Rückblick auf den Beweis von Satz 8.2 beginnen. Dort haben wir gezeigt, dass eine Gerade durch ihre sechs-dimensionalen Plücker Koordinaten in $\mathbb{RP}^3$ vollkommen eindeutig bestimmt ist. Unsere Argumentation war dabei folgendermaßen: Seien

$$g = (g_{12}, g_{13}, g_{14}, g_{23}, g_{24}, g_{34})^T$$

die Plücker Koordinaten einer Geraden im $\mathbb{RP}^3$. Unter den Annahmen $g = P_1 \vee P_2$ und $g = P_3 \vee P_4$ haben wir gezeigt, dass die Punkte P_3 und P_4 auf der von P_1 und P_2 aufgespannten Geraden, also auf g, liegen. Somit lassen sich P_3 und P_4 als Linearkombination $P_i = \lambda_i P_1 + \mu_i P_2$ ($i \in \{3, 4\}$) schreiben. Setzen wir $P_i = (x_i, y_i, z_i, w_i)^T$, so ergibt sich in Matrixform

$$\begin{pmatrix} x_3 & y_3 & z_3 & w_3 \\ x_4 & y_4 & z_4 & w_4 \end{pmatrix} = \begin{pmatrix} \lambda_3 & \mu_3 \\ \lambda_4 & \mu_4 \end{pmatrix} \cdot \begin{pmatrix} x_1 & y_1 & z_1 & w_1 \\ x_2 & y_2 & z_2 & w_2 \end{pmatrix}.$$

Nun sind aber die Plücker Koordinaten von g nichts anderes als die 2×2-Unterdeterminanten der beiden 2×4-Matrizen der obigen Gleichung.

$$g = \left(\begin{bmatrix} x_1 & y_1 \\ x_2 & y_2 \end{bmatrix}, \begin{bmatrix} x_1 & z_1 \\ x_2 & z_2 \end{bmatrix}, \begin{bmatrix} x_1 & w_1 \\ x_2 & w_2 \end{bmatrix}, \begin{bmatrix} y_1 & z_1 \\ y_2 & z_2 \end{bmatrix}, \begin{bmatrix} y_1 & w_1 \\ y_2 & w_2 \end{bmatrix}, \begin{bmatrix} z_1 & w_1 \\ z_2 & w_2 \end{bmatrix} \right)^T$$

bzw.

$$g = \left(\begin{bmatrix} x_3 & y_3 \\ x_4 & y_4 \end{bmatrix}, \begin{bmatrix} x_3 & z_3 \\ x_4 & z_4 \end{bmatrix}, \begin{bmatrix} x_3 & w_3 \\ x_4 & w_4 \end{bmatrix}, \begin{bmatrix} y_3 & z_3 \\ y_4 & z_4 \end{bmatrix}, \begin{bmatrix} y_3 & w_3 \\ y_4 & w_4 \end{bmatrix}, \begin{bmatrix} z_3 & w_3 \\ z_4 & w_4 \end{bmatrix} \right)^T.$$

Mit anderen Worten erhalten wir das Folgende.

Sobald die Unterdeterminanten einer 2×4-Matrix feststehen,
ist die Matrix bis auf eine Multiplikation von links
mit einer 2×2-Matrix eindeutig bestimmt.

Wir können diesen Sachverhalt auch ganz anders auffassen. Betrachten wir die obigen 2×4-Matrizen, bloß diesmal aufgebaut aus den Spaltenvektoren $X = (x_1, x_2)^T, \ldots, W = (w_1, w_2)^T$. Diese können wir als die homogenen Koordinaten von vier Punkte auf der reellen projektiven Geraden $\mathbb{RP}^1$ auffassen. Die Multiplikation von links mit der 2×2-Matrix ist dann nichts anderes als eine projektive Transformation auf $\mathbb{RP}^1$. Kennt man also die Determinanten

$$[X, Y], \ [X, Z], \ [X, W], \ [Y, Z], \ [Y, W], \ [Y, W],$$

so liegen die Punkte X, Y, Z, W bis auf eine projektive Transformation fest.

9.2 Punktkonfigurationen

Die letzte Beobachtung gilt in einem viel allgemeineren Kontext. Betrachten wir die Repräsentanten $P_1, P_2, \ldots, P_n$ von n Punkten im $\mathbb{RP}^d$. Kennt man die Werte aller $(d+1) \times (d+1)$-Determinanten, die aus diesen gebildet werden können, so kann man die Position der Punkte bis auf eine projektive Transformation rekonstruieren.

Der Beweis hierfür ist im Prinzip der gleiche wie wir ihn bereits für Satz 8.2 durchgeführt haben. Wir müssen die dort auftretenden Begriffe nur im entsprechenden Kontext interpretieren. Dies soll im Folgenden explizit geschehen. Um den technischen Aufwand minimal zu halten, wollen wir den Beweis auf die projektive Ebene $\mathbb{RP}^2$ eingeschränkt durchführen. Für $\mathbb{RP}^d$ ist die Situation völlig analog.

Für $i \in \{1, \ldots, n\}$ seien $P_i = (p_{i,1}, p_{i,2}, p_{i,3})^T \in \mathbb{R}^3$ homogene Koordinaten für n Punkte im $\mathbb{RP}^2$ und P die aus ihnen gebildete $3 \times n$-Matrix

$$P = \begin{pmatrix} | & | & | & \cdots & | \\ P_1 & P_2 & P_3 & \cdots & P_n \\ | & | & | & \cdots & | \end{pmatrix}.$$

Wir nennen eine solche Punktkonfiguration *nicht-degeneriert*, wenn diese Matrix Rang 3 hat, also wenn nicht alle Punkte auf einer Geraden liegen. Als eine Konsequenz des Basisaustauschsatzes gibt es für jeden Punkt P_i mindestens eine Basis (P_i, P_j, P_k) des $\mathbb{R}^3$, an der er beteiligt ist. Wir definieren eine Abbildung

$$\begin{aligned} \Gamma \colon \mathbb{R}^{3 \cdot n} &\to \mathbb{R}^{\binom{n}{3}} \\ P &\mapsto ([P_1, P_2, P_3], [P_1, P_2, P_4], \ldots, [P_{n-2}, P_{n-1}, P_n]) \end{aligned}$$

und erhalten

Satz 9.1. *Es seien $P = (P_1, P_2, \ldots, P_n) \in \mathbb{R}^{3 \cdot n}$ und $Q = (Q_1, Q_2, \ldots, Q_n) \in \mathbb{R}^{3 \cdot n}$ zwei nicht-degenerierte Punktkonfigurationen mit $\Gamma(P) = \Gamma(Q)$. Dann gibt es eine 3×3-Matrix T mit $Q = T \cdot P$.*

Beweis. Der Beweis erfolgt, wie gesagt, analog zum Beweis von Satz 8.2. O.B.d.A. können wir wegen der nicht-Degeneriertheit der beiden Konfigurationen annehmen, dass $[P_1, P_2, P_3] = [Q_1, Q_2, Q_3] \neq 0$ gilt. Es seien

$$T_P = \begin{pmatrix} | & | & | \\ P_1 & P_2 & P_3 \\ | & | & | \end{pmatrix}^{-1} \quad \text{und} \quad T_Q = \begin{pmatrix} | & | & | \\ Q_1 & Q_2 & Q_3 \\ | & | & | \end{pmatrix}^{-1}$$

Wir zeigen dass $T_P \cdot P = T_Q \cdot Q$ gilt. Die Matrix $T_P \cdot P$ hat die Form

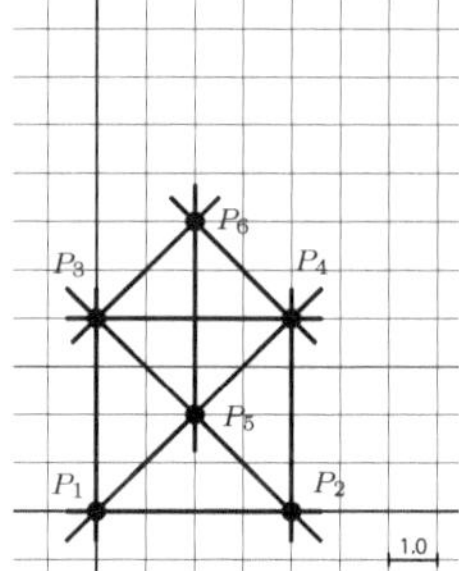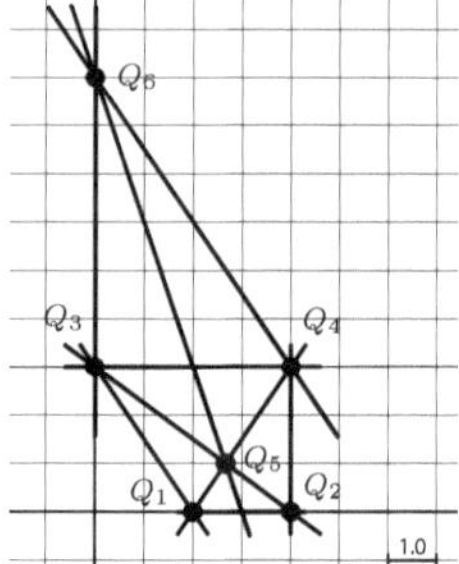

Abb. 9.1 Eine Konfiguration und ein projektives Bild derselben.

$$X = T_P \cdot P = \begin{pmatrix} 1\ 0\ 0\ x_{4,1}\ \ldots\ x_{n,1} \\ 0\ 1\ 0\ x_{4,2}\ \ldots\ x_{n,2} \\ 0\ 0\ 1\ x_{4,3}\ \ldots\ x_{n,3} \end{pmatrix}$$

und hat die Spaltenvektoren $X_1 = e_1, X_2 = e_2, X_3 = e_3, X_4, \ldots, X_n$. Da X durch Multiplikation mit T_P aus P entsteht, gilt für beliebige $i, j, k \in \{1, \ldots, n\}$

$$[X_i, X_j, X_k] = [T_P \cdot P_i, T_P \cdot P_j, T_P \cdot P_k] = \det(T_P) \cdot [P_i, P_j, P_k].$$

Somit gelten für $i \in \{4, \ldots, n\}$ die Beziehungen

$$\begin{aligned} X_{i,1} &= \ \ [e_2, e_3, X_i] = \ \ [X_2, X_3, X_i] = \ \ \ \det(T_P) \cdot [P_2, P_3, P_i] \\ X_{i,2} &= -[e_1, e_3, X_i] = -[X_1, X_3, X_i] = -\det(T_P) \cdot [P_1, P_3, P_i]. \\ X_{i,3} &= \ \ [e_1, e_2, X_i] = \ \ [X_1, X_2, X_i] = \ \ \ \det(T_P) \cdot [P_1, P_2, P_i] \end{aligned}$$

Die jeweils erste Gleichheit in jeder Zeile gilt, weil in der betreffenden Determinante zwei Einheitsvektoren auftreten. Somit ergibt sich die Matrix X vollständig aus den Werten der Determinanten, d.h. $\Gamma(P)$, skaliert mit dem Faktor $\det(T_P)$. Wegen $[P_1, P_2, P_3] = [Q_1, Q_2, Q_3]$ gilt ferner $\det(T_P) = \det(T_Q)$. Also erhält man als $T_Q \cdot Q$ genau die gleiche Matrix X. Aus $T_P \cdot P = T_Q \cdot Q$ und $\det(T_Q) \neq 0$ folgt nun $(T_Q)^{-1} T_P \cdot P = Q$. $\square$

Man kann also bis auf eine lineare Transformation aus den Werten von $\Gamma(P)$ die Vektorkonfiguration P rekonstruieren. Interpretiert man die Spalten von P als homogene Koordinaten von n Punkten im $\mathbb{RP}^3$, so bedeutet dies, dass man aus den Werten von $\Gamma(P)$ bis auf *projektive* Transformation eindeutig die Position der Punkte rekonstruieren kann.

Die Umkehrung dieser Aussage gilt leider nicht direkt. Die Positionen von Punkten $P_1, \ldots, P_n$ im $\mathbb{RP}^d$ legen noch nicht eindeutig die Werte von $\Gamma(P)$ fest – auch nicht bis auf skalare Vielfache. Die Mehrdeutigkeit kommt durch die Identifikation skalarer Vielfacher bei homogenen Koordinaten von Punkten. Sie ist aber relativ einfach beschreibbar, wie das folgende Beispiel zeigt:

Wir betrachten die beiden Konfigurationen in Abbildung 9.1. Die eine geht aus der anderen durch eine projektive Transformation hervor. Wir erhalten homogene Koordinaten, indem wir an die euklidischen Koordinaten im $\mathbb{R}^2$ einfach noch eine 1 anhängen. Die beiden Koordinatenmatrizen ergeben sich zu

$$P = \begin{pmatrix} 0 & 4 & 0 & 4 & 2 & 2 \\ 0 & 0 & 4 & 4 & 2 & 6 \\ 1 & 1 & 1 & 1 & 1 & 1 \end{pmatrix} \quad \text{und} \quad Q = \begin{pmatrix} 2 & 4 & 0 & 4 & \frac{8}{3} & 0 \\ 0 & 0 & 3 & 3 & 1 & 9 \\ 1 & 1 & 1 & 1 & 1 & 1 \end{pmatrix}.$$

Die Werte von $\Gamma(P)$ sind somit

$[P_1, P_2, P_3] = 16$	$[P_1, P_3, P_5] = -8$	$[P_2, P_3, P_4] = -16$	$[P_2, P_5, P_6] = -8$
$[P_1, P_2, P_4] = 16$	$[P_1, P_3, P_6] = -8$	$[P_2, P_3, P_5] = 0$	$[P_3, P_4, P_5] = -8$
$[P_1, P_2, P_5] = 8$	$[P_1, P_4, P_5] = 0$	$[P_2, P_3, P_6] = -16$	$[P_3, P_4, P_6] = 8$
$[P_1, P_2, P_6] = 24$	$[P_1, P_4, P_6] = 16$	$[P_2, P_4, P_5] = 8$	$[P_3, P_5, P_6] = 8$
$[P_1, P_3, P_4] = -16$	$[P_1, P_5, P_6] = 8$	$[P_2, P_4, P_5] = 8$	$[P_4, P_5, P_6] = -8$

Für $\Gamma(Q)$ erhalten wir entsprechend

$[Q_1, Q_2, Q_3] = 6$	$[Q_1, Q_3, Q_5] = -4$	$[Q_2, Q_3, Q_4] = -16$	$[Q_2, Q_5, Q_6] = -8$
$[Q_1, Q_2, Q_4] = 6$	$[Q_1, Q_3, Q_6] = -12$	$[Q_2, Q_3, Q_5] = 0$	$[Q_3, Q_4, Q_5] = -8$
$[Q_1, Q_2, Q_5] = 2$	$[Q_1, Q_4, Q_5] = 0$	$[Q_2, Q_3, Q_6] = -24$	$[Q_3, Q_4, Q_6] = 24$
$[Q_1, Q_2, Q_6] = 18$	$[Q_1, Q_4, Q_6] = 24$	$[Q_2, Q_4, Q_5] = 4$	$[Q_3, Q_5, Q_6] = 16$
$[Q_1, Q_3, Q_4] = -12$	$[Q_1, Q_5, Q_6] = 8$	$[Q_2, Q_4, Q_5] = 12$	$[Q_4, Q_5, Q_6] = -16$

Beide Punktkonfigurationen sind zwar über eine projektive Transformation miteinander verbunden, die skalaren Vielfachen der homogenen Koordinaten passen aber nicht zueinander. Reskalieren wir die Spalten der Matrix Q zu

$$R_1 = 4 \cdot Q_1, \ R_2 = 4 \cdot Q_2, \ R_3 = 2 \cdot Q_3, \ R_4 = 2 \cdot Q_4, \ R_5 = 3 \cdot Q_5, \ R_6 = 1 \cdot Q_6,$$

so erhalten wir

$[R_1, R_2, R_3] = 192$	$[R_1, R_3, R_5] = -96$	$[R_2, R_3, R_4] = -192$	$[R_2, R_5, R_6] = -96$
$[R_1, R_2, R_4] = 192$	$[R_1, R_3, R_6] = -96$	$[R_2, R_3, R_5] = 0$	$[R_3, R_4, R_5] = -96$
$[R_1, R_2, R_5] = 96$	$[R_1, R_4, R_5] = 0$	$[R_2, R_3, R_6] = -192$	$[R_3, R_4, R_6] = 96$
$[R_1, R_2, R_6] = 288$	$[R_1, R_4, R_6] = 192$	$[R_2, R_4, R_5] = 96$	$[R_3, R_5, R_6] = 96$
$[R_1, R_3, R_4] = -192$	$[R_1, R_5, R_6] = 96$	$[R_2, R_4, R_5] = 96$	$[R_4, R_5, R_6] = -96$

Somit gilt $\Gamma(R) = 12 \cdot \Gamma(P)$. Die Reskalierung kann im übrigen allein auf Ebene der Determinanten durchgeführt werden. Für die Reskalierung $R_1 = 4 \cdot Q_1$ z.B. muss jede Determinante, in der eine Q_1 vorkommt mit 4 multipliziert werden. Man kann i.A. den folgenden Satz zeigen.

Satz 9.2. *Die Spalten zweier $3 \times n$-Matrizen P und Q seien homogene Koordinaten zweier nicht-degenerierter Punktkonfigurationen. Die Konfigurationen gehen genau dann durch eine projektive Transformation auseinander hervor, wenn es Faktoren $\lambda_1, \ldots, \lambda_n$ gibt, so dass für alle $i, j, k \in \{1, \ldots, n\}$ gilt*

$$[P_i, P_j, P_k] = \lambda_i \lambda_j \lambda_k [Q_i, Q_j, Q_k].$$

Beweis. Angenommen die Spalten von P und Q repräsentieren bis auf projektive Transformation die gleiche Punktkonfiguration in $\mathbb{RP}^2$. Dann gibt es eine 3×3-Matrix T und eine reguläre $n\times n$-Diagonalmatrix D mit der Eigenschaft, dass $P = T \cdot Q \cdot D$ ist. Die Matrix D übernimmt hier die Rolle der Skalierung der einzelnen Punkte und hat die Diagonaleinträge $d_1, \ldots, d_n$. Für die Spalten der Matrizen P gilt dann $P_i = d_i \cdot T \cdot Q_i$. Setzen wir $\lambda_i = d_i \cdot \sqrt[3]{\det(T)}$, so gilt für beliebige $i, j, k \in \{1, \ldots, n\}$ wie gefordert $[P_i, P_j, P_k] = \lambda_i \lambda_j \lambda_k [Q_i, Q_j, Q_k]$.

Es sei nun umgekehrt P und Q gegeben, so dass es Faktoren $\lambda_1, \ldots, \lambda_n$ gibt, so dass für beliebige $i, j, k \in \{1, \ldots, n\}$ die Beziehung $[P_i, P_j, P_k] = \lambda_i \lambda_j \lambda_k [Q_i, Q_j, Q_k]$ gilt. Insbesondere, wenn dieser Ausdruck ungleich 0 ist, muss $\lambda_i \neq 0$, $\lambda_j \neq 0$, und $\lambda_k \neq 0$ gelten. Da aber jede Spalte in mindestens einer Basis auftritt, sind alle λ_i ungleich 0. Wir betrachten nun die Matrix Q' mit Spalten $Q'_i = \lambda_i Q_i$. Diese repräsentiert genau die gleiche Punktkonfiguration wie Q. Es gilt $[P_i, P_j, P_k] = \lambda_i \lambda_j \lambda_k [Q_i, Q_j, Q_k] = [\lambda_i Q_i, \lambda_j Q_j, \lambda_k Q_k] = [Q'_i, Q'_j, Q'_k]$ für alle $i, j, k \in \{1, \ldots, n\}$. Also gilt $\Gamma(P) = \Gamma(Q')$ und somit repräsentiert P nach Satz 9.1 bis auf eine projektive Transformation die gleiche Punktkonfiguration wie Q', also auch wie Q. $\qquad\square$

9.3 Projektiv invariante Eigenschaften

Wir können die Überlegungen des letzten Abschnittes wie folgt interpretieren: Unter Aspekten der projektiven Geometrie ist die Kenntnis der Determinantenwerte $\Gamma(P)$ einer Punktkonfiguration genauso informativ wie die Kenntnis der Konfiguration selbst. Wenn immer wir eine Eigenschaft einer Punktkonfiguration haben, die invariant unter projektiven Transformationen ist, so muss sich diese allein aus den Determinantenwerten $\Gamma(P)$ ablesen lassen. Wir haben dafür schon vielfältige Beispiele kennen gelernt. Wir haben z.B. gesehen, dass sechs Punkte $A, \ldots, F$ dann gemeinsam auf einem Kegelschnitt liegen, wenn gilt

$$[A,D,E][B,C,E][A,C,F][B,D,F]-[A,C,E][B,D,E][A,D,F][B,C,F]=0.$$

Das Doppelverhältnis (eine projektiv invariante Größe) war definiert als

$$[A, C][B, D]/[A, D][B, C].$$

Vier Punkte auf einer Geraden waren in harmonischer Lage, wenn

$$[A, C][B, D] + [A, D][B, C] = 0.$$

Wir wollen uns hier noch ein weiteres instruktives Beispiel für das Übersetzen einer projektiven Eigenschaft in ein Polynom aus Determinanten anschauen. Wann treffen sich drei Geraden, die jeweils von Punktepaaren aufgespannt

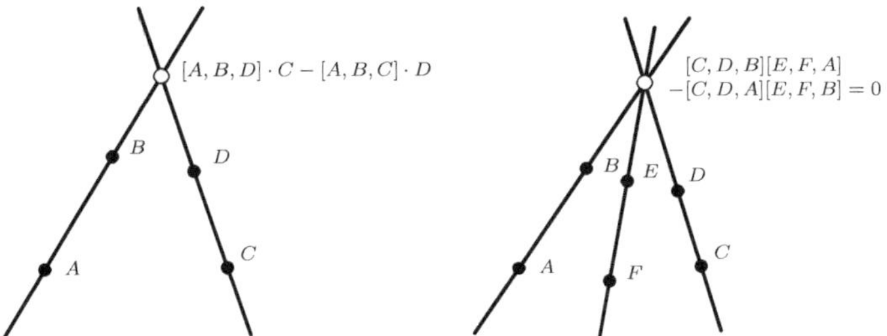

Abb. 9.2 Wann treffen sich drei von Punkten aufgespannte Geraden?

werden? Zunächst bestimmen wir den Schnittpunkt P zweier Geraden $A \vee B$ und $C \vee D$. Wir können den Schnittpunkt natürlich direkt über Kreuzprodukte als $(A \times B) \times (C \times D)$ berechnen. Hier sind wir aber an einer Darstellung interessiert, welche möglichst auf Determinanten basiert. Wir wissen, dass der Punkt einerseits auf der Geraden $C \vee D$ liegt, somit hat er für geeignete λ, μ die Darstellung $P = \lambda C + \mu D$. Die Bedingung, dass dieser auch noch auf $A \vee B$ liegt, ist gegeben durch $[A, B, P] = 0$. Mittels des in Kapitel 5.1 kennen gelernten Tricks Plückers μ kann man sofort die betreffenden Faktoren λ und μ angeben. Wir erhalten

$$P = [A, B, D]C - [A, B, C]D.$$

Durch einfaches Einsetzen kann man sofort bestätigen, dass der Punkt P auf $A \vee B$ liegt. Es gilt

$$\begin{aligned}[A, B, P] &= [A, B, [A, B, D]C - [A, B, C]D] \\ &= [A, B, C][A, B, D] - [A, B, D][A, B, C] = 0.\end{aligned}$$

Nun wollen wir sehen unter welcher Bedingung dieser Punkt P auch noch auf einer Geraden $E \vee F$ liegt. Dafür setzen wir den Punkt P einfach in die Bedingung $[E, F, P] = 0$ ein und erhalten

$$\begin{aligned}0 = [E, F, P] &= [E, F, [A, B, D]C - [A, B, C]D] \\ &= [E, F, C][A, B, D] - [E, F, D][A, B, C].\end{aligned}$$

Somit treffen sich die drei Geraden $A \vee B$, $C \vee D$, $E \vee F$ genau dann, wenn

$$[E, F, \mathbf{C}][A, B, \mathbf{D}] - [E, F, \mathbf{D}][A, B, \mathbf{C}] = 0$$

gilt. Wieder haben wir eine projektiv invariante Bedingung in eine Gleichung umgewandelt, die man allein unter Kenntnis der Determinantenwerte auswerten kann. Bei näherem Hinsehen stellt man fest, dass die Punkte der drei Geraden in dieser Bedingung nicht vollkommen symmetrisch auftreten. Die Punkte C und D treten in jedem Term in jeweils getrennten Determinanten

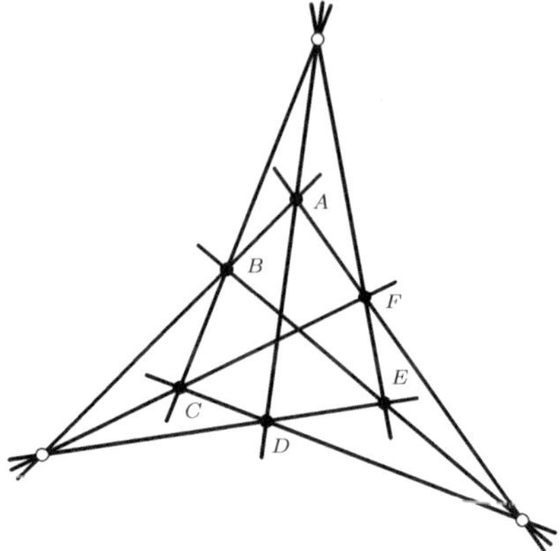

Abb. 9.3 Der duale Satz zum Satz von Pappos.

auf, während A, B bzw. E, F nicht getrennt werden. Zur besseren Lesbarkeit wurden die getrennten Buchstaben durch Fettdruck hervorgehoben. Alternativ hätten wir wegen der Symmetrie der Situation auch eine der beiden folgenden Ausdrücke zum Test verwenden können.

$$[A, B, \mathbf{E}][C, D, \mathbf{F}] - [A, B, \mathbf{F}][C, D, \mathbf{E}] = 0,$$
$$[C, D, \mathbf{A}][E, F, \mathbf{B}] - [C, D, \mathbf{B}][E, F, \mathbf{A}] = 0$$

Bemerkenswert ist hier, dass es zum Abprüfen einer Eigenschaft verschiedene gleichwertige Determinantenausdrücke gibt, in denen noch nicht einmal die gleichen Determinanten vorkommen. Der nächste Abschnitt soll erklären, wo dieser Effekt herkommt.

Zuvor wollen wir aber an einem kleinen Beispiel sehen, wie nützlich die Determinantenschreibweise und das Ausdrücken von Eigenschaften durch Determinantenpolynome sein kann um Inzidenzsätze aus der projektiven Geometrie zu beweisen. Aus Kapitel 3 kennen wir den dualen Satz zum Satz von Pappos (vgl. Abbildung 9.3). Sind in der dort gezeigten Konfiguration alle gezeigten Inzidenzen bis auf eine vorhanden, so folgt die letzte automatisch. Mit den inneren Punkten $A, \ldots, F$ kann man diesen Satz folgendermaßen formulieren: Treffen sich die Geraden $A \vee D$, $C \vee B$, $E \vee F$ und ebenso $C \vee F$, $E \vee D$, $A \vee B$ so treffen sich automatisch auch die Geraden $E \vee B$, $A \vee F$, $C \vee D$. Die Bedingungen der beiden Hypothesen kann man durch

$$[B, C, E][A, D, F] = [B, C, F][A, D, E]$$
$$[C, F, B][D, E, A] = [C, F, A][D, E, B]$$

ausdrücken. Multipliziert man die beiden linken und die beiden rechten Seiten und kürzt[2] die Determinanten heraus, die auf beiden Seiten auftreten, erhält man

$$[F, A, C][E, B, D] = [F, A, D][E, B, C].$$

Dies ist genau die Konklusion des dualen Satzes zum Satz von Pappos.

9.4 Grassmann-Plücker-Relationen

Wir haben bisher einen ganz wichtigen Aspekt beim Rechnen mit Determinanten ausser Acht gelassen.

Die Determinantenwerte $\Gamma(P)$ sind nicht voneinander unabhängig.

Kennt man bestimmte dieser Werte, so kann man die restlichen Determinanten daraus berechnen. Somit kann der Wert von $\Gamma(P)$ nicht beliebig sein. Er ist eine echte Teilmenge von $\mathbb{R}^{\binom{n}{d+1}}$. Wir sind derartigen Abhängigkeiten schon in verschiedenen Zusammenhängen begegnet. In Abschnitt 4.4 haben wir gesehen, dass für Doppelverhältnisse die Beziehung

$$(A, B; C, D) = 1 - (A, C; B, D)$$

gilt. Dies war eine Konsequenz der Determinantengleichung

$$[A, B][C, D] - [A, C][B, D] + [A, D][B, C] = 0.$$

In Abschnitt 8.4 haben wir beobachtet, dass der Join $g \vee g$ der Plücker Koordinaten einer Geraden g mit sich selbst verschwinden muss. Sind die Plücker Koordinaten von $g = (g_{12}, g_{13}, g_{14}, g_{23}, g_{24}, g_{34})$, so ist $0 = g \vee g = 2 \cdot (g_{12}g_{34} - g_{13}g_{24} + g_{14}g_{23})$. Betrachtet man die g_{ij} als Unterdeterminanten einer 2×4-Matrix mit Spalten A, B, C, D, so hat diese Gleichung ebenfalls die Gestalt

$$[A, B][C, D] - [A, C][B, D] + [A, D][B, C] = 0.$$

Man nennt eine solche Gleichung dieser Form eine *Grassmann-Plücker-Relation*. Derartige Gleichungen treten für allen Dimensionen auf und können letztlich als ein Ausdruck der Spaltenentwicklung von Determinanten aufgefasst werden. Im $\mathbb{RP}^3$ gilt[3] die folgende Grassmann-Plücker-Relation.

$$[A,B,C][D,E,F]-[A,B,D][C,E,F]+[A,B,E][C,D,F]-[A,B,F][E,C,D]=0$$

Diese Gleichung gilt für beliebige Vektoren $A, \dots, F \in \mathbb{R}^3$. Man kann durch sie verstehen, warum es für die im letzten Abschnitt hergeleiteten Schnittbe-

---

[2] unter Ausnutzung der Tatsache, dass ein zyklisches Verschieben der Spalten einer 3×3-Matrix deren Wert nicht ändert.

[3] wir werden dies gleich zeigen.

dingungen für $A \vee B$, $C \vee D$ und $E \vee F$ mehrere Darstellungen als Determinantenpolynom gibt. Wir haben beispielsweise gezeigt, dass diese Schnittbedingung durch

$$[A, B, \mathbf{C}][\mathbf{D}, E, F] - [A, B, \mathbf{D}][\mathbf{C}, E, F] = 0$$

charakterisiert ist. Dies ist aber genau die erste Hälfte der obigen Grassmann-Plücker-Relation. Verschwindet also dieser Ausdruck, so muss auch automatisch die zweite Hälfte der Grassmann-Plücker-Relation verschwinden. Somit gilt auch automatisch

$$[A, B, \mathbf{E}][C, D, \mathbf{F}] - [A, B, \mathbf{F}][C, D, \mathbf{E}] = 0.$$

Dies war genau eine der weiteren Schnittbedingungen, die wir in 9.3 hergeleitet hatten.

Anstatt eines allgemeinen Beweises für Grassmann-Plücker-Relationen in beliebiger Dimension anzugeben, werden wir uns hier explizit auf die beiden Fälle $\mathbb{RP}^1$ und $\mathbb{RP}^2$ beschränken, da die einfach zu verallgemeinernde Struktur des Beweises hier schon sichtbar wird. Es gibt sehr viele Möglichkeiten die Grassmann-Plücker-Relationen zu beweisen, letztlich muss man die Determinanten nur alle expandieren, die Terme ausmultiplizieren und nachweisen, dass sich in der Summe alles weghebt. Wir wollen jedoch einen Beweis angeben, der die Beziehung zu Determinantenentwicklungen nach einer Zeile deutlich macht.

Die Situation in $\mathbb{RP}^1$. Wie wollen zeigen, dass für beliebige Vektoren $A, B, C, D \in \mathbb{R}^2$ die Formel

$$[A, B][C, D] - [A, C][B, D] + [A, D][B, C] = 0 \tag{9.1}$$

gilt. O.B.d.A können wir annehmen, dass mindestens eine der beteiligen Determinanten nicht verschwindet. Es sei dies $[A, B]$. Sei nun T eine beliebige 2×2-Matrix. Wir können wegen

$$[TA, TB][TC, TD] - [TA, TC][TB, TD] + [TA, TD][TB, TC]$$
$$= \det(T)^2 \cdot [A, B][C, D] - [A, C][B, D] + [A, D][B, C]$$

annehmen, dass $A = e_1$ und $B = e_2$ Einheitsvektoren[4] sind. Setzen wir ferner $C = (c_1, c_2)^T$ und $D = (d_1, d_2)^T$, so lässt sich die zu beweisende Relation als

$$\begin{bmatrix} 1 & 0 \\ 0 & 1 \end{bmatrix} \cdot \begin{bmatrix} c_1 & d_1 \\ c_2 & d_2 \end{bmatrix} - \begin{bmatrix} 1 & c_1 \\ 0 & c_2 \end{bmatrix} \cdot \begin{bmatrix} 0 & d_1 \\ 1 & d_2 \end{bmatrix} + \begin{bmatrix} 1 & d_1 \\ 0 & d_2 \end{bmatrix} \cdot \begin{bmatrix} 0 & c_1 \\ 1 & c_2 \end{bmatrix}$$

$$= 1 \cdot \begin{bmatrix} c_1 & d_1 \\ c_2 & d_2 \end{bmatrix} - c_2 \cdot (-d_1) + d_2 \cdot (-c_1) = 0$$

---

[4] Gegebenenfalls transformieren wir mit der Matrix $T = (A, B)^{-1}$.

schreiben. Die zweite Zeile verdeutlicht, dass es sich dabei im Prinzip um eine Entwicklung von

$$\begin{bmatrix} c_1 & d_1 \\ c_2 & d_2 \end{bmatrix}$$

nach der letzten Zeile handelt.

Die Situation in $\mathbb{RP}^2$. Im Prinzip ist die Struktur des Beweises die gleiche. Die Entwicklung nach der letzten Zeile tritt noch etwas deutlicher zu Tage. Wir wollen zeigen, dass für beliebige sechs Vektoren $A, \ldots, F$ im $\mathbb{R}^3$ die Beziehung

$$[A,B,C][D,E,F] - [A,B,D][C,E,F] + [A,B,E][C,D,F] - [A,B,F][E,C,D] = 0$$

gilt. Wie zuvor können wir o.B.d.A. annehmen, dass $A = e_1$, $B = e_2$, $C = e_3$ die drei Einheitsvektoren sind. Somit schreibt sich die Grassmann-Plücker-Relation als

$$\begin{bmatrix} 1 & 0 & 0 \\ 0 & 1 & 0 \\ 0 & 0 & 1 \end{bmatrix}\begin{bmatrix} d_1 & e_1 & f_1 \\ d_2 & e_2 & f_2 \\ d_3 & e_3 & f_3 \end{bmatrix} - \begin{bmatrix} 1 & 0 & d_1 \\ 0 & 1 & d_2 \\ 0 & 0 & d_3 \end{bmatrix}\begin{bmatrix} 0 & e_1 & f_1 \\ 0 & e_2 & f_2 \\ 1 & e_3 & f_3 \end{bmatrix} + \begin{bmatrix} 1 & 0 & e_1 \\ 0 & 1 & e_2 \\ 0 & 0 & e_3 \end{bmatrix}\begin{bmatrix} 0 & d_1 & f_1 \\ 0 & d_2 & f_2 \\ 1 & d_3 & f_3 \end{bmatrix} - \begin{bmatrix} 1 & 0 & f_1 \\ 0 & 1 & f_2 \\ 0 & 0 & f_3 \end{bmatrix}\begin{bmatrix} 0 & d_1 & e_1 \\ 0 & d_2 & e_2 \\ 1 & d_3 & e_3 \end{bmatrix}$$

$$= 1 \cdot \begin{bmatrix} d_1 & e_1 & f_1 \\ d_2 & e_2 & f_2 \\ d_3 & e_3 & f_3 \end{bmatrix} - d_3 \begin{bmatrix} e_1 & f_1 \\ e_2 & f_2 \end{bmatrix} + e_3 \begin{bmatrix} d_1 & f_1 \\ d_2 & f_2 \end{bmatrix} - f_3 \begin{bmatrix} d_1 & e_1 \\ d_2 & e_2 \end{bmatrix} = 0$$

Wieder beweist die in der letzten Zeile stehende Formel die Grassmann-Plücker-Relation.

Um ein paar überraschende Querbezüge zu demonstrieren, wollen wir in $\mathbb{RP}^2$ noch einen weiteren Beweis der Grassmann-Plücker-Relation skizzieren. Hierzu sei zunächst bemerkt, dass (wie aus der Linearen Algebra hoffentlich bekannt) der Absolutbetrag der Determinante

$$\Delta(A, B, C) = \begin{bmatrix} a_1 & b_1 & c_1 \\ a_2 & b_2 & c_2 \\ 1 & 1 & 1 \end{bmatrix}$$

genau das Doppelte der Dreiecksfläche eines im $\mathbb{R}^2$ aus den Punkten $A = (a_1, a_2)^T$, $B = (b_1, b_2)^T$, $C = (c_1, c_2)^T$ gebildeten Dreiecks ist. Das Vorzeichen gibt an, ob die Punkte im oder gegen den Uhrzeigersinn angeordnet sind. Mit einem ähnliche Argument[5] wie vorher können wir annehmen, dass o.B.d.A $A = e_1$, $B = e_2$, sowie keiner der weiteren Punkte ein Fernpunkt ist. Die Punkte C, D, E, F reskalieren wir nun so, dass die letze Vektorkomponente zu 1 wird. Die Grassmann-Plücker-Relation liest sich jetzt als

$$\begin{bmatrix} 1 & 0 & c_1 \\ 0 & 1 & c_2 \\ 0 & 0 & 1 \end{bmatrix}\begin{bmatrix} d_1 & e_1 & f_1 \\ d_2 & e_2 & f_2 \\ 1 & 1 & 1 \end{bmatrix} - \begin{bmatrix} 1 & 0 & d_1 \\ 0 & 1 & d_2 \\ 0 & 0 & 1 \end{bmatrix}\begin{bmatrix} c_1 & e_1 & f_1 \\ c_2 & e_2 & f_2 \\ 1 & 1 & 1 \end{bmatrix} + \begin{bmatrix} 1 & 0 & e_1 \\ 0 & 1 & e_2 \\ 0 & 0 & 1 \end{bmatrix}\begin{bmatrix} c_1 & d_1 & f_1 \\ c_2 & d_2 & f_2 \\ 1 & 1 & 1 \end{bmatrix} - \begin{bmatrix} 1 & 0 & f_1 \\ 0 & 1 & f_2 \\ 0 & 0 & 1 \end{bmatrix}\begin{bmatrix} c_1 & d_1 & e_1 \\ c_2 & d_2 & e_2 \\ 1 & 1 & 1 \end{bmatrix} = 0.$$

---

[5] Bei Bedarf wenden wir eine projektive Transformation an.

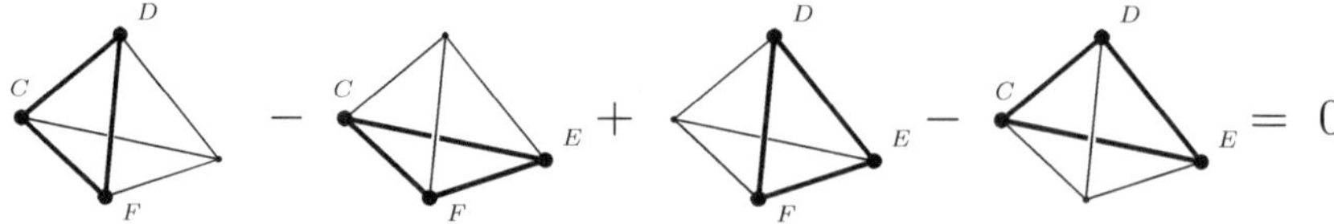

Abb. 9.4 Grassmann-Plücker-Relation als Flächenformel.

Drückt man dies als orientierte Dreiecksflächen aus, so ergibt sich bis auf einen Faktor 2

$$\Delta(D, E, F) - \Delta(C, E, F) + \Delta(C, D, F) - \Delta(C, D, E) = 0.$$

Wie man sich unschwer geometrisch klar machen kann, gilt dies für beliebige Positionen von $C, \dots, F$. Betrachtet man die konvexe Hülle dieser Punkte, so gibt es zwei Möglichkeiten mit Dreiecken[6] die Hülle zu überdecken. Beide Möglichkeiten sind flächengleich – dies ist genau die Grassmann-Plücker-Relation. Abbildung 9.4 verdeutlicht dies für eine Lage der Punkte. Dem Leser ist an dieser Stelle empfohlen, sich die Situation der Vorzeichen und Orientierungen genau klar zu machen und auch die Situation, bei der einer der Punkte in der konvexen Hülle der anderen liegt, zu verdeutlichen.

Einige abschließende Bemerkungen sollen unsere Betrachtungen über die Grassmann-Plücker-Relationen abrunden.

- Betrachten wir im $\mathbb{RP}^d$ die Plücker Koordinaten eines flats vom Rang k, so müssen diese die Grassmann-Plücker-Relationen erfüllen. Der Grund hierfür ist, dass die einzelnen Koordinateneinträge ebenfalls aus Determinanten gebildet werden. So erklärt sich auch, dass eine Gerade, obwohl sie sechs Koordinateneinträge hat, nur 4 reelle Freiheitsgrade besitzt. Einer wird durch die Homogenisierung "verschluckt" und ein weiterer durch die Grassmann-Plücker-Relation. I.A. hat ein flat vom Rang k im $\mathbb{RP}^d$ genau $k \cdot (d + 1 - k)$ reelle Freiheitsgrade.
- Für Punktkonfigurationen P kann wie gesagt der Determinantenvektor $\Gamma(P)$ nicht beliebig sein. Er muss, wie wir eben gezeigt haben, zumindest die Grassmann-Plücker-Relationen erfüllen. Dies ist allerdings bereits ausreichend. Man kann zeigen, dass es für jeden Determinantenvektor Γ, der diese Relationen erfüllt auch tatsächlich eine Punktkonfiguration P mit $\Gamma(P) = \Gamma$ gibt.
- Außer den Grassmann-Plücker-Relationen gibt es noch weitere Relationen, die die Determinanten erfüllen. Diese sind jedoch allesamt Konsequenzen aus den Grassmann-Plücker-Relationen.
- Im $\mathbb{RP}^d$ lautet die Grassmann-Plücker-Relation folgendermaßen: Es seien $A_1, \dots, A_d$ und $B_1, \dots, B_{d+2}$ Vektoren aus $\mathbb{R}^{d+1}$. Um eine Determinante

---

[6] mit Eckpunkten aus $\{C, \dots, F\}$.

zu bilden, haben die A_j's ein Element zu wenig und die B_j's ein Element zu viel. Die Grassmann-Plücker-Relation entsteht nun dadurch, dass auf alle möglichen Arten ein Vektor B_i zu den A_j's hinzugenommen wird und alternierend aufsummiert wird. Somit erhält man das Bildungsschema

$$\sum_{i=1}^{d+2}(-1)^i[A_1,\ldots,A_d,B_i][B_1,\ldots,\widehat{B_i},\ldots,B_{d+2}], \qquad (9.2)$$

wobei die Notation $\widehat{B_i}$ das Weglassen des Vektors B_i bedeuten soll.

9.5 Exkurs: Computergestützes Beweisen

Beweisen zählt zu den Hauptaufgaben in einem Mathematikerleben. Insbesondere die Elementargeometrie ist ein beliebtes Spielfeld, um bereits auf Schulniveau das strenge mathematische Beweisen zu üben. "Zeigen Sie, dass sich die Höhen im Dreieck in einem Punkt schneiden", "Zeigen Sie den Satz von Thales", etc. sind übliche elementare Trainingsszenarien. Mit Hilfe von Determinanten und Grassmann-Plücker-Relationen ist es möglich, einige Beweise geometrischer Sätze soweit vorzustrukturieren, dass die Beweise sogar mit relativ einfachen Mitteln automatisch per Computer gefunden werden können. Wir beschränken uns hier zunächst auf einfache projektive Sätze, in denen nur Punkte, Geraden und Inzidenzrelationen vorkommen. Solch ein Satz hat typischer Weise die folgende Form:

Wenn diese und diese und diese Punktetripel kollinear sind, (und bestimmte andere Punktetripel nicht kollinear sind), so ist automatisch auch ein weiteres Punktetripel kollinear.

Nehmen wir als Beispiel einen bekannten Satz aus der projektiven Geometrie, den *Satz von Desargues* (vgl. Abbildung 9.5). Dieser kann folgendermaßen formuliert werden:

In der projektiven Ebene seien zehn Punkte $0, 1, 2, \ldots, 9$ gegeben. Sind die Punktetripel $(1, 2, 3)$, $(1, 4, 0)$, $(1, 5, 9)$, $(2, 4, 8)$, $(2, 6, 9)$, $(3, 5, 6)$, $(3, 8, 0)$, $(4, 7, 9)$, $(5, 7, 0)$ jeweils kollinear und fallen keine der durch diese Punktetripel gegebenen Geraden zusammen, so ist automatisch auch $(7, 6, 8)$ kollinear.

Es gibt diverse Möglichkeiten diesen Satz elementargeometrisch oder analytisch zu beweisen. Wir wollen hier aber auf einen speziellen Beweis eingehen, der strukturell (wenn auch nicht so richtig elementar) sehr einfach ist. Die Kollinearität der Punkte $1, 2, 3$ lässt sich durch das Verschwinden der Determinante $[123]$ ausdrücken[7]. Betrachten wir nun die folgende Grassmann-Plücker-Relation

____

[7] Zur verbesserten Lesbarkeit lassen wir die Kommas in den Determinanten einfach weg.

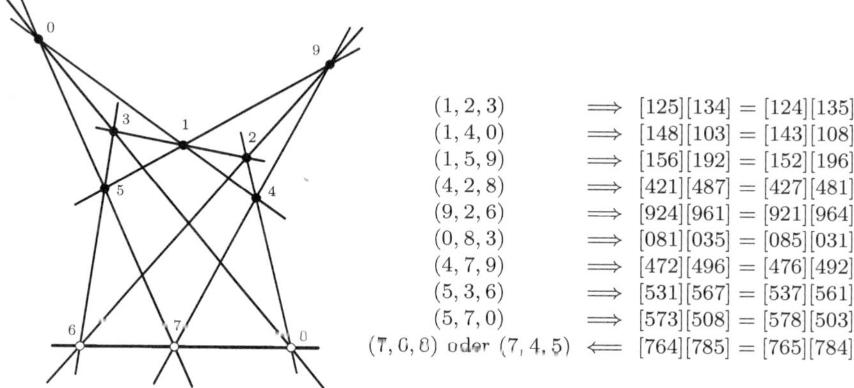

$$
\begin{array}{rcl}
(1,2,3) & \Longrightarrow & [125][134] = [124][135] \\
(1,4,0) & \Longrightarrow & [148][103] = [143][108] \\
(1,5,9) & \Longrightarrow & [156][192] = [152][196] \\
(4,2,8) & \Longrightarrow & [421][487] = [427][481] \\
(9,2,6) & \Longrightarrow & [924][961] = [921][964] \\
(0,8,3) & \Longrightarrow & [081][035] = [085][031] \\
(4,7,9) & \Longrightarrow & [472][496] = [476][492] \\
(5,3,6) & \Longrightarrow & [531][567] = [537][561] \\
(5,7,0) & \Longrightarrow & [573][508] = [578][503] \\
(7,6,8)\ \text{oder}\ (7,4,5) & \Longleftarrow & [764][785] = [765][784]
\end{array}
$$

Abb. 9.5 Der Satz von Desargues und sein Beweis.

$$
\underbrace{[123]}_{=0}[145] - [124][135] + [125][134] = 0.
$$

Sind die Hypothesen des Satzes erfüllt, so bewirkt dies das Verschwinden
des ersten Summanden in dieser Gleichung und es gilt somit

$$
[125][134] = [124][135].
$$

Die nicht-degeneriertheits-Bedingungen (kein Geradenpaar in Abbildung 9.5
darf zusammenfallen) bewirken, dass alle Determinanten in dieser Gleichung
ungleich Null sind. Nun wählen wir eine Gleichung der Form $[abx][acy] =
[aby][acx]$ für jedes der acht Hypothesentripel (a,b,c) aus. Hierbei können
wir die Wahl der betreffenden x und y auf so geschickte Weise treffen, dass
das Folgende passiert: Die betreffenden Gleichungen wurden in Abbildung
9.5 (rechts) in den oberen acht Zeilen aufgelistet. Multipliziert man alle linke
Seiten und alle rechten Seiten und kürzt jede Determinante heraus, die auf
beiden Seiten auftaucht[8], so bleiben am Schluss nur noch zwei Determinanten
auf jeder Gleichungsseite übrig (zehnte Zeile des Beweises). In diesem konkreten Fall können diese aber wieder als Fragment der Grassmann-Plücker-
Relation

$$
[768][745] \underbrace{-[764][785] + [765][784]}_{=0} = 0
$$

aufgefasst werden. Somit muss $[768][746] = 0$ gelten, was impliziert, dass entweder $(7,6,8)$ oder $(7,4,5)$ kollinear sein müssen. Letzteres wird aber durch
die nicht-degeneriertheits Bedingung ausgeschlossen, so dass die Kollinearität
von $(7,6,8)$ folgt. Beim Herauskürzen ist noch zu beachten, dass Vorzeichen

---

[8] das Kürzen ist zulässig, da alle beteiligten Determinanten nicht verschwinden.

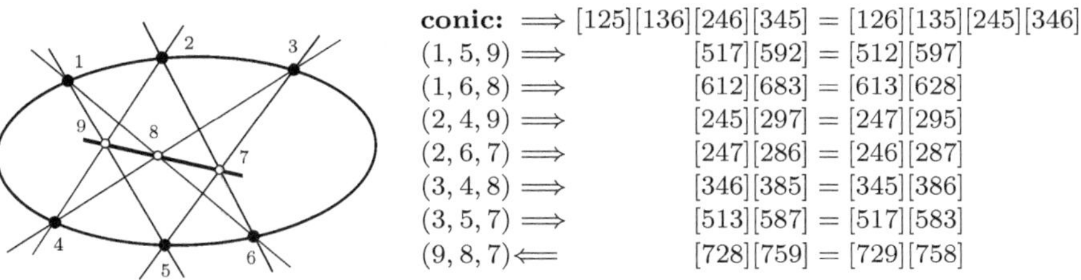

Abb. 9.6 Der Satz von Pascal.

entsprechend der alternierenden Determinantenregeln berücksichigt werden müssen.

Das Auffinden des eben beschriebenen Beweises lässt sich auf relativ einfache Weise automatisieren. Man erzeugt zunächst für die Hypothesen des Satzes alle mögliche Ausdrücke der Form $[abx][acy] = [aby][acx]$, die unter Annahme der Hypothesen automatisch gelten müssen (a, b, c kommen hierbei von einem Tripel und x, y sind beliebige andere Punkte der Konfiguration). Danach überprüft man, ob sich eine Teilmenge dieser Gleichungen so kombinieren lässt, dass durch Herauskürzen der auf linken und rechten Seiten auftauchenden Determinanten ein Fragment einer Grassmann-Plücker-Relation entsteht, aus dem man die Konklusion folgern kann.

Auf den ersten Blick ist dies ein gewaltiger (aber prinzipiell einfacher) Suchprozess. Immerhin gibt es bei n Punkten und k Hpothesentripeln $\binom{n}{3}$ Determinanten und $6 \cdot k \cdot \binom{n-3}{2}$ in Frage kommende Grassmann-Plücker-Relationen. Auf den zweiten Blick kann man das Problem aber als die Suche nach einer geeigneten Linearkombination der Konklusion aus den Hypothesen auffassen, indem man auf beide Seiten jeder Gleichung den Logarithms anwendet und damit das Determinantenprodukt in eine Summe umwandelt. Diese linearisierte Version lässt sich computergestützt selbst für große Punktkonfigurationen in vertretbar kurzer Zeit durchrechnen.

Die eben beschriebene Methode (und deren Variationen) ist erstaunlich mächtig und es gibt eine riesige Anzahl an spannenden Beispielen, die sich so beweisen lassen. Wir wollen uns hier auf zwei weitere Beispiele beschränken. Abbildung 9.6 zeigt den *Satz von Pascal*. Liegen sechs Punkte auf einem Kegelschnitt, und zeichnet man die angegebenen Linien ein, so liegen die drei Schnittpunkte der Linienpaare kollinear. Mit unseren Überlegungen aus Kapitel 5.1 lässt sich auch die Kegelschnittbedingung auf die Form *"Produkt von Determinanten ist gleich Produkt von Determinanten"* bringen, und somit in das beschriebene Beweismuster einbauen. Setzt man wieder die nichtdegeneriertheits-Bedingung, dass keine der Geraden zusammenfallen dürfen, voraus, so sind alle Determinanten in den Gleichungen ungleich Null. Von den beiden möglichen Konklusionen aus der gefolgerten Gleichung $(7, 8, 9)$ oder $(2, 5, 7)$ ist durch die Nichtdegeneriertheit nur die Erste zulässig.

Das zweite Beispiel ist eine Konfiguration von 10 Punkten, die gar nicht realisierbar ist. Es gibt in der projektiven Ebene keine zehn Punkte, die die in Abbildung 9.7 angedeuteten Kollinearitäten erfüllen, ohne dabei weitere Kollinearitäten zu erzeugen. Bei genauem Hinsehen erweist sich die "Gerade" $(5, 6, 0)$ in der Zeichnung als leicht gekrümmt. Füttert man die geforderten Kollinearitäten in den Beweiser, so kann dieser die folgende Gleichungsmenge herauskristallisieren.

$$
\begin{aligned}
(1, 2, 9) &\implies [128][179] = +[127][189] \\
(1, 3, 6) &\implies [146][130] = -[134][160] \\
(1, 4, 8) &\implies [124][168] = -[128][146] \\
(2, 3, 5) &\implies [234][250] = -[245][230] \\
(2, 4, 7) &\implies [127][245] = -[124][257] \\
(3, 0, 4) &\implies [134][230] = +[130][234] \\
(0, 5, 6) &\implies [160][570] = +[150][670] \\
(7, 5, 9) &\implies [157][789] = -[179][578] \\
(8, 6, 9) &\implies [189][678] = -[168][789] \\
(7, 8, 0) &\implies [578][670] = +[570][678] \\
(5, 1, 2) \text{ oder } (5, 7, 0) &\impliedby [157][250] = +[150][257]
\end{aligned}
$$

Herauskürzen aller sowohl links als auch rechts auftretenden Determinanten führt zur Gleichung $[157][250] = [150][257]$, welche entweder die Kollinearität von $(5, 1, 2)$ oder von $(5, 7, 0)$ zur Folge hat. Beide Kollinearitäten führen zum Teilkollaps der gezeigten Konfiguration.

Abschließend sei noch erwähnt, dass sich durch Einbeziehen der Punkte I und J mit dieser Methode nicht nur projektive, sondern auch eine große Zahl euklidischer geometrischer Theoreme (z.B. Schnittpunktsätze von Höhen, Mittelsenkrechten und Winkelhalbierenden) beweisen lassen. Dem eifrigen Leser sei das Auffinden solcher Beweise (oder noch besser das Implementieren eines Beweisers) als Übung überlassen.

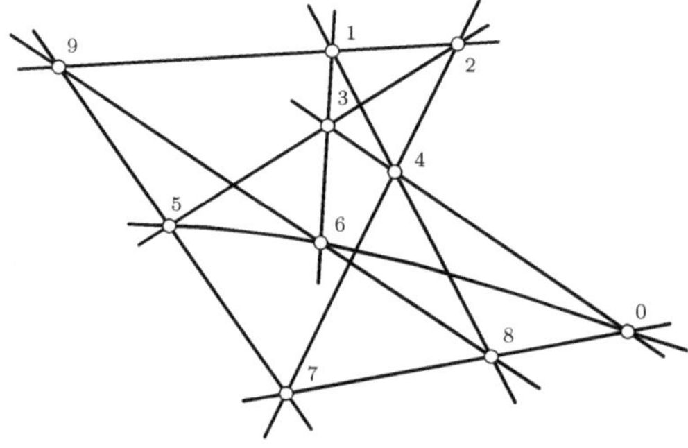

Abb. 9.7 Eine nicht-realisierbare Konfiguration.

Übungsaufgaben

1. Gegeben seien die paarweise verschiedenen Punkte $A, \ldots, I$ der euklidischen Ebene. Geben Sie ein Determinantenpolynom an, welches genau dann verschwindet, wenn der Schnittpunkt der Geraden durch A und B sowie durch C und D, der Schnittpunkt der Geraden durch E und F sowie durch G und H, und der Punkt I auf einer Geraden liegen.

2. Folgern Sie die Grassmann-Plücker-Relation

$$[T, A, B][T, C, D] - [T, A, C][T, B, D] + [T, A, D][T, B, C] = 0$$

aus dem allgemeinen Schema (9.2).

3. Zeigen Sie die Grassmann-Plücker-Relation (9.1), indem Sie wie folgt vorgehen:

   a) Begründen Sie, warum o.B.d.A. $A = (1, 0)^T$, $B = (b, 1)^T$, $C = (c, 1)^T$ und $D = (d, 1)^T$ gewählt werden kann.
   b) Entwickeln Sie die Determinanten der Grassmann-Plücker-Relation.
   c) Folgern Sie die Grassmann-Plücker-Relation, indem Sie die entwickelten Determinanten als gerichtete Strecken zwischen den Punkten b, c, d auffassen.

4. Zeigen Sie noch einmal die Grassmann-Plücker-Relation (9.1). Dieses Mal aber mithilfe der Cramerschen Regel, indem Sie sich wieder an den folgenden Teilaufgaben orientieren:

   a) Bestimmen Sie mithilfe der Cramerschen Regel die Lösung des linearen Gleichungssystems $(A, C) \cdot x = B$. Setzen Sie hierbei $[A, C] \neq 0$ voraus.
   b) Folgern Sie $[B, C] \cdot A + [A, B] \cdot C - [A, C] \cdot B = (0, 0)^T$.
   c) Schließen Sie letztlich auf die Grassmann-Plücker-Relation.

5. Gesucht ist eine Punktkonfiguration $P \in \mathbb{R}^{3 \cdot 6}$ zu einem Determinantenvektor $\Gamma \in \mathbb{R}^{\binom{6}{3}}$ mit den folgenden Werten:

$$\begin{array}{llr} [P_1, P_2, P_3] = & 2 \qquad & [P_1, P_3, P_5] = \quad 17 \\ [P_1, P_2, P_4] = & -4 \qquad & [P_1, P_3, P_6] = \quad 18 \\ [P_1, P_2, P_5] = & 5 \qquad & [P_2, P_3, P_4] = -20 \\ [P_1, P_2, P_6] = & 6 \qquad & [P_2, P_3, P_5] = \quad 9 \\ [P_1, P_3, P_4] = & -34 \qquad & [P_2, P_3, P_6] = \quad 8. \end{array}$$

   a) Bestimmen Sie die übrigen Werte von Γ, so dass Γ alle Grassmann-Plücker-Relationen erfüllt.
   b) Finden Sie eine Punktkonfiguration $P \in \mathbb{R}^{3 \cdot 6}$ mit $\Gamma(P) = \Gamma$.

6. Im Folgenden sind die Werte eines Determinantenvektors $\Gamma \in \mathbb{R}^{\binom{5}{2}}$ gegeben.

$$\begin{array}{llr} [P_1, P_2] = & -1 \qquad & [P_2, P_4] = \quad 2 \\ [P_1, P_3] = & 3 \qquad & [P_2, P_5] = -3 \\ [P_1, P_4] = & 1 \qquad & [P_3, P_4] = -2 \\ [P_1, P_5] = & -4 \qquad & [P_3, P_5] = -7 \\ [P_2, P_3] = & 4 \qquad & [P_4, P_5] = \quad 5 \end{array}$$

   a) Überprüfen Sie nun, ob es zu diesen Werten tatsächlich eine Punktkonfiguration $P \in \mathbb{R}^{2 \cdot 5}$ gibt.
   b) Wenn ja, skizzieren Sie eine mögliche Konfiguration. Andernfalls ändern Sie Γ so ab, dass Sie eine realisierbare Punktkonfiguration erhalten. Dabei soll nur eine minimale Anzahl von Determinanten geändert werden.

10
Kreisgeometrie

Es gibt manchmal Dinge in der Mathematik, die, wenn man sie zum ersten Mal sieht, wie ein Taschenspielertrick anmuten: man darf die ganze Zeit zusehen, beobachtet alles, und doch wundert man sich, dass die Münze plötzlich hinterm Ohr hervorgeholt wird.

In diesem Kapitel wollen wir uns mit einer möglichst günstigen Darstellung von Kreisen beschäftigen. Hierbei werden wir feststellen, dass, je nachdem an welcher Problemstellung man gerade interessiert ist, es günstig ist, diese als Vektoren im $\mathbb{R}^4$ bzw. homogen im $\mathbb{R}^5$ einzubetten. Die Kreise entsprechen dabei Punkten auf einer Quadrik. Punkte und Geraden der Ebene treten als spezielle Extremalfälle von Kreisen mit sehr kleinem bzw. sehr großem Radius auf und haben auch ihre Entsprechung auf der Quadrik. Eine speziell angepasste Bilinearform $\langle\!\langle \cdot , \cdot \rangle\!\rangle$ ermöglicht es, eine Bedingung herzuleiten, aus der man schließen kann, ob sich zwei Objekte berühren. Dies wird dann durch das Verschwinden der Bilinearform ausgedrückt. Geeignetes Dehomogenisieren und wiederum eine andere Bilinearform $\langle \cdot , \cdot \rangle$ ermöglicht es, den Schnittwinkel zweier Objekte als Arkuskosinus ihres Produkts zu berechnen.

Obgleich es sich bei der Kreisgeometrie um ein extrem beziehungsreiches Gebiet handelt – mit Auswirkungen bis in die Relativitäts- und Quantentheorie – und man über die Darstellung von Kreisen ganze Bücher schreiben kann, wollen wir hier recht pragmatisch vorgehen. Wie immer soll der Fokus auf die resultierenden Rechenverfahren gerichtet werden. Wir wollen den Herleitungen (die bewusst elementar gehalten sind) dennoch kurz die zu erzielenden Ergebnisse voran stellen. Angemerkt sei an dieser Stelle noch, dass das Darstellen einer niederdimensionalen geometrischen Struktur als Punkte, die einer speziellen Bedingung genügen, in einem hochdimensionalen projektiven Raum für uns nichts Neues ist. So ist z.B. eine Gerade im dreidimensionalien Raum auch am besten durch einen sechsdimensionalen reellen Vektor $(g_{12}, g_{13}, g_{14}, g_{23}, g_{24}, g_{34})^T$, ihre Plücker-Koordinaten, dargestellt. Ebenso wie bei den Kreisen muss solch ein Vektor, damit er von einer Geraden herrührt, eine bestimmte quadratische Bedingung $g_{12}g_{34} - g_{13}g_{24} + g_{14}g_{23} = 0$ erfüllen.

J. Richter-Gebert, T. Orendt, *Geometriekalküle*, Springer-Lehrbuch,
DOI 10.1007/978-3-642-02530-3_10, © Springer-Verlag Berlin Heidelberg 2009

10.1 Was wir erreichen wollen

Wir geben zunächst konkret eine geeignete Darstellung von Kreisen als Vektoren im $\mathbb{R}^5$ an. Hierzu betrachten wir einen Kreis c mit Mittelpunkt $(m_x, m_y)^T$ und Radius r. Wir ordnen ihm den fünfdimensionalen reellen Vektor

$$\mathbf{c}_c = \mathbf{c} = \begin{pmatrix} (1 + m_x^2 + m_y^2 - r^2)/2 \\ (1 - m_x^2 - m_y^2 + r^2)/2 \\ m_x \\ m_y \\ r \end{pmatrix}$$

zu. Man nennt $\mathbf{c}_c$ die *Lie-Koordinaten* von c. Wir fassen diesen Punkt als einen speziellen homogenen Repräsentanten für einen Punkt im $\mathbb{RP}^4$ auf, d.h. von Null verschiedene Vielfache von $\mathbf{c}$ sollen den gleichen Kreis repräsentieren. Eine Dehomogenisierung auf die obige Standardform ist leicht möglich, da in $\mathbf{c}$ die Summe der ersten beiden Koordinateneinträge gleich 1 ist. Man muss zur Umrechnung also gegebenenfalls nur durch die Summe dieser beiden Einträge teilen. Die Werte für m_x und m_y können natürlich beliebig aus $\mathbb{R}$ sein. Auch für den Radius r werden wir *beliebige* Werte aus $\mathbb{R}$, insbesondere auch Werte < 0, zulassen – in der Kreisgleichung $(x - m_x)^2 + (y - m_y)^2 = r^2$ geht r lediglich quadratisch ein, so dass für gegebenen Mittelpunkt m die Werte r und $-r$ zum gleichen Kreis führen. Wir wollen das Vorzeichen von r benutzen um den Kreisen einen Umlaufsinn zuzuordnen. Ist r positiv, so soll der Kreis mathematisch positiv, also gegen den Uhrzeigersinn orientiert sein. Ist r negativ, so soll er im Uhrzeigersinn orientiert sein. Ist $r = 0$ so ist der Umlaufsinn egal und der Kreis ist zu einem Punkt degeneriert.

Weiterhin definieren wir noch eine spezielle Bilinearform $\langle\!\langle \cdot, \cdot \rangle\!\rangle$, so dass für $\mathbf{p} = (p_1, p_2, p_3, p_4, p_5)^T$ und $\mathbf{q} = (q_1, q_2, q_3, q_4, q_5)^T$ die Defininition

$$\langle\!\langle \mathbf{p}, \mathbf{q} \rangle\!\rangle = -p_1 q_1 + p_2 q_2 + p_3 q_3 + p_4 q_4 - p_5 q_5$$

gilt. Die Menge der Punkte $\{\mathbf{p} \in \mathbb{R}^5 \mid \langle\!\langle \mathbf{p}, \mathbf{p} \rangle\!\rangle = 0\}$ nennt man die *Lie-Quadrik* $\mathcal{L}$. Diese entspricht einer Quadrik im $\mathbb{RP}^4$, da mit $\mathbf{p} \in \mathcal{L}$ auch automatisch $\lambda \mathbf{p} \in \mathcal{L}$ gilt ($\lambda \in \mathbb{R}^*$). Man rechnet leicht nach, dass die Koordianten $\mathbf{c}$ eines jeden (orientierten) Kreises c auf der Lie-Quadrik liegen.

Damit werden fast alle Punkte auf $\mathcal{L}$ erfasst. Die wenigen, die nicht erfasst wurden, entsprechen entweder Punkten (Kreisen vom Radius 0) oder ebenfalls orientierten Geraden (Kreisen vom Radius ∞). Durch die Bedingung $\langle\!\langle \mathbf{p}, \mathbf{q} \rangle\!\rangle = 0$ kann man orientiertes Berühren der beteiligten Objekte abprüfen. Hierbei sagen wir, dass sich zwei Objekte orientiert berühren, wenn sie sich berühren und am Berührpunkt die Orientierung in die gleiche Richtung zeigt. Abbildung 10.1 zeigt einige Kreise, bei denen für je zwei sich berühren-

Abb. 10.1 Orientierte Kontakt zwischen Kreisen

de Kreise auch eine orientierte Berührung vorliegt[1]. Wir werden später noch präzisieren, was genau orientierte Berührung für Geraden bedeutet.

Mit einer bestimmten Dehomogenisierung hat man auch sehr guten Zugriff auf die Schnittwinkel, unter denen sich orientierte Objekte treffen. Dehomogenisiert man gemäß

$$\mathbf{p} = \begin{pmatrix} p_1 \\ p_2 \\ p_3 \\ p_4 \\ p_5 \end{pmatrix} \mapsto \frac{1}{p_5} \begin{pmatrix} p_1 \\ p_2 \\ p_3 \\ p_4 \end{pmatrix} = \mathcal{D}(\mathbf{p})$$

und betrachtet die spezielle Bilinearform

$$\langle p, q \rangle = -p_1 q_1 + p_2 q_2 + p_3 q_3 + p_4 q_4$$

zweier Vektoren $p = (p_1, p_2, p_3, p_4)^T, q = (q_1, q_2, q_3, q_4)^T \in \mathbb{R}^4$, so ergibt sich der Schnittwinkel zweier in homogenen Lie-Koordinaten $\mathbf{p}, \mathbf{q}$ gegebenen orientierter Objekte p und q zu

$$\angle(p, q) = \arccos \langle \mathcal{D}(\mathbf{p}), \mathcal{D}(\mathbf{q}) \rangle.$$

Dem aufmerksamen Leser wird schon aufgefallen sein, dass wir für Lie-Koordinaten von Objekten Fettdruck verwendet haben, wohingegen selbst die Objekte nicht fett gedruckt werden. Des Weiteren haben wir auch nicht

---

[1] Eine gute Eselsbrücke zum orientierten Kontakt ist es sich die Kreise als drehende Zahnräder vorzustellen.

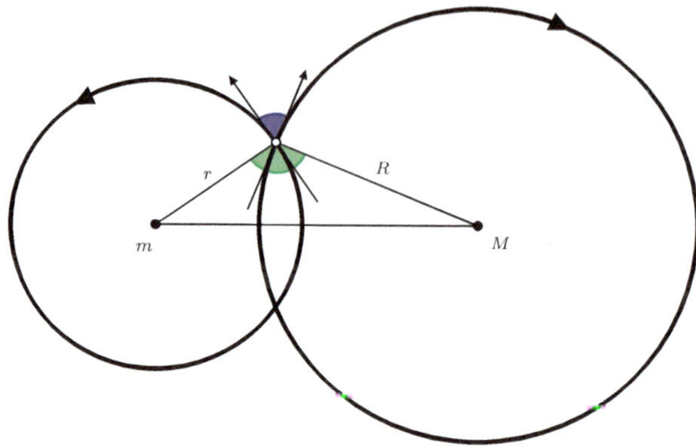

Abb. 10.2 Orientierte Kontakt zwischen Kreisen

mittels Groß- und Kleinschreibung unterschieden. Der Grund hierfür ist, dass
nun Punkte, Geraden und Kreise zur selben Klasse gehörten, sie sind nämlich
allesamt Punkte auf der Lie-Quadrik. Im Folgenden werden wir diese Notation fortführen. Die Beziehungen werden aber jeweils aus dem Zusammenhang
klar.

10.2 Schnittwinkel

Anstatt einfach nachzurechnen, dass die im letzen Abschnitt angegebenen
Rechenverfahren das Gewünschte leisten, wollten wir hier nachzeichnen, wie
man von einfachen elementargeometrischen Überlegungen zu den oben beschriebenen Formeln und geometrischen Interpretationen kommt.

   Wir werden unsere Argumentation so aufziehen, dass wir uns zunächst
mit Schnittwinkeln zweier Kreise beschäftigen. Hierzu seien zwei gewöhnliche
(nicht-orientierte) Kreise c_1 und c_2 mit den Kreisgleichungen

$$(x - m_x)^2 + (y - m_y)^2 = r^2 \quad \text{und} \quad (x - M_x)^2 + (y - M_y)^2 = R^2$$

gegeben. Abbildung 10.2 zeigt die beiden Kreise. Liegen diese nahe genug bei-
einander, so haben sie zwei Schnittpunkte. Legt man an einen dieser Punkte,
nennen wir ihn S, Tangenten an beide Kreise an, so schneiden sich diese unter
einem gewissen Winkel. Wir verstehen unter dem *Schnittwinkel* α der beiden
Kreise den Winkel, den die beiden Tangenten außerhalb der beiden Kreise
bilden (in der Abbildung blau)[2]. Wir wollen an dieser Stelle gleich *orientierte* Kreise heranziehen und die Definitionen darauf abstimmen. Im Fall der

---

[2] Hätten wir zur Definition den anderen Schnittpunkt herangezogen ergäbe sich aus Symmetriegründen der gleiche Winkel

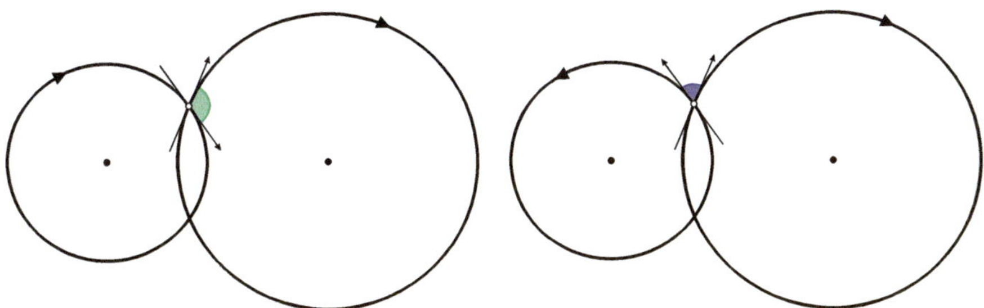

Abb. 10.3 Orientierte Schnittwinkel zwischen Kreisen

obigen Abbildung betrachten wir die Kreise als gegensinnig orientiert. Die Kreisorientierungen induzieren ebenso eine Orientierung auf den beiden Tangenten. Der eben definierte Schnittwinkel ist der Winkel (modulo π), um den wir eine der Tangenten im Uhrzeigersinn drehen müssen, um diese mit der anderen in gleicher Orientierung zur Deckung zu bringen. Nehmen wir an, der Kreis $(x - m_x)^2 + (y - m_y)^2 = r^2$ sei gegen den Uhrzeigersinn orientiert und der Kreis $(x - M_x)^2 + (y - M_y)^2 = R^2$ im Uhrzeigersinn. Wir tragen dem dadurch Rechnung, dass wir $r > 0$ und $R < 0$ wählen.[3]

Wir können den Schnittwinkel einfach mit Hilfe des Kosinussatzes berechnen. Hierzu betrachten wir das Dreieck, das aus $m = (m_x, m_y)^T$, $M = (M_x, M_y)^T$ und S gebildet wird. Der Kosinussatz besagt

$$\|m - M\|^2 = r^2 + R^2 + 2rR\cos(\beta).$$

Hierbei ist β der Innenwinkel des Dreiecks am Punkt S (in der Abbildung grün). Dabei muss man aufpassen, dass das Vorzeichen vor dem Summanden $2rR\cos(\beta)$ *positiv* ist, da die beiden Radien unterschiedliche Vorzeichen haben. Also ergibt sich

$$\arccos\left(\frac{\|m - M\|^2 - r^2 - R^2}{2rR}\right) = \beta.$$

Da die beiden Tangenten die zugehörigen Dreiecksseiten unter einem rechten Winkel treffen, ergibt sich $\alpha = \pi - \beta$. Wir können die Berechnung dieses Gegenwinkels wiederum durch einen Vorzeichenwechsel im Arkuskosinus erreichen und erhalten

$$\arccos\left(\frac{r^2 + R^2 - \|m - M\|^2}{2rR}\right) = \alpha. \tag{10.1}$$

---

[3] Dies ändert nichts an den Gleichungen.

Diese Formel ist auch konsistent unter Umkehrung der Orientierung eines der Kreise. In diesem Fall dreht sich das Vorzeichen eines der Radien um und es wird der Gegenwinkel zum angezeichneten blauen Winkel berechnet. Abbildung 10.3 zeigt die Schnittwinkel im Fall von gegensinnig und gleichsinnig orientierten Kreisen.

Die obige Formel ist zwar im Prinzip praktisch zum Berechnen des Schnittwinkels, aber in dieser Form weit davon entfernt, in unser bisheriges projektiv angelegtes Begriffsgebilde zu passen. Die Hauptschwierigkeit liegt darin, dass die Radien und Positionen der beiden Punkte sowohl additiv als auch multiplikativ miteinander verknüpft werden. Ideal wäre es, wenn ein Kreis durch einen Vektor repäsentiert werden kann, so dass eine möglichst einfache Verknüpfung das Argument für den Arkuskosinus berechnet. Im Falle des Schnittwinkels für Geraden kennen wir eine derartige Herangehensweise. Sind $(a, b, c)^T$ und $(x, y, z)^T$ die üblichen homogenen Koordinaten zweier Geraden, so ergibt sich deren geeignet orientierter Schnittwinkel durch $\arccos(ax + by)$, da $(a, b)^T$ und $(x, y)^T$ Normalenvektoren auf die Geraden darstellen. Ein ähnliches Vorgehen ist im Fall von Kreisen auch möglich.

Es gibt einen schönen "Trick" mit dem man additive Ausdrücke der Form $n + N$ in die Auswertung einer Bilinearform umwandeln kann, bei dem sowohl n und N als rechter und linker Teil des Produktes auftreten. Hierzu brauchen wir aber eine spezielle Bilinearform im $\mathbb{R}^2$

$$\left\langle \begin{pmatrix} a \\ b \end{pmatrix}, \begin{pmatrix} x \\ y \end{pmatrix} \right\rangle = -ax + by,$$

bei dem die erste Koordinate negativ gewichtet wird. Wertet man die Bilinearform $\langle p, P \rangle$ der Vektoren

$$p = \begin{pmatrix} 1 - n \\ 1 + n \end{pmatrix} \quad \text{und} \quad P = \begin{pmatrix} 1 - N \\ 1 + N \end{pmatrix}$$

aus, erhält man

$$\langle p, P \rangle = -(1 - n)(1 - N) + (1 + n)(1 + N) = 2(n + N).$$

Wir wenden nun diesen Trick in etwas elaborierterer Form an. Hierzu betrachten wir die Vektoren

$$p = \frac{1}{2r} \begin{pmatrix} 1 - n \\ 1 + n \\ 2m_x \\ 2m_y \end{pmatrix} \quad \text{und} \quad P = \frac{1}{2R} \begin{pmatrix} 1 - N \\ 1 + N \\ 2M_x \\ 2M_y \end{pmatrix},$$

wobei wir $n = r^2 - m_x^2 - m_y^2$ und $N = R^2 - M_x^2 - M_y^2$ setzen. Zusammen mit der Bilinearform

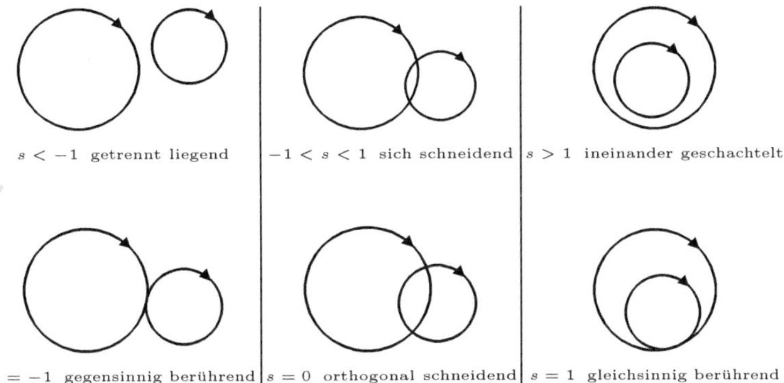

Abb. 10.4 Verschiedene Lagen geichgerichteter Kreise bei speziellen Wertebereichen für die Bilinearform $s = \langle p, P \rangle$.

$$\langle a, b \rangle = -a_1 b_1 + a_2 b_2 + a_3 b_3 + a_4 b_4$$

für die Vektoren $a = (a_1, a_2, a_3, a_4)^T$ und $b = (b_1, b_2, b_3, b_4)^T$, erhalten wir

$$\begin{aligned}
\langle p, P \rangle &= \tfrac{1}{4rR} \left(2N + 2n + 4m_x M_x + 4m_y M_y \right) \\
&= \tfrac{1}{2rR} \left(r^2 - m_x^2 - m_y^2 + R^2 - M_x^2 - M_y^2 + 2m_x M_x + 2m_y M_y \right) \\
&= \tfrac{1}{2rR} \left(r^2 + R^2 - (m_x - M_x)^2 - (m_y - M_y)^2 \right) \\
&= \tfrac{1}{2rR} \left(r^2 + R^2 - \| m - M \|^2 \right).
\end{aligned}$$

Letzteres ist exakt die Formel (10.1), die wir für den Kosinus des Schnittwinkels erhalten haben. Wir haben also alles in allem jedem orientierten Kreis einen Vektor p bzw. P zugeordnet, so dass wir über die Auswertung einer geeigneten Bilinearform den Kosinus des Schnittwinkels erhalten. Man darf an dieser Stelle nicht vergessen, dass in den Vorzeichen von r und R die Orientierung der Kreise kodiert war. Eine Änderung der Orientierung eines Kreises führt zu einer Umkehrung des Vorzeichens des Skalarporduktes und entspricht somit dem Übergang zum jeweiligen Gegenwinkel.

Wir wollen uns an dieser Stelle kurz überlegen, was wir aus dem konkreten Wert der Bilinearform über die relative Lage der beiden orientierten Kreise aussagen können. Abbildung 10.4 illustriert die verschiedenen geometrischen Lagen für zwei Kreise, die beide im Uhrzeigersinn orientiert sind. Es seien mit p und P wieder die zugehörigen Vektoren bezeichnet. Ein zulässiger Schnittwinkel tritt nur dann auf, wenn $\arccos \langle p, P \rangle$ ein reelles Ergebnis liefert. Für diesen Fall muss $-1 \leq \langle p, P \rangle \leq 1$ gelten. Ist der Wert der Bilinearform ausserhalb dieses Bereichs, so treffen sich die Kreise nicht und sind entweder ineinander geschachtelt oder liegen getrennt. Des Weiteren treten drei interessante Fälle auf. Für sie ergeben sich die speziellen Werte $-1, 0, 1$ für $\langle p, P \rangle$. Für $\langle p, P \rangle = 0$ schneiden sich die beiden Kreise im rechten Winkel.

Für $\langle p, P \rangle = -1$ liegt eine gegensinnige Berührung vor und für $\langle p, P \rangle = 1$ eine gleichsinnige Berührung.

10.3 Orientiertes Berühren

Wir wollen uns nun mit dem Fall zweier sich gleichsinnig berührender Kreise beschäftigen und diesen in das Verschwinden einer Bilinearform übersetzen. Nach unseren obigen Überlegungen ist dies der Fall, wenn $\langle p, P \rangle = 1$ gilt. Schreibt man die Vektoren ausführlich ist dies der Fall, wenn gilt

$$
\left\langle \frac{1}{2r} \begin{pmatrix} 1 - n \\ 1 + n \\ 2m_x \\ 2m_y \end{pmatrix}, \frac{1}{2R} \begin{pmatrix} 1 - N \\ 1 + N \\ 2M_x \\ 2M_y \end{pmatrix} \right\rangle = 1.
$$

Alternativ können wir durch Einbettung der Vektoren in einen fünfdimensionalen Vektorraum diese Bedingung auch als das Verschwinden einer geeignet definierten Bilinearform auffassen. Hierzu setzen wir für zwei Vektoren $\mathbf{a} = (a_1, \ldots, a_5), \mathbf{b} = (b_1, \ldots, b_5) \in \mathbb{R}^5$

$$
\langle\!\langle \mathbf{a}, \mathbf{b} \rangle\!\rangle = -a_1 b_1 + a_2 b_2 + a_3 b_3 + a_4 b_4 - a_5 b_5.
$$

Die obige Gleichung lässt sich dann nach Division durch 4 wie folgt formulieren:

$$
\left\langle\!\!\left\langle \begin{pmatrix} (1 - n)/2 \\ (1 + n)/2 \\ m_x \\ m_y \\ r \end{pmatrix}, \begin{pmatrix} (1 - N)/2 \\ (1 + N)/2 \\ M_x \\ M_y \\ R \end{pmatrix} \right\rangle\!\!\right\rangle = 0.
$$

An dieser Gleichung gibt es einiges Interessantes zu beobachten. Zunächst gehen wir auf die fünfdimensionalen Vektoren ein. Wir erhalten diese durch Homogenisierungen[4] der zuvor betrachteten Vektoren p und P. Da es bei homogenen Koordinaten auf skalare Vielfache ungleich Null nicht ankommt, können wir die Vektoren mit r bzw R multiplizieren. Auf diese Weise befreien wir uns von der Division durch die Radien. Dies ermöglicht es uns auch bei Kreisen vom Radius 0, also Punkten, sinnvoll von orientierter Berührung zu reden. Der Test $\langle\!\langle \cdot, \cdot \rangle\!\rangle = 0$ auf Verschwinden der Bilinearform ist linear in beiden beteiligten Vektoren, so dass auch von dieser Seite her das Identifizieren skalarer Vielfacher ungleich Null erlaubt ist. Für einen gegebenen Kreis c mit Mittelpunkt $(m_x, m_y)^T$ und Radius r nennen wir

---

[4] d.h. am Ende der Vektoren einfach eine 1 anhängen.

$$\mathbf{c}_c = \mathbf{c} = \begin{pmatrix} (1 + m_x^2 + m_y^2 - r^2)/2 \\ (1 - m_x^2 - m_y^2 + r^2)/2 \\ m_x \\ m_y \\ r \end{pmatrix}$$

seine Lie-Koordinaten. Diese werden als homogene Koordinaten eines Punktes im $\mathbb{RP}^4$ aufgefasst. Somit schreibt sich die Bedingung für gleichorientiertes Berühren zweier Kreise c und d einfach als

$$\langle\!\langle \mathbf{c}, \mathbf{d} \rangle\!\rangle = 0.$$

Ist hingegen ein Repäsentant $\mathbf{c} = (c_1, c_2, c_3, c_4, c_5)^T$ der Lie-Koordinate eines Kreises gegeben, von dem wir die Skalierung nicht a priori kennen, so können wir diesen leicht in die obige Skalierung umrechnen, indem wir durch die Summe der ersten beiden Koordinateneinträge $c_1 + c_2$ teilen, denn diese muss ja genau 1 ergeben. In den letzten drei Einträgen lassen sich nach der Division dann die Koordinaten des Mittelpunktes und der Radius direkt ablesen. Teilt man hingegen durch den letzten Koordinateneintrag c_5, so ergibt sich in den ersten vier Einträgen der Vektor, der zur Bestimmung der konkreten Schnittwinkel ideal geeignet war.

Betrachtet man die Vektoren $\mathbf{c}$, die sich als Lie Koordinaten eines Kreises ergeben, so können diese nicht beliebig sein. Ähnlich wie im Falle von Plücker-Koordinaten für Geraden im $\mathbb{RP}^3$, wo jede Gerade mit sich selbst inzident ist, berührt sich auch jeder Kreis mit passender Orientierung selbst. Somit muss für jeden Kreis c die Gleichung

$$\langle\!\langle \mathbf{c}, \mathbf{c} \rangle\!\rangle = 0$$

gelten. Dies kann man auch direkt aus den Definitionen nachrechnen. Mit $n = r^2 - m_x^2 - m_y^2$ gilt

$$\left\langle\!\!\!\left\langle \begin{pmatrix} (1-n)/2 \\ (1+n)/2 \\ m_x \\ m_y \\ r \end{pmatrix}, \begin{pmatrix} (1-n)/2 \\ (1+n)/2 \\ m_x \\ m_y \\ r \end{pmatrix} \right\rangle\!\!\!\right\rangle = (n+n)/2 + m_x^2 + m_y^2 - r^2 = 0$$

Die Menge $\mathcal{L} = \{\mathbf{c} \in \mathbb{R}^5 \mid \langle\!\langle \mathbf{c}, \mathbf{c} \rangle\!\rangle = 0\}$ nennt man die *Lie-Quadrik*. Wir können diese natürlich auch projektiv als Quadrik im $\mathbb{RP}^4$ auffassen. Jeder orientierte Kreis entspricht dabei genau einem Punkt auf der Lie-Quadrik.

10.4 Kreise, Punkte und Geraden

Welche Punkte der Lie-Quadrik werden nun durch die Lie-Koordinaten von orientierten Kreisen erfasst? Die Quadrik ist eine Hyperfläche im $\mathbb{RP}^4$ und hat damit drei geometrische Dimensionen. Diese entsprechen den drei Parametern eines Kreises. Dennoch treten auf der Quadrik Punkte auf, die nicht als Bild eines gewöhnlichen Kreises entstehen können. Wir wollen im Folgenden systematisch analysieren, welche (reellen) Punkte auf der Lie-Quadrik welchen geometrischen Objekten zuzuordnen sind. Betrachten wir einen Repräsentanten $\mathbf{c} \in \mathbb{R}^5$ eines Punktes auf der Lie-Quadrik, d.h. es gilt

$$-c_1^2 + c_2^2 + c_3^2 + c_4^2 - c_5^2 = 0.$$

Punkte und Kreise.   Nehmen wir zunächst an, dass $\lambda = c_1 + c_2 \neq 0$ gilt. Wir betrachten den Vektor $\mathbf{c}' = \mathbf{c} \cdot \frac{1}{\lambda}$. Dieser Punkt repräsentiert den gleichen Punkt der Lie-Quadrik. Es gilt $c_1' + c_2' = 1$. Setzen wir $n = -c_1' + c_2'$, so gilt $c_1' = (1 - n)/2$ und $c_2' = (1 + n)/2$. Da $\mathbf{c}'$ auf der Lie-Quadrik liegt, muss gelten:

$$0 = -\frac{(1 - n)^2}{4} + \frac{(1 + n)^2}{4} + c_3^2 + c_4^2 - c_5^2 = n + c_3^2 + c_4^2 - c_5^2.$$

Somit gilt $n = -c_3^2 - c_4^2 + c_5^2$. D.h. $\mathbf{c}' = \mathbf{c}_c$ für einen Kreis c mit Mittelpunkt $(m_x, m_y)^T = (c_3', c_4')^T$ und Radius $r = c_5'$. Unser ursprünglicher Vektor repräsentiert also diesen Kreis. Hierbei entspricht ein Kreis mit Radius $r = 0$ einem Punkt $(x, y)^T = (m_x, m_y)^T$. Ist hingegen $|r| > 0$, repräsentiert c einen echten Kreis.

Geraden.   Welche Objekte repräsentieren Punkte $\mathbf{c}$ der Lie-Quadrik, für die $c_1 + c_2 = 0$ gilt? Es liegt nahe, dass diese Elemente Kreise mit unendlich großem Radius, also Geraden, repräsentieren. Wir wollen uns dies durch einen Grenzübergang klarmachen. Wir betrachten hierzu einen Kreis c, der durch seinen Mittelpunkt $m = (m_x, m_y)^T$ und durch einen Punkt $p = (p_x, p_y)^T$ auf dem Kreisrand gegeben ist. Wir betrachten den Grenzübergang, bei dem der Kreismittelpunkt in eine bestimmte Richtung nach Unendlich wandert. Hierzu sei $a = (a_x, a_y)^T$ ein Vektor, der die Richtung vorgibt und wir setzen $(m_x, m_y)^T = t \cdot (a_x, a_y)^T$ und lassen t nach $+\infty$ laufen. Geometrisch geht dabei der Kreis durch p in eine Gerade g durch p über. Die Richtung der Geraden steht dabei senkrecht auf a. Was aber passiert mit den Lie-Koordinaten während dieses Grenzübergangs?

Wir müssen dazu zunächst den Radius r des Kreises bestimmen. Dieser ergibt sich zu $r = \|p - m\| = \sqrt{(p_x - m_x)^2 + (p_y - m_y)^2}$. Die für die Berechnung der Lie-Koordinaten relevante Zahl $n = r^2 - m_x^2 - m_y^2$ ergibt sich als

$$n = (p_x - m_x)^2 + (p_y - m_y)^2 - m_x^2 - m_y^2 = p_x^2 - 2p_x m_x + p_y^2 - 2p_y m_y.$$

Die Lie-Koordinaten ergeben sich somit zu

$$
\begin{pmatrix} (1-n)/2 \\ (1+n)/2 \\ m_x \\ m_y \\ r \end{pmatrix} = \begin{pmatrix} (1 - p_x^2 + 2p_x m_x - p_y^2 + 2p_y m_y)/2 \\ (1 + p_x^2 - 2p_x m_x + p_y^2 - 2p_y m_y)/2 \\ m_x \\ m_y \\ \sqrt{p_x^2 - 2p_x m_x + m_x^2 + p_y^2 - 2p_y m_y + m_y^2} \end{pmatrix}.
$$

Ersetzt man $(m_x, m_y)^T$ durch $t \cdot (a_x, a_y)^T$, so müssen im Grenzübergang $t \to \infty$ lediglich die Summanden der jeweiligen Komponenten mit der höchsten Potenz in m_x bzw. m_y berücksichtigt werden. Somit erhalten wir im Grenzfall

$$
\begin{pmatrix} +t \cdot (p_x a_x + p_y a_y) \\ -t \cdot (p_x a_x + p_y a_y) \\ t \cdot a_x \\ t \cdot a_y \\ \sqrt{t^2 \cdot a_x^2 + t^2 \cdot a_y^2} \end{pmatrix} = t \cdot \begin{pmatrix} +\langle p, a \rangle \\ -\langle p, a \rangle \\ a_x \\ a_y \\ \|a\| \end{pmatrix} = t \cdot \mathbf{g},
$$

wobei $\langle p, a \rangle$ das gewöhnliche Skalarprodukt darstellt. Da skalare Vielfache eines Vektors ungleich Null denselben Punkt repräsentieren, kann der Vorfaktor t weggelassen werden. Somit wird die Gerade g durch den Vektor $\mathbf{g}$ repräsentiert. Man kann leicht nachrechnen, dass dieser Vektor tatsächlich auf der Lie-Quadrik liegt und durch den Punkt p geht. Auch die Geraden sind orientierte Objekte. Für jede unorientierte geometrische Gerade gibt es zwei zugehörige Punkte auf der Lie-Quadrik, die sich durch Vorzeichenwechsel im letzten Eintrag unterscheiden. Sie repräsentieren die beiden möglichen Orientierungen der Geraden.

Und noch ein Punkt. Nun haben wir fast alle Punkte auf der Lie-Quadrik erfasst. Solche mit $c_1 + c_2 \neq 0$ stellen orientierte Kreise oder endliche Punkte dar. Für Punkte gilt zudem $c_5 = 0$. Solche mit $c_1 + c_2 = 0$ und nicht verschwindendem c_5 haben wir als orientierte Geraden identifiziert. Somit verbleiben nur noch Vektoren zu betrachten, die die Form $\mathbf{c} = (c_1, -c_1, c_3, c_4, 0)^T$ haben. Sollen diese auf der Lie-Quadrik liegen, so muss $0 = \langle\langle \mathbf{c}, \mathbf{c} \rangle\rangle = c_3^2 + c_4^2$ gelten. Die einzigen reellen Vektoren dieser Form sind $(c_1, -c_1, 0, 0, 0)^T$. Dieser Vektor entsteht im Grenzfall als Lie-Koordinate eines Punktes $(m_x, m_y)^T$, der in irgendeiner Richtung nach Unendlich wandert. Er stellt somit den Punkt im Unendlichen dar, den wir ja bereits aus Kapitel 6 als Bestandteil der Kreisgeometrie kennen.

10.5 Verhältnis zu anderen Geometrien

Es ist instruktiv sich klarzumachen, wie sich Konzepte, die wir in früheren Abschnitten kennen gelernt haben, in der eben dargestellten Kreisgeometrie wiederfinden. In der hier entwickelten Kreisgeometrie können gleichermaßen Punkte, Geraden und Kreise durch Lie-Koordinaten repräsentiert werden. Sowohl Inzidenz zwischen Punkten und Geraden, oder Punkten und Kreisen, als auch Tangentialität an Kreise können mittels dieser Darstellung erfasst werden. Jede dieser Eigenschaften wird durch eine Bedingung $\langle\!\langle \mathbf{p}, \mathbf{q} \rangle\!\rangle = 0$ abgeprüft, wobei $\mathbf{p}$ und $\mathbf{q}$ Lie-Koordianten der beteiligten Objekte sind.

Wir nennen im Folgenden Lie-Koordinaten der Form $(c_1, c_2, c_3, c_4, 0)^T$ *Punkte*. Insbesondere ist $(1, -1, 0, 0, 0)^T$ der *Punkt im Unendlichen*. Von den verbleibenden Lie-Koordinaten werden solche der Form $(d, -d, c_3, c_4, c_5)^T$ *Geraden* genannt. Alle übrigen Lie-Koordinaten nennen wir *Kreise*. Ferner schreiben wir im Folgenden $\mathbf{p} \sim \mathbf{q}$, falls $\langle\!\langle \mathbf{p}, \mathbf{q} \rangle\!\rangle = 0$ gilt.

Zunächst bemerken wir, dass natürlich $\mathbf{p} \sim \mathbf{p}$ für alle Punkte, Geraden und Kreise gilt, da sie per Definition $\langle\!\langle \mathbf{p}, \mathbf{p} \rangle\!\rangle = 0$ erfüllen. Wir wollen nun systematisch untersuchen, in welchen sonstigen Situationen die Bedingung $\mathbf{p} \sim \mathbf{q}$ gilt. Wir betrachten zunächst die Situation, dass $\mathbf{p}$ ein Punkt ist. Danach untersuchen wir die Fälle, in denen $\mathbf{p}$ eine Gerade bzw. ein Kreis ist. In den meisten Fällen lassen sich durch geeignete Skalierung sogar metrische Aussagen über die Lage der beiden Objekte machen.[5]

Punkt/Punkt. Seien nun zunächst sowohl $\mathbf{p}$ also auch $\mathbf{q}$ Punkte. Im letzten Abschnitt haben wir gesehen, dass die Lie-Koordinaten eines Punktes $p = (p_x, p_y)^T$ in der üblichen Skalierung die Form

$$\mathbf{p} = \left(\tfrac{1+\|p\|^2}{2}, \tfrac{1-\|p\|^2}{2}, p_x, p_y, 0 \right)^T$$

haben. Für die entsprechenden Lie-Koordinaten $\mathbf{q}$ eines weiteren Punktes $q = (q_x, q_y)^T$ gilt dann

$$\langle\!\langle \mathbf{p}, \mathbf{q} \rangle\!\rangle = \tfrac{1}{2}(-\|p\|^2 - \|q\|^2 + 2p_x q_x + 2p_y q_y) = -\tfrac{1}{2}\|p - q\|^2.$$

Somit kann für zwei Punkte nur dann $\mathbf{p} \sim \mathbf{q}$ gelten, wenn diese übereinstimmen. Mehr noch, man kann bei dieser Skalierung an $\langle\!\langle \mathbf{p}, \mathbf{q} \rangle\!\rangle$ direkt den quadrierten Abstand der Punkte ablesen. Es gilt also $\|p - q\| = \sqrt{-2\langle\!\langle \mathbf{p}, \mathbf{q} \rangle\!\rangle}$.

Punkt/Gerade. Wann gilt für einen Punkt $\mathbf{p}$ und eine Gerade $\mathbf{g}$ die Relation $\mathbf{p} \sim \mathbf{g}$? Zu erwarten ist, dass dies genau im Falle klassischer Inzidenz auftritt, was wir auch einfach verifizieren können. Wir haben gesehen, dass die Lie Koordinaten einer Geraden mit Normalenvektor $a = (a_x, a_y)^T$ durch einen Punkt $q = (q_x, q_y)^T$ sich zu

---

[5] Im Folgenden werden wir die (homogenen) Lie-Koordinaten immer so skalieren, dass die nachfolgenden Rechnungen möglichst einfach werden.

$$\mathbf{g} = (\langle q, a \rangle, -\langle q, a \rangle, a_x, a_y, \|a\|)^T$$

ergeben. Da die Gerade durch den Punkt q geht, kann sie als in Hesse-Normalform gemäß $\{(x, y) \in \mathbb{R}^2 \mid xa_x + ya_y = q_xa_x + q_ya_y\}$ geschrieben werden und hat damit, im herkömmlichen Sinne, die homogenen Koordinaten

$$(g_1, g_2, g_3)^T = (a_x, a_y, -\langle q, a \rangle)^T.$$

Umgekehrt hat somit eine Gerade mit homogenen Koordinaten $(g_1, g_2, g_3)^T$ die Lie-Koordinaten

$$\mathbf{g} = (-g_3, g_3, g_1, g_2, \pm\sqrt{g_1^2 + g_2^2})^T.$$

Dabei kodiert das Vorzeichen des letzten Eintrags die Orientierung. Als Produkt mit einem Punkt $\mathbf{p}$ mit Koordinaten $(p_x, p_y)^T$ erhält man

$$\langle\!\langle \mathbf{p}, \mathbf{g} \rangle\!\rangle = \tfrac{1+\|p\|^2}{2}g_3 + \tfrac{1-\|p\|^2}{2}g_3 + p_xg_1 + p_yg_2 = p_xg_1 + p_yg_2 + g_3,$$

was genau dem gewöhnlichen Skalarprodukt zwischen Punkten und Geraden in homogenen Koordinaten entspricht und dessen Verschwinden wir schon immer als Test für Inzidenz herangezogen haben. Bemerkenswert ist an dieser Stelle, dass die 0 im letzten Eintrag der Lie-Koordinaten des Punktes dafür sorgt, dass die Orientierung der Geraden für Inzidenz unerheblich ist. Wurde für den Normalenvektor a zudem die Skalierung $\|a\| = 1$ gewählt, was wir o.B.d.A. annehmen können, ergibt sich

$$\langle\!\langle \mathbf{p}, \mathbf{g} \rangle\!\rangle = a_1p_x + a_2p_y - \langle p, a \rangle,$$

was im Betrag dem Abstand des Punktes von der Geraden entspricht.

Der spezielle Punkt $\infty = (1, -1, 0, 0, 0)^T$ wurde durch diese Überlegung noch nicht abgedeckt. Für diesen ergibt sich aber einfach

$$\langle\!\langle \infty, \mathbf{g} \rangle\!\rangle = g_3 - g_3 = 0.$$

Somit gilt für jede Gerade $\mathbf{g} \sim \infty$. Oder anders ausgedrückt, jede Gerade geht durch den Punkt in Unendlichen.

Punkt/Kreis. Es seien nun $(\tfrac{1+\|p\|^2}{2}, \tfrac{1-\|p\|^2}{2}, p_x, p_y, 0)^T$ wieder die Lie-Koordinaten des Punktes $p = (p_x, p_y)^T$ und

$$\mathbf{c} = ((1 - n)/2, (1 + n)/2, m_x, m_y, r)^T$$

die Lie-Koordinaten eines Kreises, mit $n = r^2 - \|m\|$. Es ergibt sich

$$\langle\!\langle \mathbf{p}, \mathbf{c} \rangle\!\rangle = \tfrac{1}{2}(-\|p\|^2 + r^2 - \|m\|^2 + 2p_xm_x + 2p_ym_y) = \tfrac{1}{2}(-\|p - m\|^2 + r^2).$$

Dieser Ausdruck wird nur dann Null, wenn der Abstand des Punktes p zum Mittelpunkt m des Kreises genau dem Kreis-Radius entspricht – der Punkt also auf dem Kreis liegt. Man beachte, dass auch hier wieder das Vorzeichen des Radius unerheblich ist.

Der Ausdruck $\sqrt{-2\langle\!\langle \mathbf{p}, \mathbf{c}\rangle\!\rangle}$ gibt genau den Abstand des Punktes zu einem Berührpunkt einer Tangente von p an c an. Dieser wird komplex, falls der Punkt innerhalb des Kreises liegt.

Kreis/Kreis. Dies ist der Fall, von dem wir ursprünglich ausgingen. Somit wissen wir, dass für zwei Kreise mit Lie-Koordinaten $\mathbf{c}$ und $\mathbf{d}$ die Beziehung $\mathbf{c} \sim \mathbf{d}$ genau dann gilt, wenn diese sich orientiert berühren. Der Ausdruck $\sqrt{-2\langle\!\langle \mathbf{c}, \mathbf{d}\rangle\!\rangle}$ ergibt diesmal den Abstand zweier Berührpunkte einer orientierten Tangente an die beiden Kreise. Er wird komplex, falls diese Tangenten nicht existieren.

Gerade/Gerade. Hier tritt noch eine bemerkenswerte Situation auf. Seien g und l zwei Geraden mit homogenen Koordinaten $g = (g_1, g_2, g_3)^T$ und $l = (l_1, l_2, l_3)^T$. O.B.d.A. können wir annehmen, dass diese so skaliert sind, dass die Längen der Normalenvektoren $n_g = (g_1, g_2)^T$ bzw. $n_l = (l_1, l_2)^T$ auf 1 normiert sind, also $g_1^2 + g_2^2 = l_1^2 + l_2^2 = 1$ gilt. Die entsprechenden Lie-Koordinaten sind dann

$$\mathbf{g} = (g_3, -g_3, g_1, g_2, \pm 1) \quad \text{und} \quad \mathbf{l} = (l_3, -l_3, l_1, l_2, \pm 1).$$

Für den Wert der Bilinearform der Lie-Koordinaten ergibt sich

$$\langle\!\langle \mathbf{g}, \mathbf{l}\rangle\!\rangle = -g_3 l_3 + g_3 l_3 + g_1 l_1 + g_2 l_2 \pm 1 = g_1 l_1 + g_2 l_2 \pm 1.$$

Die Gleichung $\langle\!\langle \mathbf{g}, \mathbf{l}\rangle\!\rangle = 0$ bedeutet auf Ebene der Normalenvektoren $\langle n_g, n_l\rangle = \pm 1$, was, wegen der Normierung der Normalenvektoren, abhängig vom Vorzeichen gleichsinnige oder gegensinnige Parallelität der Geraden bedeutet.

Gerade/Kreis. Es verbleibt noch die Situation zu untersuchen, wenn die Lie-Koordinaten eines Kreises $\mathbf{c}$ und einer Geraden $\mathbf{g}$ miteinander durch die Bilinearform verknüpft werden. Die Rechnung ist vergleichbar zur Situation Punkt/Gerade, nur dass nun die letzte Lie-Koordinate des Punktes nicht mehr gleich 0 ist. Hat der Kreis $\mathbf{c}$ den Mittelpunkt $m = (m_x, m_y)^T$ und Radius r, so ergibt sich

$$\langle\!\langle \mathbf{c}, \mathbf{g}\rangle\!\rangle = g_1 m_x + g_2 m_y + g_3 \pm \sqrt{g_1^2 + g_2^2} \cdot r,$$

Nehmen wir wiederum o.B.d.A. $g_1^2 + g_2^2 = 1$ an, so berechnet $\langle\!\langle \mathbf{c}, \mathbf{g}\rangle\!\rangle$ den Abstand des Kreismittelpunktes zur Geraden plus/minus dem Radius r. Somit wird dadurch der Abstand des Punktes auf $\mathbf{c}$ bestimmt, an den eine zu $\mathbf{g}$ parallele und gleichsinnige Tangente angelegt werden kann. Es gilt natürlich $\mathbf{c} \sim \mathbf{g}$, wenn orientierter Kontakt vorliegt.

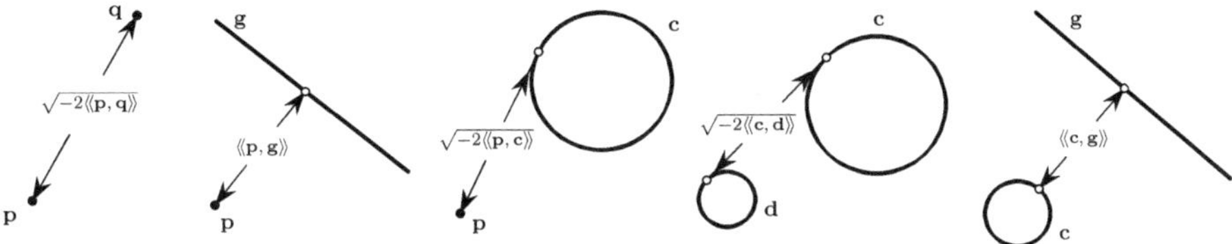

Abb. 10.5 Verschiedene Messungen, die durch $\langle\!\langle \cdot, \cdot \rangle\!\rangle$ durchgeführt werden können.

Abbildung 10.5 stellt nochmals zusammenfassend die verschiedenen Situationen der Messungen, die mit $\langle\!\langle \cdot, \cdot \rangle\!\rangle$ durchgeführt werden können gegenüber.

10.6 Rechnen mit Lie-Koordinaten

Wir haben gesehen, dass sich bzgl. der Lie-Koordinaten eine Vielzahl von geometrischen Eigenschaften durch einfaches Betrachten der Bedingung $\langle\!\langle \mathbf{p}, \mathbf{q} \rangle\!\rangle = 0$ ausdrücken lassen. Wir wollen nun kurz analysieren, wie sich diese zum Berechnen von geometrischen Objekten benutzen lässt.

Wir gehen dazu von folgender Situation aus: Wir wollen ein Objekt $\mathbf{x}$ bestimmen, dass gleichzeitig $\mathbf{x} \sim \mathbf{p}$, $\mathbf{x} \sim \mathbf{q}$ und $\mathbf{x} \sim \mathbf{r}$ für drei weitere Objekte $\mathbf{p}, \mathbf{q}, \mathbf{r}$ erfüllt. Einerseits wollen wir kurz erläutern, wie man eine solche Operation berechnet, andererseits wollen wir betrachten, was sich durch eine solche Operation berechnen lässt.

Zunächst einmal zur Berechnung. Seien also $\mathbf{p}, \mathbf{q}, \mathbf{r} \in \mathcal{L}$ drei Objekte auf der Lie-Quadrik. Wir erinnern uns, dass wir $\mathcal{L}$ als Quadrik im $\mathbb{RP}^4$ auffassen können. Somit sind $\mathbf{p}, \mathbf{q}, \mathbf{r}$ Punkte im $\mathbb{RP}^4$, die durch Vektoren des $\mathbb{R}^5$ repräsentiert werden. Wir suchen nun ein Element $\mathbf{x} \in \mathbb{R}^5$, welches gleichzeitig die Gleichungen

$$\langle\!\langle \mathbf{p}, \mathbf{x} \rangle\!\rangle = 0, \ \langle\!\langle \mathbf{q}, \mathbf{x} \rangle\!\rangle = 0, \ \langle\!\langle \mathbf{r}, \mathbf{x} \rangle\!\rangle = 0, \ \langle\!\langle \mathbf{x}, \mathbf{x} \rangle\!\rangle = 0,$$

erfüllt. Die ersten drei Gleichungen führen auf ein homogenes lineares Gleichungssystem. Die letzte Gleichung entspricht der Forderung $\mathbf{x} \in \mathcal{L}$. Sind $\mathbf{p}, \mathbf{q}, \mathbf{r}$ linear unabhängig, was in allgemeiner Lage immer der Fall sein wird, so hat das lineare Gleichungssystem einen zweidimensionalen linearen Lösungsraum S, den wir als Linearkombination zweier unabhängiger Lösungsvektoren $\mathbf{a}, \mathbf{b}$ darstellen können, d.h $S = \{\lambda \mathbf{a} + \mu \mathbf{b} \ : \ \lambda, \mu \in \mathbb{R}\}$. Die Bedingung $\langle\!\langle \mathbf{x}, \mathbf{x} \rangle\!\rangle = 0$ wird somit zu einer quadratischen Gleichung

$$\lambda^2 \langle\!\langle \mathbf{a}, \mathbf{a} \rangle\!\rangle + 2\lambda\mu \langle\!\langle \mathbf{a}, \mathbf{b} \rangle\!\rangle + \mu^2 \langle\!\langle \mathbf{b}, \mathbf{b} \rangle\!\rangle = 0,$$

welche man einfach lösen kann[6]. Diese hat i.A. zwei verschiedene Lösungen, die wir im Folgenden mit $\bigcirc_1(\mathbf{p}, \mathbf{q}, \mathbf{r})$ und $\bigcirc_2(\mathbf{p}, \mathbf{q}, \mathbf{r})$ bezeichnen. Dies sind die beiden Objekte auf der Lie-Quadrik, die unsere geforderten Bedingungen erfüllen.[7]

Wir wollen uns nun einige geometrische Operationen ansehen, die man durch $\bigcirc_i(\mathbf{p}, \mathbf{q}, \mathbf{r})$ ausdrücken kann ($i = 1, 2$). Im Folgenden sei wieder jedes Objekt mit seinen Lie-Koordinaten identifiziert. Ferner sein $\mathbf{e} = (0, 0, 0, 0, 1)^T$ noch ein spezieller Vektor im $\mathbb{R}^5$. Dieser liegt zwar nicht auf der Lie-Quadrik, ist aber sehr nützlich. Wenn $\langle\!\langle \mathbf{p}, \mathbf{e} \rangle\!\rangle = 0$ gilt, so muss $\mathbf{p}$ ein Punkt sein. Ferner sei $\infty = (1, -1, 0, 0, 0)^T$ wieder der Punkt im Unendlichen.

Schnittpunkt und Verbindungsgerade. Seien $\mathbf{p}, \mathbf{q}$ zwei Punkte. Die beiden Punkte $\bigcirc_i(\mathbf{p}, \mathbf{q}, \infty)$ stellen dann jeweils eine Verbindungsgerade von $\mathbf{p}$ und $\mathbf{q}$ dar. Jede der Lösungen entspricht einer unterschiedlichen Orientierung. Seien umgekehrt $\mathbf{g}, \mathbf{l}$ zwei Geraden. So ist eines der beiden Objekte $\bigcirc_i(\mathbf{g}, \mathbf{l}, \mathbf{e})$ der Schnittpunkt der beiden Geraden, während das andere der Punkt ∞ im Unendlichen ist.

Parallele. Für eine Parallele $\mathbf{x}$ durch einen Punkt $\mathbf{p}$ zu einer Geraden $\mathbf{g}$ gilt $\mathbf{p} \sim \mathbf{x}$ (die Parallele geht durch den Punkt) und $\mathbf{g} \sim \mathbf{x}$ (die Parallele ist tatsächlich parallel). Somit lässt sich die Parallele einfach als $\bigcirc_i(\mathbf{p}, \mathbf{g}, \infty)$ berechnen. Die beiden Lösungen entsprechen den beiden möglichen Orientierungen.

Kreis durch drei Punkte. Es gibt zwei Möglichkeiten orientierten Kreise durch drei Punkte $\mathbf{p}, \mathbf{q}, \mathbf{r}$ zu legen. Diese ergeben sich einfach zu $\bigcirc_i(\mathbf{p}, \mathbf{q}, \mathbf{r})$.

Schnitt zweier Kreise. Sind $\mathbf{c}, \mathbf{d}$ zwei Kreise, so gilt für beide Schnittpunkte $\mathbf{p}_1$ und $\mathbf{p}_2$ wiederum $\mathbf{c} \sim \mathbf{p_i}$ und $\mathbf{d} \sim \mathbf{p_i}$ ($i = 1, 2$). Also ergeben sich die beiden Schnittpunkte als die beiden Lösungen $\bigcirc_i(\mathbf{c}, \mathbf{d}, \mathbf{e})$. Ferner ist die Operation analog auf den Schnitt von Gerade und Kreis anwendbar.

Tangenten an Kreis durch Punkte. Ist $\mathbf{p}$ ein Punkt und $\mathbf{c}$ ein Kreis, so kann man durch $\bigcirc_i(\mathbf{p}, \mathbf{c}, \infty)$ die beiden Kreistangenten berechnen. Ist $\mathbf{q}$ ein anderer Punkt, so sind $\bigcirc_i(\mathbf{p}, \mathbf{q}, \mathbf{c})$ die beiden Tangentialkreise an $\mathbf{c}$ durch die Punkte $\mathbf{p}$ und $\mathbf{q}$.

Tangentialkreis an Gerade durch zwei Punkte. Sind $\mathbf{p}, \mathbf{q}$ zwei Punkte und $\mathbf{g}$ eine Gerade, so fallen in diesem Fall die beiden Lösungen $\bigcirc_i(\mathbf{p}, \mathbf{q}, \mathbf{g})$ zusammen. Sie repräsentieren den Tangentialkreis an $\mathbf{g}$ durch die beiden Punkte. Die Orientierung ist konsistent mit der Orientierung der Gerade. Verwendet man anstelle von $\mathbf{g}$ einen Kreis, so spalten sich die beiden Lösungen auf und es werden daraus zwei Tangentialkreise.

---

[6] Es kann durchaus auch vorkommen, dass dieses System keine reelle Lösung besitzt.

[7] Alternativ und etwas eleganter hätte man die Berechnung auch über das Plücker-Produkt $\mathbf{p} \vee \mathbf{q} \vee \mathbf{r}$ und den geeigneten Schnitt mit der Lie-Quadrik durchführen können. Dies soll allerdings hier nicht Thema sein.

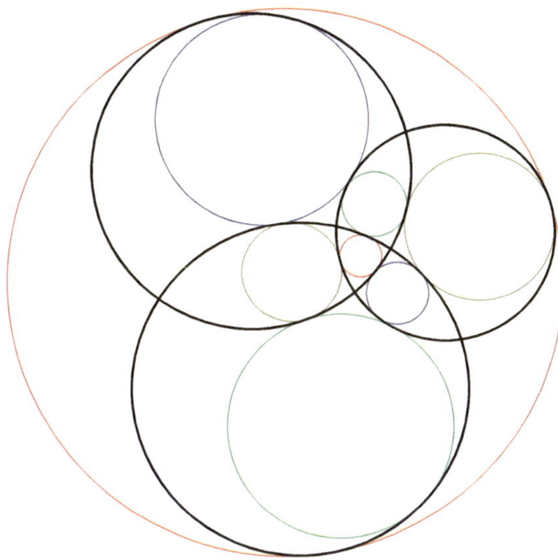

Abb. 10.6 Apollonische Berührkreise.

Tangentialkreis an zwei Geraden durch einen Punkt. Sind $\mathbf{g}, \mathbf{l}$ zwei Geraden und $\mathbf{p}$ eine Punkt, so sind $\bigcirc_i(\mathbf{p}, \mathbf{g}, \mathbf{l})$ die beiden Tangentialkreise, die mit den Orientierungen der Geraden konsistent sind. Es kann hierbei vorkommen, dass die Lösungen komplex werden.

Die Liste lässt sich noch eine ganze Weile fortführen. Es sei dem Leser überlassen weitere interessante Fälle durchzuprobieren. Wir wollen nur noch den extremsten Fall betrachten, d.h. wenn alle drei Objekte $\mathbf{c_1}, \mathbf{c_2}, \mathbf{c_3}$ Kreise sind. In diesem Fall haben wir sofort die algebraische Lösung eines klassischen geometrischen Problems in der Hand – das *apollonische Problem*. Hier wird nach Kreisen gesucht, die drei vorgegebene Kreise gleichzeitig berühren. I.A. gibt es dafür bis zu acht verschiedene Lösungen. Wir können diese ganz gezielt erzeugen.

Die konkreten Lie-Koordinaten $\mathbf{c_1}, \mathbf{c_2}, \mathbf{c_3}$ induzieren Orientierungen auf den Kreisen. Zur besseren Buchführung nennen wir die obigen Kreise $\mathbf{c_1}^+ = \mathbf{c_1}, \mathbf{c_2}^+ = \mathbf{c_2}, \mathbf{c_3}^+ = \mathbf{c_3}$. Die Kreise mit umgekehrten Orientierungen bezeichnen wir mit $\mathbf{c_1}^-, \mathbf{c_2}^-, \mathbf{c_3}^-$. Aus $\mathbf{c_i}^+ = (c_1, c_2, c_3, c_4, c_5)^T$ ergibt sich $\mathbf{c_i}^- = (c_1, c_2, c_3, c_4, -c_5)^T$.

Die beiden Lösungen $\bigcirc_i(\mathbf{c_1}^+, \mathbf{c_2}^+, \mathbf{c_3}^+)$ ergeben zwei Berührkreise, die mit den speziellen Orientierungen der Originalkreise konsistent sind. Dreht man alle Orientierungen der drei Kreise gleichzeitig um, so ergeben sich die gleichen beiden Berührkreise, allerdings mit umgekehrter Orientierung. Die weiteren sechs möglichen Berührkreise ergeben sich durch systematisches Ändern der Orientierungen als $\bigcirc_i(\mathbf{c_1}^+, \mathbf{c_2}^-, \mathbf{c_3}^+)$, $\bigcirc_i(\mathbf{c_1}^+, \mathbf{c_2}^+, \mathbf{c_3}^-)$ und $\bigcirc_i(\mathbf{c_1}^+, \mathbf{c_2}^-, \mathbf{c_3}^-)$.

Abbildung 10.6 zeigt drei Kreise (schwarz) in einer Lage, in der tatsächlich alle acht Apolloniuskreise reell existieren. Diese sind in vier Farben dargestellt. Kreise gleicher Farbe entsprechen hierbei genau den Paaren von Kreisen, die durch die $\bigcirc_i$ Operationen erzeugt werden.

10.7 Exkurs: Apollonius und Zahlentheorie

Das Problem von Apollonius beschäftigt sich damit, zu gegebenen drei Kreisen einen weiteren Kreis zu finden, der gleichzeitig tangential an alle drei ist. Wir wollen dies nun ein wenig auf die Spitze treiben und zusätzlich fordern, dass sich die ersten drei Kreise ebenfalls gegenseitig tangential berühren. Somit ist jeder der vier Kreise ein Apolloniuskreis der anderen drei. Insgesamt gibt es in solch einer Konfiguration also sechs Berührpunkte. Hierbei wollen wir wie bisher sowohl zu Geraden entartete Kreise, und inneres sowie auch äußeres Berühren zulassen. Man nennt eine solche Anordnung von vier Kreisen auch *Soddy Konfiguration*. Abbildung 10.7 zeigt drei verschiedene Beispiele. Wir werden im Folgenden Zusammenhänge zwischen den Radien der vier Kreise in solch einer Konfiguration studieren. Auch hier werden wir wieder nur die Spitze eines Eisberges zu sehen bekommen, nämlich die des ganzen Themenkreises um *Descartes Satz, Soddy Kreise, ganzzahlige Krümmungen und Appolonische Kreispackungen*.

Zu den wirklich überraschenden geometrischen Zusammenhängen gehört der *Satz von Descartes*, der die Radien der vier Kreise einer Soddy Konfiguration zueinander in Beziehung setzt. Seien R_1, R_2, R_3, R_4 die Radien dieser Kreise. Mit $k_i = 1/R_i$ bezeichnen wir die *Krümmungen* der Kreise, wobei eine Gerade die Krümmung 0 haben soll. Der Satz von Descartes[8] besagt, dass in einer Soddy Konfiguration immer die folgende Beziehung gilt.

$$2(k_1^2 + k_2^2 + k_3^2 + k_4^2) = (k_1 + k_2 + k_3 + k_4)^2. \tag{10.2}$$

In einer Soddy Konfiguration wird jeder Kreis entweder ausschließlich außen oder ausschließlich innen berührt. Im letzten Fall muss man den Radius als negativ zählen. Die Krümmungen sind in den Beispielen von Abbildung 10.7 eingetragen (Nachrechnen empfohlen). Die Beispiele in der Abbildung haben allesamt die Eigenschaft, dass die Krümmungen ganzzahlig sind. Es ist erstaunlich, dass es für die Descartes Gleichung (10.2) überhaupt ganzzahlige Lösungen gibt, da für die meisten ganzzahligen Werte von k_1, k_2, k_3 der Wert von k_4 irrational sein wird. Löst man die obige Formel nach k_4 auf, so ergibt sich k_4 als Lösung einer quadratischen Gleichung zu

---

[8] Dieser wurde von René Descartes 1643 in etwas anderer Form entdeckt, und 1936 vom Nobelpreisträger Frederick Soddy wiederentdeckt, in die hier gezeigte elegante Form gebracht und auf höhere Dimensionen verallgemeinert.

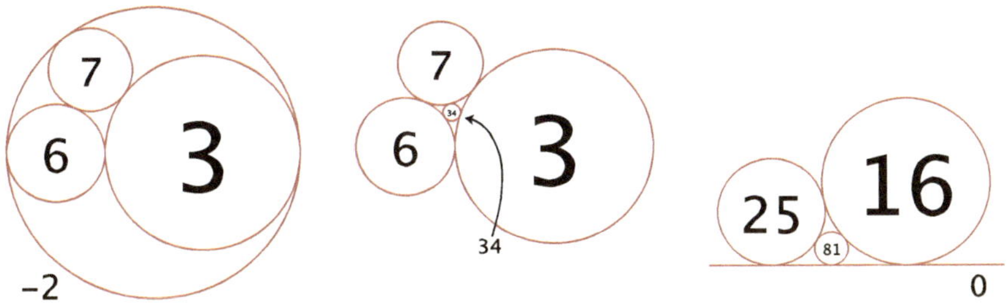

Abb. 10.7 Apollonische Kreispackungen mit Krümmungen.

$$k_4 = k_1 + k_2 + k_3 \pm 2\sqrt{k_1 k_2 + k_1 k_3 + k_2 k_3}. \tag{10.3}$$

Die beiden Vorzeichen vor der Wurzel entsprechen der Tatsache, dass drei sich berührende Kreise immer auf zwei verschiedene Arten zu einer Soddy Konfiguration ergänzt werden können. Die ersten beiden Bilder in Abbildung 10.7 zeigen die beiden verschiedenen Lösungen zu den Krümmungen $k_1 = 3, k_2 = 6, k_3 = 7$. Diese ergeben sich zu $16 \pm 2\sqrt{18 + 21 + 42} = 16 \pm 18$.

Die Existenz unendlich vieler ganzzahliger Lösungen lässt sich am einfachsten einsehen, wenn einer der Kreise zu einer Geraden degeneriert (z.B. $k_3 = 0$). Dann gilt

$$k_4 = k_1 + k_2 \pm 2\sqrt{k_1 k_2}. \tag{10.4}$$

Wenn z.B. die beiden Krümmungen k_1 und k_2 Quadratzahlen sind, dann ist der Ausdruck unter der Wurzel ebenso eine Quadratzahl und es ergeben sich zwei ganzzahlige Lösungen.

Wir wollen nun sehen, wie man zu weiteren Soddy Konfigurationen mit ganzzahligen Krümmungen kommen kann. Hat man zunächst einmal eine ganzzahlige Lösung der Descartes Beziehung gefunden, so kann man daraus eine weitere ganzzahlige Soddy Konfiguration gewinnen. Ist nämlich k_1, k_2, k_3 ganzzahlig und ebenso k_4 ganzzahlig, so muss der Wurzelausdruck in (10.3) ebenso ganzzahlig sein. Die Krümmung k_4' des zweiten Soddy Kreises ist somit ebenso ganzzahlig. Es gilt die Beziehung

$$k_4 + k_4' = 2(k_1 + k_2 + k_3).$$

Füllt man, ausgehend von einer ganzzahligen Soddy Konfiguration, die Lücken zwischen den Kreisen iterativ mit tangentialen Kreisen auf, so beweist diese Beobachtung, dass alle so entstehende Kreise ganzzahlige Krümmung haben. Wir wollen uns nun (ohne auf die Beweise einzugehen) einige Eigenschaften solcher ganzzahliger Apollonischer Kreispackungen ansehen.

Die einfachste Lösung der Descartes Gleichung ist $(0, 0, 1, 1)$. Zwei der beteiligten "Kreise" sind Geraden. In diese sind zwei Einheitskreise eingeschrieben. Die daraus entstehende iterative Kreisfolge ist in Abbildung 10.8

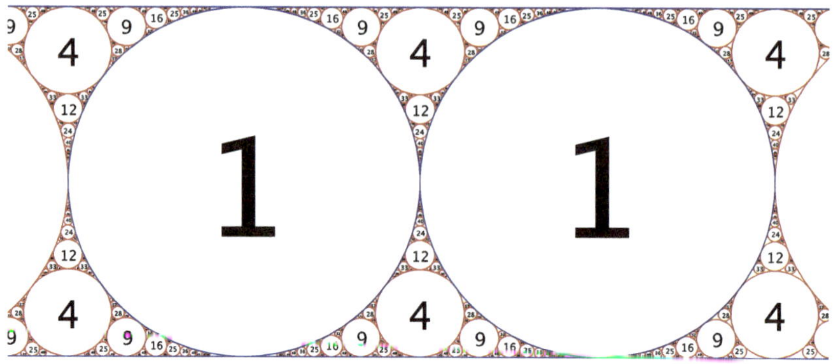

Abb. 10.8 Die einfachste Apollonische Kreispackung.

dargestellt. Wir wollen hier nur auf eine Eigenschaft eingehen, die die Teilmenge der Kreise betrifft, die die untere Gerade berühren und zwischen den Erzeugendenkreisen liegen. Die erste Beobachtung ist, dass alle diese Kreise eine Quadratzahl als Krümmung haben. Man kann sich diese Eigenschaft leicht durch Gleichung (10.4) herleiten. Die Lagen dieser Kreise erfüllen allerdings auch eine besondere Bedingung. Die beiden Startkreise mit Radius 1 berühren die untere Gerade in zwei Punkten, die einen Abstand 2 voneinander haben. Wir legen nun zwischen diese beiden Geraden eine lineare Skala an, die von 0 bis 1 reicht (diese Skala ist also um einen Faktor 2 gegenüber den echten Abständen gestreckt). Wir betrachten nun die Berührpunkte der Kreise, für deren Krümmung k die Ungleichung $k < n^2$ für ein $n \in \mathbb{N}$ gilt. Nun gilt Folgendes: Alle diese Berührpunkte sind auf unserer Skala durch rationale Punkte markiert. Die Markierungen ergeben sich genau durch alle Brüche der Menge $\mathcal{F}_n = \{i/j \mid 0 \leq i \leq j \leq n; i, j \in \mathbb{N}\}$ (die Farey-Reihe). Es gilt z.B.

$$F_7 = \{0, \tfrac{1}{7}, \tfrac{1}{6}, \tfrac{1}{5}, \tfrac{1}{4}, \tfrac{2}{7}, \tfrac{1}{3}, \tfrac{2}{5}, \tfrac{3}{7}, \tfrac{1}{2}, \tfrac{4}{7}, \tfrac{3}{5}, \tfrac{2}{3}, \tfrac{5}{7}, \tfrac{3}{4}, \tfrac{4}{5}, \tfrac{5}{6}, \tfrac{6}{7}, 1\}.$$

Hieraus folgt insbesondere, dass die Kreismittelpunkte auf rationalen Punkten liegen. Dies ist allerdings nur ein Spezialfall eines viel allgemeineren Phänomens. Betten wir die Kreise einer Soddy Konfiguration in die komplexe Ebene ein und bezeichnen die Kreismittelpunkte mit $m_1, m_2, m_3, m_4 \in \mathbb{C}$, so gilt die folgende Beziehung, die als *komplexer Satz von Descartes* bekannt ist:

$$2(m_1^2 k_1^2 + m_2^2 k_2^2 + m_3^2 k_3^2 + m_4^2 k_4^2) = (m_1 k_1 + m_2 k_2 + m_3 k_3 + m_4 k_4)^2.$$

Aus einer Kombination dieser Gleichung mit der Beziehung für die Radien kann man zeigen, dass rationale Startkoordinaten (Mittelpunkte und Radii) einer Soddy Konfiguration automatisch zu rationalen Koordinaten für die

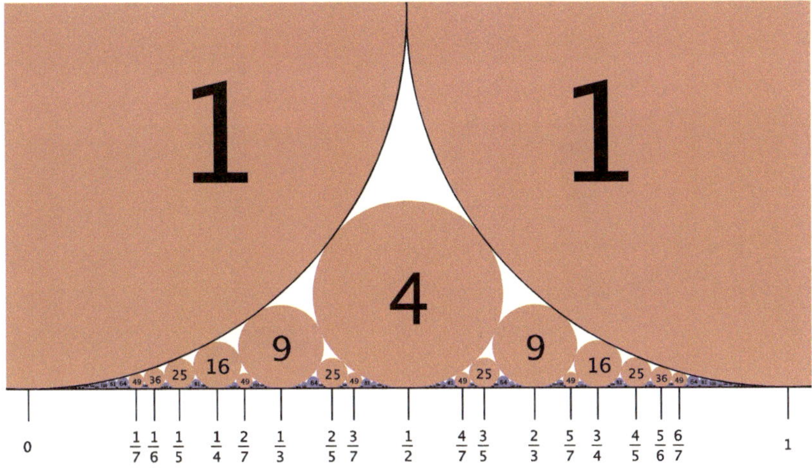

Abb. 10.9 Diese spezielle Konfiguration nennt man auch die Ford Kreise.

Kreise in der entstehenden Kreispackung führen. Abbildung 10.10 zeigt die Kreispackung, die aus der Startkonfiguration mit Krümmungen $(-2, 3, 6, 7)$ entsteht. Alle Radien und alle Mittelpunkte sind rational.

Die Tatsache, dass man aus einer Soddy Konfiguration durch Austauschen eines Kreises gegen den entsprechenden zweiten Soddy Kreis der verbleibenden drei Kreise einen iterativen Prozess definieren kann, ermöglicht es, auf einfachste Weise Bilder wie in Abbildung 10.10 zu zeichnen. Es ist bemerkenswert, dass eine beliebige Soddy Konfiguration in einer solchen Apollonischen Kreispackung durch Iteration dieser zur gleichen Kreispackung führt. D.h. in Abbildung 10.10 könnten wir z.B. mit den Krümmungen $(6, 7, 19, 66)$ beginnen und würden durch Iteration das gleiche Bild erhalten. Die Iteration läßt sich übrigens auch sehr schön durch Matrizenmultiplikationen ausdrücken. Sei $k = (a, b, c, d)^T$ ein aus den Krümmungen einer Soddy Konfiguration gebildeter Vektor, so ergibt sich der Übergang zu den vier verwandten Soddy Konfigurationen durch Multiplikation mit den Matrizen

$$\begin{pmatrix} -1 & 2 & 2 & 2 \\ 0 & 1 & 0 & 0 \\ 0 & 0 & 1 & 0 \\ 0 & 0 & 0 & 1 \end{pmatrix}, \quad \begin{pmatrix} 1 & 0 & 0 & 0 \\ 2 & -1 & 2 & 2 \\ 0 & 0 & 1 & 0 \\ 0 & 0 & 0 & 1 \end{pmatrix}, \quad \begin{pmatrix} 1 & 0 & 0 & 0 \\ 0 & 1 & 0 & 0 \\ 2 & 2 & -1 & 2 \\ 0 & 0 & 0 & 1 \end{pmatrix}, \quad \begin{pmatrix} 1 & 0 & 0 & 0 \\ 0 & 1 & 0 & 0 \\ 0 & 0 & 1 & 0 \\ 2 & 2 & 2 & -1 \end{pmatrix}.$$

Da verschiedene Vektoren von zulässigen Krümmungen zur gleichen Packung führen können, kann man sich fragen, ob man erkennen kann, wann zwei dieser Vektoren die gleiche Packung erzeugen. Dies ist unter Verwendung der obigen Matrizen verhältnismäßig einfach. Man geht dazu folgendermaßen vor: Für einen gegebenen zu einer Soddy Konfiguration gehörenden Vektor

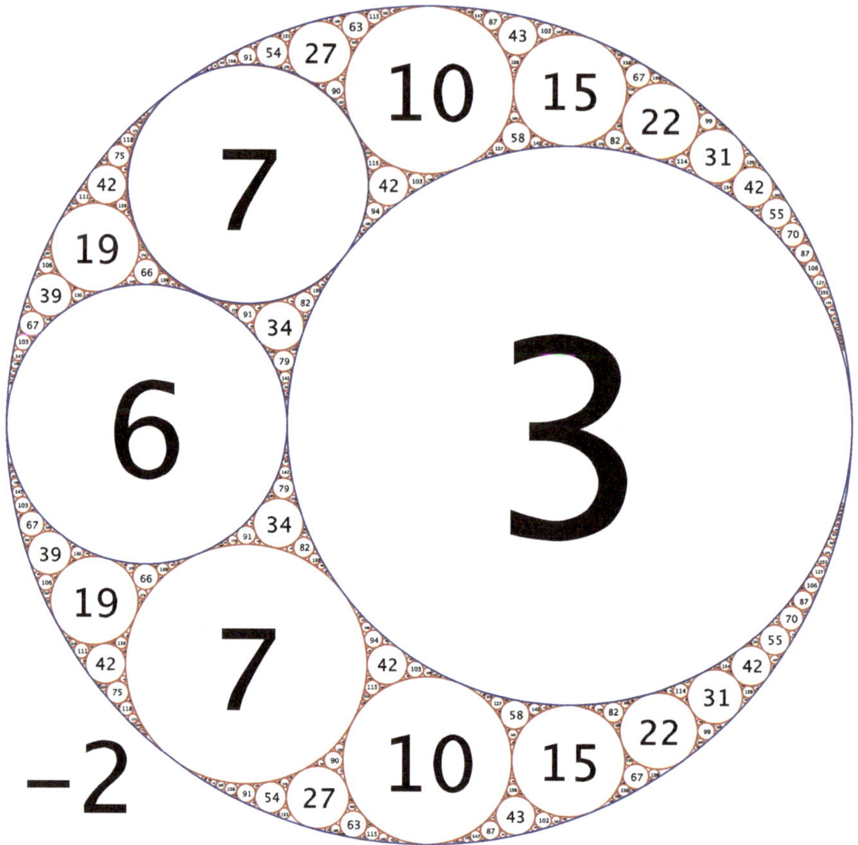

Abb. 10.10 Apollonische Kreispackung mit Krümmungen.

$(a, b, c, d)^T$ sortiert man die Einträge zunächst in aufsteigender Reihenfolge. Dann prüft man, ob durch Anwendung einer der obigen Matrizen auf diesen Vektor die Summe der Einträge vermindert werden kann. Wenn ja, iteriert man mit diesem Vektor weiter. Man kann zeigen, dass dieser Prozess für jeden ganzzahligen Startvektor terminiert und bei einem summenminimalen Repräsentanten landet. Die Krümmungsvektoren zweier Soddy Konfigurationen erzeugen somit die gleiche Packung, wenn bei diesem Algorithmus ein identischer Vektor herauskommt.

Übungsaufgaben

1. Gegeben seien zwei Kreise. Einer hat den Mittelpunkt $(1,1)^T$ und den Radius $4\frac{1}{2}$ und der andere den Mittelpunkt $(-2,4)^T$ und den Radius 7. Bestimmen Sie den Schnittwinkel zwischen den beiden Kreisen.

2. Gegeben sei ein Kreis mit Mittelpunkt $(0,0)^T$ und Radius 2. Bestimmen Sie alle Kreise, die den vorgegebenen Kreis orthogonal schneiden und ihren Mittelpunkt auf der x-Achse haben.

3. Die Lie-Quadrik $\mathcal{L}$ ist eine Quadrik in $\mathbb{RP}^4$. Es seien $\mathbf{p}, \mathbf{q} \in \mathbb{RP}^4$ zwei Punkte, die auf $\mathcal{L}$ liegen. Zeigen Sie, dass deren Verbindungsgerade genau dann in $\mathcal{L}$ enthalten ist, wenn $\mathbf{p}$ und $\mathbf{q}$ sich orientiert berühren.

4. Es seien $\mathbf{p}, \mathbf{q} \in \mathbb{RP}^4$ zwei Punkte der Lie-Quadrik. Zeigen Sie, dass, wenn die Verbindungsgerade von $\mathbf{p}$ und $\mathbf{q}$ in $\mathcal{L}$ enthalten ist, jeder Punkt dieser Gerade einem Objekt entspricht, das sowohl $\mathbf{p}$ als auch $\mathbf{q}$ orientiert berührt.

5. Gegeben seien zwei Kreise. Einer hat den Mittelpunkt $(1,1)^T$ und den Radius 3 und der andere den Mittelpunkt $(7,5)^T$ und den Radius 5. Bestimmen Sie die beiden Schnittpunkte der Kreise.

6. Es seien die drei Punkte $(-2,1)^T$, $(-2,4)^T$ und $(2,4)^T$ gegeben.

   a) Bestimmen Sie die Lie-Koordinaten $\mathbf{g}$, $\mathbf{l}$ und $\mathbf{h}$ der Verbindungsgeraden der drei Punkte.
   b) Was sind in diesem Fall $\bigcirc_1(\mathbf{g},\mathbf{l},\mathbf{h})$ und $\bigcirc_2(\mathbf{g},\mathbf{l},\mathbf{h})$?
   c) Bestimmen Sie den Innenkreis des Dreiecks mit den Eckpunkten $(-2,1)^T$, $(-2,4)^T$ und $(2,4)^T$.

7. Für $i \in \{1,2,3\}$ sei ein Kreis c_i mit Mittelpunkt m_i und Radius r_i gegeben. Die Mittelpunkte und Radien sind wie folgt definiert.

$$r_1 = \tfrac{1}{3}, \qquad r_2 = \tfrac{1}{7}, \qquad r_3 = \tfrac{1}{6},$$

$$m_1 = \begin{pmatrix} 1/6 \\ 0 \end{pmatrix}, \; m_2 = \begin{pmatrix} -3/14 \\ 2/7 \end{pmatrix}, \; m_3 = \begin{pmatrix} -2/6 \\ 0 \end{pmatrix}$$

Bestimmen Sie nun einen Kreis, der tangential an die drei Kreise c_1, c_2 und c_3 ist.

8. Es seien die Lie-Koordinaten $\mathbf{c}$, $\mathbf{d}$ zweier Kreise und der Punkt ∞ gegeben. Welche Objekte berechnet man mit $\bigcirc_1(\mathbf{c},\mathbf{d},\infty)$ und $\bigcirc_2(\mathbf{c},\mathbf{d},\infty)$?

9. Gegeben seien die Punkte $p = (0,0)^T$ und $q = (1,0)^T$ der euklidischen Ebene.

   a) Bestimmen Sie zuerst die Lie-Koordinaten $\mathbf{p}$, $\mathbf{q}$ von p und q.
   b) Es sei mit $\mathbf{e}$ der Punkt $(0,0,0,0,1)^T$ bezeichnet. Bestimmen Sie $\bigcirc_1(\mathbf{p},\mathbf{q},\mathbf{e})$ und $\bigcirc_2(\mathbf{p},\mathbf{q},\mathbf{e})$.
   c) Welche Objekte liefern $\bigcirc_1(\mathbf{p},\mathbf{q},\mathbf{e})$ und $\bigcirc_2(\mathbf{p},\mathbf{q},\mathbf{e})$ i.A., wenn $\mathbf{p}$ und $\mathbf{q}$ Punkte repräsentieren und $\mathbf{e}$ wie zuvor gegeben ist?

10. Es seien $\mathbf{g}$ und $\mathbf{l}$ die Lie-Koordinaten zweier Geraden. Welche Objekte berechnet man mit $\bigcirc_1(\mathbf{g},\mathbf{l},\infty)$ und $\bigcirc_2(\mathbf{g},\mathbf{l},\infty)$?

11
Einige Matrizengruppen

Es gab bisher zwei Kapitel, die sich speziell mit geometrischen Operationen befasst haben, bei denen Kreise eine besondere Rolle spielten. In Kapitel 6 haben wir die projektiven Transformationen in $\mathbb{CP}^1$ (die Möbius-Transformationen) betrachtet und festgestellt, dass diese Kreise und Geraden wieder in Kreise und Geraden überführen. Im vorangegangenen Kapitel haben wir uns speziell mit Kreisgeometrie beschäftigt und festgestellt, dass sich im Kontext von Lie-Koordinaten Kreise, Geraden und Punkte in vereinheitlichter Weise studieren lassen. Nun wollen wir uns daran machen, den Zusammenhang zwischen diesen beiden Auffassungen von Geometrie näher zu beleuchten. Ein besonderer Reiz entsteht hierbei dadurch, dass in $\mathbb{CP}^1$ die Koordinaten komplex sind, wohingegen sie in der Lie Geometrie rein reell, aber dafür höherdimensional sind.

11.1 Lie-Transformationen

Wir wenden uns nun zunächst den Transformationseigenschaften der in Kapitel 10 entwickelten Kreisgeometrie zu. Es sollen insbesondere Transformationen studiert werden, die die dort studierte orientierte Berührrelation $\sim$ invariant lassen. Lie-Koordinaten von Punkten, Geraden und Kreisen waren Vektoren auf der Lie-Quadrik $\mathcal{L}$, bei denen es auf die spezielle Skalierung nicht ankam. Insbesondere ließen sie sich deshalb als Punkte im $\mathbb{RP}^4$ auffassen.

Wir wollen nun die projektiven Transformationen im $\mathbb{RP}^4$ untersuchen, die die Relation $\mathbf{p} \sim \mathbf{q}$ erhalten. Sei $\mathbf{T}$ eine 5×5-Matrix mit nicht verschwindender Determiante. Wir suchen solche $\mathbf{T}$, für die

$$\langle\!\langle \mathbf{p}, \mathbf{q} \rangle\!\rangle = 0 \quad \Longleftrightarrow \quad \langle\!\langle \mathbf{Tp}, \mathbf{Tq} \rangle\!\rangle = 0$$

für beliebige Elemente $\mathbf{p}, \mathbf{q}$ der Lie-Quadrik $\mathcal{L}$ gilt. Hierzu stellen wir uns die Operation $\langle\!\langle \mathbf{p}, \mathbf{q} \rangle\!\rangle$ als eine quadratische Form vor, die von einer Matrix

J. Richter-Gebert, T. Orendt, *Geometriekalküle*, Springer-Lehrbuch,
DOI 10.1007/978-3-642-02530-3_11, © Springer-Verlag Berlin Heidelberg 2009

$$\mathbf{L} = (\mathbf{L}_{i,j})_{i,j=1,\ldots,5} = \begin{pmatrix} -1 & 0 & 0 & 0 & 0 \\ 0 & 1 & 0 & 0 & 0 \\ 0 & 0 & 1 & 0 & 0 \\ 0 & 0 & 0 & 1 & 0 \\ 0 & 0 & 0 & 0 & -1 \end{pmatrix}$$

erzeugt wird. Es gilt $\langle\langle \mathbf{p}, \mathbf{q} \rangle\rangle = \mathbf{p}^T \mathbf{L} \mathbf{q}$. Die Forderung nach Invarianz der Relation $\sim$ bedingt insbesondere, dass für beliebiges $\mathbf{p} \in \mathcal{L}$ auch $\mathbf{T}\mathbf{p} \in \mathcal{L}$ gelten muss, da ja für alle $\mathbf{p} \in \mathcal{L}$ die Relation $\langle\langle \mathbf{p}, \mathbf{p} \rangle\rangle = 0$ gilt. Somit lassen die gesuchten projektiven Transformationen die Quadrik $\mathcal{L}$ in ihrer Gesamtheit fest (jedoch nicht notwendig punktweise). Wir können dies auch dadurch charakterisieren, dass die Transformationen $\mathbf{T}$ die Quadrik $\mathcal{L}$ invariant lassen. Die Quadrik $\mathcal{L}$ ist durch $\mathbf{p}^T \mathbf{L} \mathbf{p} = 0$ festlegen. Die gesuchten $\mathbf{T}$ haben also die Eigenschaft

$$\mathbf{T}^T \mathbf{L} \mathbf{T} = \lambda \mathbf{L}.$$

Durch geeignete Skalierung von $\mathbf{T}$, die nichts an der projektiven Transformation ändert, kann man in dieser Gleichung auch $\lambda = 1$ erreichen und sich somit auf Transformationen $\mathbf{T}$ mit $\mathbf{T}^T \mathbf{L} \mathbf{T} = \mathbf{L}$ beschränken. Sind $\mathbf{t}_1, \ldots, \mathbf{t}_5$ die Spalten von $\mathbf{T}$, so gilt somit $\langle\langle \mathbf{t}_i, \mathbf{t}_j \rangle\rangle = \mathbf{L}_{i,j}$. Da $\mathbf{L}$ eine Diagonalmatrix ist, impliziert dies insgesamt 15 (unabhängige) Bedingungen an die 25 Koeffizienten von $\mathbf{T}$. Somit sind in $\mathbf{T}$ 10 Parameter frei wählbar. Diese unterliegen noch gewissen Einschränkungen durch Ungleichungen, wenn alle Einträge reell sein sollen. Man kann sich diese Parameterzählung wie folgt verdeutlichen: Wir gehen zunächst davon aus, dass 25 Einträge $\mathbf{T}_{i,j}$ zu bestimmen sind – und zwar so, dass sie die Bedingung $\langle\langle \mathbf{t}_i, \mathbf{t}_j \rangle\rangle = \mathbf{L}_{i,j}$ erfüllen. Für $i \neq j$ muss insbesondere gelten $\langle\langle \mathbf{t}_i, \mathbf{t}_j \rangle\rangle = 0$. Dies ist eine lineare Bedingung in den beteiligten Einträgen von $\mathbf{T}$. Es ist übrigens die gleiche Bedingung wie $\langle\langle \mathbf{t}_j, \mathbf{t}_i \rangle\rangle = 0$, so dass wir nur die 10 Gleichungen $\langle\langle \mathbf{t}_i, \mathbf{t}_j \rangle\rangle = 0$ mit $i < j$ betrachten müssen. Diese sind voneinander unabhängig (wie man mit ein wenig Rechenarbeit nachprüfen kann) und erzwingen, dass $\mathbf{T}$ in einem 15-dimensionalen linearen Teilraum von $\mathbb{R}^{25}$ liegt. Nun sollen auch noch die fünf Bedingungen $\langle\langle \mathbf{t}_i, \mathbf{t}_i \rangle\rangle = \mathbf{L}_{i,i}$ für $i = 1, \ldots, 5$ erfüllt werden. Wir können dies durch Skalieren der Spalten von $\mathbf{T}$ erreichen (allerdings nur, wenn $\langle\langle \mathbf{t}_i, \mathbf{t}_i \rangle\rangle$ bereits das richtige Vorzeichen hatte – dies sind die oben erwähnten Ungleichungen). Dies impliziert weitere 5 Bedingungen an die Einträge von $\mathbf{T}$, so dass insgesamt 10 freie Parameter zuzüglich der Einhaltung der Vorzeichenbedingungen übrig bleiben.[1]

Man nennt Transformationen, die diese Bedingung erfüllen, *Lie-Transformationen*. Dies sind sehr allgemeine Transformationen, die die orientierte Berührrelation erhalten. Sie können hierbei durchaus spezielle Kreise, Punkte und Geraden gegenseitige ineinander überführen. Abbildung 11.1 zeigt die

---

[1] Die Situation ist analog zu Rotationsmatrizen R im $\mathbb{R}^n$. Dort wird die Rolle von $\mathbf{L}$ lediglich von der Einheitsmatrix E gespielt, so dass man $R^T R = E$ haben möchte. Man hat z.B. im $\mathbb{R}^2$ einen freien Parameter für eine Drehung, im $\mathbb{R}^3$ drei, im $\mathbb{R}^4$ sechs und im $\mathbb{R}^5$ zehn solche Parameter.

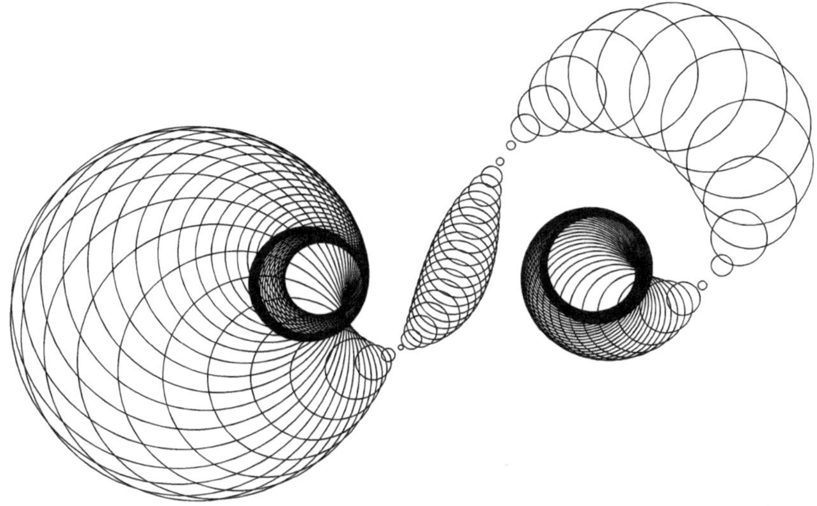

Abb. 11.1 Ein Kreis unter iterierter Lie-Transformation.

Bilder $\mathbf{T}^i\mathbf{c}$ eines Kreises $\mathbf{c}$ unter einer iterierten Lie-Transformation. Man kann an der Abbildung sehr schön verschiedene strukturelle Eigenschaften allgemeiner Lie-Transformationen beobachten. Die Fix-"punkte" der Abbbildung $\mathbf{T}$ können irgendwelche Lie-Koordinaten sein und somit insbesondere einen Kreis darstellen. Der Startkreis $\mathbf{c}$ für die iterierte Abbildung wurde hier in unmittelbarer Nähe eines dieser Fixpunkte gewählt. Im Laufe der Iteration zieht er sich mehrfach fast zu einem Punkt zusammen, um schließlich in die Nähe eines weiteren Fixpunktes der Abbildung, eines weiteren Kreises, zu konvergieren. Im Prinzip ist die Struktur der Menge aller Lie-Transformationen ähnlich der Struktur der orthogonalen Gruppe $O(n)$ (diese umfasst Rotationen und Spiegelungen). Auch dort betrachtet man Transformationen, die eine spezielle quadratische Form, nämlich $x_1^2 + x_2^2 + \ldots + x_n^2$, invariant lassen. Darum bezeichnet man die Gruppe der Lie-Transformationen auch oftmals als $O(3,2)$, wobei sich die Zahlen auf die Verteilung der Vorzeichen in der quadratischen Form der Lie-Quadrik beziehen, *drei* Plus- und *zwei* Minuszeichen. In höheren Dimensionen ergibt sich eine Transformationsgruppe, die orientierte Berührungen erhält, als $O(n+1,2)$.

11.2 Von Möbius über Lorentz zu Lie

Wir wollen hier nicht den durchaus reizvollen Weg gehen die Lie-Transformationen in ihrer Allgemeinheit zu untersuchen und passende Parameterisierungen dazu zu finden. Statt dessen wollen wir untersuchen, in welcher

Form andere uns bekannte Transformationsgruppen als Untergruppen der Lie-Transformationen auftreten. Bereits im Kapitel 6 haben wir eine andere Transformationsgruppe kennen gelernt, die speziell für Kreise von großer Bedeutung war – die Gruppe der *Möbius-Transformationen*. Diese waren einfach die projektiven Transformation auf $\mathbb{CP}^1$. Jede einzelne dieser Transformationen führte die Menge der Kreise und Geraden in die Menge der Kreise und Geraden über. Jeder Punkt wurde natürlich wieder auf einen Punkt abgebildet. Wir finden die Möbius-Transformationen tatsächlich vollständig als Untergruppe der Lie-Transformationen wieder. Algebraisch ist dies ausgesprochen verblüffend, da die Möbius-Transformationen auf zweidimensionalen komplexen Vektoren definiert waren, wohingegen die Lie-Transformationen auf fünfdimensionalen reellen Vektoren, die eingeschränkt auf einer Quadrik liegen, leben. Tatsächlich ist die Übersetzung auch etwas trickreich und offenbart in gewisser Weise die Schönheit und Ganzheitlichkeit der dahinter stehenden Theorie.[2]

Wollen wir die Möbius-Transformationen als Teilgruppe der Lie-Transformationen wiederfinden, so müssen wir nach einer Untergruppe Ausschau halten, die die Lie-Koordinaten von Punkten wieder auf die Lie-Koordinaten von Punkten abbildet. Punkte waren dadurch charakterisiert, dass der letzte Eintrag ihrer Lie-Koordinaten Null ist. Erhält eine Transformationsmatrix $\mathbf{T}$ die Eigenschaft Punkt zu sein, so muss deren letzte Spalte $\mathbf{t}_5$ der Vektor $(0,0,0,0,1)^T$ sein. Da zudem für jedes $i = 1,\ldots,4$ die Bedingung $\langle\!\langle \mathbf{t}_i, \mathbf{t}_5 \rangle\!\rangle = 0$ gelten muss, ist auch die letzte Zeile von $\mathbf{T}$ der Einheitsvektor $(0,0,0,0,1)$. Eine Transformationsmatrix, die Punkte auf Punkte abbildet, hat somit die Form

$$\mathbf{T} = \begin{pmatrix} \left.\begin{matrix} t_{11} & t_{12} & t_{13} & t_{14} \\ t_{21} & t_{22} & t_{23} & t_{24} \\ t_{31} & t_{32} & t_{33} & t_{34} \\ t_{41} & t_{42} & t_{43} & t_{44} \end{matrix}\right| & \begin{matrix} 0 \\ 0 \\ 0 \\ 0 \end{matrix} \\ \hline \begin{matrix} 0 & 0 & 0 & 0 \end{matrix} & 1 \end{pmatrix} = \begin{pmatrix} \mathbf{S} & \begin{matrix} 0 \\ 0 \\ 0 \\ 0 \end{matrix} \\ \begin{matrix} 0 & 0 & 0 & 0 \end{matrix} & 1 \end{pmatrix} \tag{11.1}$$

Die 4×4-Matrix $\mathbf{S}$ erfüllt somit

$$\mathbf{S}^T \mathbf{M} \mathbf{S} = \mathbf{M} \qquad \text{mit} \qquad \mathbf{M} = \begin{pmatrix} -1 & 0 & 0 & 0 \\ 0 & 1 & 0 & 0 \\ 0 & 0 & 1 & 0 \\ 0 & 0 & 0 & 1 \end{pmatrix}.$$

Die Matrix $\mathbf{M}$ kodiert hierbei die uns schon bekannte quadratische Form

$$\langle p, q \rangle = -p_1 q_1 + p_2 q_2 + p_3 q_3 + p_4 q_4 = p^T \mathbf{M} q.$$

---

[2] Ganz zu schweigen von den zahlreichen Querbezügen, die sich an dieser Stelle zu überaus modernen Teilen der Physik – Quantentheorie, spezielle und allgemeine Relativitätstheorie, Kosmologie, u.v.m. – ergeben.

Transformationen $\mathbf{S}$, die die obige Gleichung erfüllen, haben somit den Wert $\langle p, q \rangle$ zur Invarianten, denn es gilt

$$\langle \mathbf{S}p, \mathbf{S}q \rangle = p^T \mathbf{S}^T \mathbf{M} \mathbf{S} q = p^T \mathbf{M} q = \langle p, q \rangle.$$

Man nennt eine solche Transformation aus $O(3,1)$ eine *Lorentz-Transformation*.[3] Wir haben in Abschnitt 10.2. gesehen, dass man aus $\langle p, q \rangle$ nach geeigneter Skalierung den Schnittwinkel zweier durch Lie-Koordinaten $\mathbf{p}$ und $\mathbf{q}$ dargestellter Kreise bzw. Geraden bestimmen kann. Wir erhalten dadurch

Satz 11.1. *Lie-Transformationen, die Punkte in Punkte überführen, erhalten automatisch den orientierten Schnittwinkel zwischen zwei Kreisen oder Geraden.*

Beweis. Seien $\mathbf{p}$ und $\mathbf{q}$ Lie-Koordinaten von Kreisen oder Geraden. Somit sind die Einträge p_5 und q_5 ungleich Null und wir können o.B.d.A. annehmen, dass diese zu 1 normiert wurden. Wir definieren $\pi \colon \mathbb{R}^5 \to \mathbb{R}^4$ als die Projektion, die den letzen Koordinateneintrag vergisst. Es gilt also $p = (p_1, p_2, p_3, p_4)^T = \pi(\mathbf{p})$ und $q = (q_1, q_2, q_3, q_4)^T = \pi(\mathbf{q})$. Der Schnittwinkel zwischen diesen Objekten ist durch $\langle p, q \rangle$ eindeutig bestimmt. Sei nun $\mathbf{T}$ eine Lie-Transformation, die Punkte in Punkte überführt. Wir gehen o.B.d.A davon aus, dass diese so normiert wurde, dass in der letzten Zeile und Spalte jeweils der letzte Einheitsvektor steht. $\mathbf{S}$ sei der obere 4×4-Block von $\mathbf{T}$, also eine Lorentz-Transformation. Auch in $\mathbf{Tp}$ bzw. $\mathbf{Tq}$ ist der letzte Koordinateneintrag gleich 1. Es gilt $\pi(\mathbf{Tp}) = \mathbf{S}p$ und $\pi(\mathbf{Tq}) = \mathbf{S}q$. Der Schnittwinkel ist also durch $\langle \mathbf{S}p, \mathbf{S}q \rangle = \langle p, q \rangle$ bestimmt und somit unter der Transformation unverändert geblieben. $\qquad\square$

Wir wollen nun sehen, wie sich Möbius-Transformationen unter den Lorentz-Transformationen wieder finden lassen. Hierzu verlagern wir unseren Fokus wieder auf die Lie-Koordinaten $\mathbf{p} = (\frac{1+|m|^2}{2}, \frac{1-|m|^2}{2}, m_x, m_y, 0)^T$ eines Punktes $m = (m_x, m_y)^T$. Betrachten wir ausschließlich punkterhaltende Lie-Transformationen $\mathbf{T}$, so können wir uns auf die eben beschriebene 4×4-Teilmatrix $\mathbf{S}$ und die ersten vier Koordinaten $p = (p_1, p_2, p_3, p_4)^T$ beschränken, da $\mathbf{T}$ die Null im letzten Eintrag ohnehin nicht ändert. Die Wirkung der punkterhaltende Lie-Transformationen wird vollständig durch $\mathbf{S} \cdot p$ beschrieben. Für p gilt nun insbesondere $\langle p, p \rangle = -|m|^2 + m_x^2 + m_y^2 = 0$. Somit können wir p als eine gewisse Form von homogenen Koordinaten im $\mathbb{RP}^3$ für den Punkt $(m_x, m_y)^T$ betrachten, da skalare Vielfache von p den gleichen

---

[3] Lorentz-Transformationen spielen insbesondere in der speziellen Relativitätstheorie eine wichtige Rolle. Dort wird in einem Bezugssystem (Inertialsystem) jedem Ereignis ein Zeitpunkt t und eine Position $(x, y, z)^T$ zugeordnet. Nach einer gewissen Vornormierung zweier Bezugssysteme stellt sich der Ausdruck $-t^2 + x^2 + y^2 + z^2$ als vom Bezugssytem unabhängig heraus (die Lichtgeschwindigkeit wurde hierbei wie in der theoretischen Physik üblich auf 1 normiert). Der Übergang von einem Inertialsystem zum anderen ist dann eine Lorentz-Transformation.

Punkt repräsentieren. Division durch $p_1 + p_2$ normiert auf obige Standardform und der Punkt im Unendlichen hat die Koordinate $(1, -1, 0, 0)^T$. Wir nennen p die *Lorentz-Koordinaten* des Punktes.

In Anlehnung an die Behandlung von Lorentz-Transformationen in der speziellen Relativitätstheorie bezeichnen wir die *Lorentz-Koordinaten* p mit den Buchstaben $(t, z, x, y)^T = p$. Zusammenfassend ist eine Lorentz-Transformation also eine lineare Transformation $\mathbb{R}^4 \to \mathbb{R}^4$, die die quadratische Form $-t^2 + x^2 + y^2 + z^2$ invariant lässt. Für die Lorentz-Koordinaten $(t, z, x, y)^T$ eines jeden Punktes $(m_x, m_y)^T$ gilt insbesondere $-t^2 + x^2 + y^2 + z^2 = 0$. Die Lorentz-Koordinaten von Punkten liegen alle auf der *Lorentz-Quadrik*[4], die durch $\{p \in \mathbb{RP}^3 \mid \langle p, p \rangle = 0\}$ definiert ist.

Die Punkte in $\mathbb{CP}^1$ wollen wir nun in eindeutiger Weise den Punkten auf der Lorentz-Quadrik zuordnen. Der Schlüssel zur Übersetzung liegt in der Beobachtung, dass sich die quadratische Form $\langle \cdot, \cdot \rangle$ unter Zuhilfenahme der imaginären Einheit i als 2×2-Determinante schreiben lässt. Es gilt

$$-t^2 + x^2 + y^2 + z^2 \quad = \quad -\det \begin{pmatrix} t - z & x + iy \\ x - iy & t + z \end{pmatrix},$$

wobei x, y, z, t reell sein sollen. Die Matrix X in obiger Gleichung ist hermitesch, d.h. es gilt $X = \overline{X}^T$, wobei $\overline{X}$ für die komplexe Konjugation steht. Sind x, y, z, t ferner die Lorentz-Koordinaten eines Punktes, so verschwindet die Determinante und somit hat die Matrix X Rang 1.

Lemma 11.2. *Eine hermitesche 2×2-Matrix vom Rang 1 lässt sich in der Form $\sigma \cdot (v, w)^T (\overline{v}, \overline{w})$ für geeignete $v, w \in \mathbb{C}$ und $\sigma \in \{+1, -1\}$ schreiben. Der Vektor $(v, w)^T$ ist dabei bis auf skalare Vielfache ungleich Null eindeutig bestimmt.*

Beweis. Eine 2×2-Matrix X vom Rang 1 lässt sich als Produkt

$$\begin{pmatrix} a \\ b \end{pmatrix} (c \; d) = \begin{pmatrix} ac & ad \\ bc & bd \end{pmatrix}$$

schreiben. Da X hermitesch ist gilt $\det(X) = X_{11} X_{22} - |X_{12}^2|$. Gilt $X_{12} \neq 0$, so müssen beide Einträge X_{11}, X_{22} ungleich 0 sein. Gilt $X_{12} = 0$, so muss zumindest einer diese Einträge ungleich 0 sein, sonst hätte die Matrix Rang 0. Wir gehen im Folgenden o.B.d.A davon aus, dass $X_{11} \neq 0$ gilt. Da wir durch die Wahl von σ das Vorzeichen von X ausgleichen können, können wir ferner $X_{11} > 0$ annehmen. Somit gilt auch $a \neq 0$ und $c \neq 0$. Für geeignete $\lambda \in \mathbb{R}$ gilt dann $\lambda |a| = \frac{1}{\lambda} |c|$. Wir setzen $v = \lambda a$ und $v' = \frac{1}{\lambda} c$. Da $ac \in \mathbb{R}^+$ gilt $vv' \in \mathbb{R}^+$ und wegen $|v| = |v'|$ folgt $v' = \overline{v}$. Mit $w = \lambda b$ und $w' = \frac{1}{\lambda} d$ und wegen $bc = \overline{ad}$ folgt $vw = \overline{vw'}$ und somit $w' = \overline{w}$. Dies zeigt die Existenz der Darstellung $X = \sigma \cdot (v, w)^T (\overline{v}, \overline{w})$. Es gelte nun $(v, w)^T (\overline{v}, \overline{w}) = (r, s)^T (\overline{r}, \overline{s})$. Somit gilt insbesondere $|v| = |r|$ und $|w| = |s|$, also $v = e^{i\varphi} \cdot r$ und $w = e^{i\psi} \cdot s$.

---

[4] auch Lichtkegel genannt.

Wegen $r\overline{s} = v\overline{w} = e^{i\varphi} \cdot r \cdot e^{-i\psi} \cdot \overline{s}$ folgt $\varphi = \psi$ und somit gilt $(v, w) = e^{i\varphi}(r, s)$, was die Eindeutigkeit bis auf ein (komplexes) skalares Vielfaches beweist. $\square$

Das letzte Lemma liefert die Korrespondenz von Punkten auf der Lorentz-Quadrik zu Punkten im $\mathbb{CP}^1$. Im Detail erfolgt diese Übersetzung folgendermaßen:

$$(t, z, x, y) \in \mathbb{R}^4 \text{ mit } -t^2 + z^2 + x^2 + y^2 = 0; \text{ reelle Vielfache identifiziert}$$

$$\updownarrow$$

$$\text{hermitesches } X = \begin{pmatrix} t-z & x+iy \\ x-iy & t+z \end{pmatrix} \text{ mit } \det(X) = 0; \text{ reelle Vielfache identifiziert}$$

$$\updownarrow$$

$$(v, w)^T \in \mathbb{C}^2 \text{ mit } (v, w)^T (\overline{v}, \overline{w}) = X; \textit{ komplexe} \text{ Vielfache identifiziert}$$

Wie angedeutet funktioniert dieser Übersetzungsvorgang in beide Richtungen. Beginnt man mit einem Vektor $(v, w)^T$ im $\mathbb{C}^2 \setminus \{(0,0)^T\}$, so ist $(v, w)^T (\overline{v}, \overline{w}) = X$ hermitesch. Setzt man

$$\begin{pmatrix} t \\ z \\ x \\ y \end{pmatrix} = \begin{pmatrix} (w\overline{w} + v\overline{v})/2 \\ (w\overline{w} - v\overline{v})/2 \\ (v\overline{w} + w\overline{v})/2 \\ (v\overline{w} - w\overline{v})/2i \end{pmatrix}, \tag{11.2}$$

so ergibt sich

$$X = \begin{pmatrix} v\overline{v} & v\overline{w} \\ w\overline{v} & w\overline{w} \end{pmatrix} = \begin{pmatrix} t-z & x+iy \\ x-iy & t+z \end{pmatrix}.$$

Man beachte, dass alle Einträge von $(t, z, x, y)^T$ durch die Relation (11.2) automatisch reell sind. Zudem ist die Abbildung, die einer hermiteschen Matrix den entsprechenden vierdimensionalen Vektor $(t, z, x, y)^T$ zuordnet, linear.

Wir wollen uns vergegenwärtigen, was diese Abbildung für einen endlichen Punkt $v = a + ib$ bedeutet. Dieser wird in $\mathbb{CP}^1$ durch den Vektor $(v, 1)^T = (a + ib, 1)^T$ repräsentiert. Setzt man diesen Vektor in (11.2) ein, erhält man

$$\begin{pmatrix} t \\ z \\ x \\ y \end{pmatrix} = \begin{pmatrix} (1 + v\overline{v})/2 \\ (1 - v\overline{v})/2 \\ (v + \overline{v})/2 \\ (v - \overline{v})/2i \end{pmatrix} = \begin{pmatrix} (1 + |v|^2)/2 \\ (1 - |v|^2)/2 \\ a \\ b \end{pmatrix}.$$

Dies ist genau (!) die Repräsentation des Punkts $(a, b)^T$ in Lorentz-Koordinaten. Die Identifikation komplexer Vielfacher in $\mathbb{CP}^1$ übersetzt sich hierbei in die Identifikation reeller Vielfacher auf der Lorentz-Quadrik. Der unendlich ferne Punkt $(1, 0)^T$ in $\mathbb{CP}^1$ wird durch diesen Prozess übrigens auf den

Punkt $(\frac{1}{2}, -\frac{1}{2}, 0, 0)^T$, den unendlich fernen Punkt auf der Lorentz-Quadrik, abgebildet.

Was passiert nun mit einem Punkt $(t, z, x, y)^T$ auf der Lorentz-Quadrik, wenn wir auf den zugehörigen Punkt $(v, w)^T$ aus $\mathbb{CP}^1$ eine Möbius-Transformation anwenden? Eine Möbius-Transformation entspricht einer regulären Matrix

$$M = \begin{pmatrix} \alpha & \beta \\ \gamma & \delta \end{pmatrix}$$

und der Punkt $p = (v, w)^T$ wird gemäß

$$p \mapsto M \cdot p$$

abgebildet. Dies wiederum induziert eine Aktion auf der Matrix $X = p \cdot \overline{p}^T$, die den Punkt p als hermitesche Matrix mit $\det(X) = 0$ repräsentiert. Die entsprechende Matrix des abgebildeten Punktes ergibt sich zu

$$(M \cdot p) \cdot \overline{(M \cdot p)}^T = M \cdot (p \cdot \overline{p}^T) \cdot \overline{M}^T = M \cdot X \cdot \overline{M}^T.$$

Somit wird durch die Möbius-Transformation die Abbildung

$$X \mapsto M \cdot X \cdot \overline{M}^T$$

induziert, die wir als Abbildung auf der Lorentz-Quadrik auffassen können. Diese Abbildung ist *linear* in den Einträgen von X. Somit induziert die Anwendung der Möbius-Transformation eine lineare Transformation im $\mathbb{RP}^3$, die Punkte der Lorentz-Quadrik wieder in Punkte der Lorentz-Quadrik überführt, also eine Lorentz-Transformation ist.

Zusammenfassend erhalten wir

Satz 11.3. *Es besteht eine eins-zu-eins Korrespondenz zwischen den Punkten der Lorentz-Quadrik in $\mathbb{RP}^3$ und den Punkten von $\mathbb{CP}^1$. Eine Möbius-Transformation M in $\mathbb{CP}^1$ induziert eine spezielle Lorentz-Transformation $\Lambda(M)$ auf der Lorentz-Quadrik.*

Mit den Erkenntnissen des letzten Abschnitts impliziert dies, dass Möbius-Transformationen sich in spezielle punkterhaltende Lie-Transformationen übersetzen. Abbildug 11.2 zeigt das iterierte Bild eines Kreises für eine Lie-Transformation, die nur geringfügig von einer Möbius-Transformation abweicht.

Man kann sich nun fragen, ob tatsächlich alle Lorentz-Transformationen bzw. punkterhaltende Lie-Transformationen einer Möbius-Transformation entsprechen. Diese Vermutung läge nahe, denn in der Tat haben beide Transformationsgruppen sechs Freiheitsgrade. Dies ist aber nicht der Fall. Tatsächlich erzeugen die Möbius-Transformationen *genau ein Viertel* aller Lorentz-Transformationen aus $O(3,1)$. Auf Details wollen wir hier nicht eingehen, sondern nur skizzieren, woher der Faktor *vier* kommt.

Abb. 11.2 Ein Kreis unter iterierter Lie-Transformation, die nahe einer Möbius-Transformation liegt.

Da es bei einer Möbius-Transformation M nicht auf (komplexe) skalare Vielfache der Matrix ankommt, können wir immer davon ausgehen, dass $\det(M) = 1$ gilt. Man kann nun nachrechnen, dass alle Transformationen $\mathbf{S} = \Lambda(M)$ zwei Eigenschaften erfüllen. Erstens gilt $\det(\mathbf{S}) = 1$ und zweitens gilt für den linken oberen Eintrag $\mathbf{S}_{11} = |\alpha|^2 + |\beta|^2 + |\gamma|^2 + |\delta|^2$. Hierbei bezeichnen $\alpha, \beta, \gamma, \delta$ die Einträge von M. Insbesondere gilt somit $\mathbf{S}_{11} > 0$. Beide Eigenschaften sind voneinander unabhängig. Für die Lorentz-Transformation $\mathbf{S}$ ist insbesondere auch $-\mathbf{S}$ eine Lorentz-Transformation. Da $\mathbf{S}$ eine 4×4-Matrix ist, gilt $\det(\mathbf{S}) = \det(-\mathbf{S})$. Geometrisch repräsentieren im $\mathbb{RP}^3$ die beiden Matrizen $\mathbf{S}$ und $-\mathbf{S}$ die gleiche Abbildung, da wir (reelle) skalare Vielfache ungleich Null identifizieren. Um das Vorzeichen der Determinante von $\mathbf{S}$ zu verändern, müssen wir Spiegelungen betrachten. Es reicht aus eine Spiegelung als Erzeugende hinzuzunehmen. Wir betrachten z.B. die spezielle Lorentz-Transformation

$$\mathbf{R} = \begin{pmatrix} 1 & 0 & 0 & 0 \\ 0 & 1 & 0 & 0 \\ 0 & 0 & 1 & 0 \\ 0 & 0 & 0 & -1 \end{pmatrix}.$$

Diese stellt eine Spiegelung an der y-Achse dar und es gilt $\det(\mathbf{R}) = -1$. Somit ist $\mathbf{S} \cdot \mathbf{R}$ ebenso eine Lorentz-Transformation mit $\det(\mathbf{S} \cdot \mathbf{R}) = -1$. Übersetzt man diese Transformation zurück in $\mathbb{CP}^1$, so lassen sich alle Kreisspiegelungen durch ein $\mathbf{S} \cdot \mathbf{R}$ ausdrücken. Ist nun $\mathcal{M}$ die Menge aller Möbius-

Transformationen, so ergibt sich die Menge aller Lorentz-Transformationen
zu

$$O(3,1) \quad \sim \quad \bigcup_{M \in \mathcal{M}} \left\{ \Lambda(M), -\Lambda(M), \Lambda(M) \cdot \mathbf{R}, -\Lambda(M) \cdot \mathbf{R} \right\}$$

11.3 Stereographische Projektion

Wir wollen nun noch ein wenig konkreter werden und beobachten welche
Wirkung unsere Übersetzungen von $\mathbb{CP}^1$ auf die Lorentz-Quadrik unter ganz
speziellen Skalierungen der Repräsentanten hat. Am einfachsten stellt sich die
Situation dar, wenn wir auf beiden Seiten mit einer skalaren Größe normieren,
von der wir jeweils sicher wissen, dass diese nicht Null werden kann. Beginn-
nen wir auf Seiten der Lorentz-Quadrik. Für einen Vektor auf der Lorentz-
Quadrik $p = (t, z, x, y)^T$ gilt $-t^2 + z^2 + x^2 + y^2 = 0$. Ist mindestens einer der
Einträge von Null verschieden, so muss notwendigerweise $t \neq 0$ gelten. Wir
können gegebenenfalls durch t dividieren und annehmen, dass p die Form
$(1, z, x, y)^T$ hat. Unsere Gleichung geht somit in $-1 + z^2 + x^2 + y^2 = 0$, oder
äquivalent $z^2 + x^2 + y^2 = 1$, über. Wir erhalten somit

Satz 11.4. *Die Punkte der Lorentz-Quadrik im $\mathbb{RP}^3$ entsprechen eins-zu-eins
den Punkten einer Einheitskugel im $\mathbb{R}^3$.*

Beweis. Sei $(t, z, x, y)^T \in \mathbb{R}^4$ ein Punkt auf der Lorentz-Quadrik, dann gilt
$t \neq 0$ und der äquivalente Vektor $(1, x/t, y/t, z/t)^T$ liegt auf der Einheitskugel. Seien umgekehrt $p = (1, z, x, y)^T$ und $q = (1, z', x', y')^T$ zwei verschiedene
Punkte mit $x^2 + y^2 + z^2 = 1$ und $x'^2 + y'^2 + z'^2 = 1$, dann liegen beide auf
der Lie-Quadrik und unterscheiden sich nicht nur durch ein skalares Vielfaches. $\qquad \square$

Auf Ebene von $\mathbb{CP}^1$ entspricht dies folgender Normierung: Ist ein Vektor
$(v, w)^T$ ungleich dem Nullvektor, so gilt $|v|^2 + |w|^2 \neq 0$. Wir können also so
skalieren, dass $|v|^2 + |w|^2 = 2$ gilt. Der Vektor ist dann bis auf einen Faktor
$e^{i\varphi}$ eindeutig bestimmt. Nun betrachten wir

$$\begin{pmatrix} v \\ w \end{pmatrix} \begin{pmatrix} \overline{v} & \overline{w} \end{pmatrix} = \begin{pmatrix} |v|^2 & v\overline{w} \\ w\overline{v} & |w|^2 \end{pmatrix} = X.$$

Die Spur dieser Matrix ist $|v|^2 + |w|^2$. Da $(v, w)^T$ mit seinem komplex Kon-
jugierten multipliziert wird, hängt die Matrix nicht mehr vom Winkel φ ab.
Mit unserer Übersetzungsfomel (11.2) ergeben sich für den entsprechenden
Punkt auf der Lorentz-Quadrik die Koordinaten

$$\begin{pmatrix} t \\ z \\ x \\ y \end{pmatrix} = \begin{pmatrix} 1 \\ \frac{|w|^2-|v|^2}{2} \\ \mathrm{Re}(v\overline{w}) \\ \mathrm{Im}(v\overline{w}) \end{pmatrix}.$$

Dies entspricht wiederum einem Punkt auf der Einheitskugel im $\mathbb{R}^3$. Wir hatten bereits einmal in Abschnitt 6.3 eine Situation betrachtet, in der wir $\mathbb{CP}^1$ die Punkte auf einer Kugel zugeordnet haben. Dies geschah mittels *stereographischer Projektion* (vgl. Abbildung 6.8). Die Situation ist nun hier, bis auf eine unerhebliche Verschiebung der Kugel, exakt die gleiche. Wir wollen dies im Folgenden nachrechnen.

Wir haben festgestellt, dass der Vorfaktor $e^{i\varphi}$ sich nicht auf die Matrix X auswirkt. Wir können diesen also insbesondere so wählen, dass w reell ist. Betrachten wir einen Punkt $v = a + ib$ der komplexen Zahlenebene $\mathbb{C}$ und repräsentieren ihn durch den Vektor

$$p = \begin{pmatrix} v \\ 1 \end{pmatrix} \cdot \sqrt{\frac{2}{1+|v|^2}}.$$

Dieser Vektor ist genau so skaliert, dass die Summe der beiden Betragsquadrate der Komponenten 2 ergibt. Die Matrix $X = p\overline{p}^T$ ergibt sich zu

$$X = \begin{pmatrix} |v|^2 & v \\ \overline{v} & 1 \end{pmatrix} \cdot \frac{2}{1+|v|^2}.$$

Der zugehörige Vektor der Lorentz-Quadrik ist somit

$$\begin{pmatrix} t \\ z \\ x \\ y \end{pmatrix} = \begin{pmatrix} 1 \\ \frac{1-|v|^2}{1+|v|^2} \\ \frac{2a}{1+|v|^2} \\ \frac{2b}{1+|v|^2} \end{pmatrix}.$$

Die letzten drei Koordinateneinträge bilden nach den vorherigen Überlegungen und wie man auch leicht explizit nachrechnen kann, einen Punkt auf der Einheitskugel im $\mathbb{R}^3$.[5] Wir erhalten

Satz 11.5. *Der durch die obige Berechnung erzeugte Punkt $(z, x, y)^T$ ist die sterographische Projektion des Punktes $(0, a, b)^T$ der Ebene mit $z = 0$ durch den Südpol $(-1, 0, 0)^T$ auf die Einheitskugel.*

Beweis. Wir haben bereits nachgeweisen, dass $(z, x, y)^T$ auf der Einheitskugel liegt. Es bleibt zu zeigen, dass $A = (0, a, b)^T$, $B = (-1, 0, 0)^T$ und

---

[5] Im Folgenden verstehen wir *stereographische Projektion* immer in diesem Sinne.

$C = (z, x, y)^T$ auf einer Geraden liegen. Mit $\lambda = 2/(1 + |v|^2)$ ergibt sich

$$\lambda A + (1 - \lambda)B = \frac{2}{1 + |v|^2} \begin{pmatrix} 0 \\ a \\ b \end{pmatrix} + \left(1 - \frac{2}{1 + |v|^2}\right) \begin{pmatrix} -1 \\ 0 \\ 0 \end{pmatrix} = \begin{pmatrix} \frac{1-|v|^2}{1+|v|^2} \\ \frac{2a}{1+|v|^2} \\ \frac{2b}{1+|v|^2} \end{pmatrix} = C.$$

Dies beweist die Behauptung. $\qquad\square$

Auf Ebene von projektiver Geometrie und homogenen Koordinaten gestaltet sich die Situation sogar konzeptuell noch einfacher. Die Möglichkeit skalare Vielfache zu identifizieren erspart uns das lästige Dividieren in den vorangegangenen Rechnungen. Betrachten wir Punkte im $\mathbb{CP}^1$ wie üblich als die Menge aller (komplexen) skalaren Vielfachen eines repräsentierenden Vektors $(v, w)^T$ und betrachten wir die Punkte $(t, z, x, y)^T$ auf der Lorentz-Quadrik als Punkte im $\mathbb{RP}^3$ mit der *ersten* Komponente als Homogenisierungskoordinate, so ergibt sich

Satz 11.6. *Die stereographische Projektion von* $(v, w)^T \in \mathbb{CP}^1$ *ergibt sich als ein Vektor* $(t, z, x, y)^T \in \mathbb{RP}^3$, *dessen Komponenten durch*

$$\begin{pmatrix} v \\ w \end{pmatrix} (\overline{v} \ \overline{w}) = \begin{pmatrix} t - z & x + iy \\ x - iy & t + z \end{pmatrix}$$

eindeutig bestimmt sind.

Der folgende Satz gibt abschließend noch an, wie man umgekehrt von einem Punkt $(z, x, y)^T$ auf der Einheitskugel den entprechenden Bildpunkt in $\mathbb{CP}^1$ bestimmt.

Satz 11.7. *Es sei* $(z, x, y)^T \in \mathbb{R}^3$ *ein Punkt der* $x^2 + y^2 + z^2 = 1$ *erfüllt. Den stereographisch projizierten Punkt in* $\mathbb{CP}^1$ *erhält man als*

$$\begin{pmatrix} x + iy \\ 1 + z \end{pmatrix}.$$

Beweis. Betten wir wie bisher die komplexe Zahlenebene auf die xy-Ebene in den $\mathbb{R}^3$ ein, so entspricht der Punkt $(x + iy, 1 + z)^T$ dem Punkt $(0, x/(1 + z), y/(1+z))^T = C$. Es reicht wieder zu zeigen, dass die Punkte $A = (z, x, y)^T$, $B = (-1, 0, 0)^T$ und C auf einer Geraden liegen. Mit $\lambda = 1/(1+z)$ weist man leicht $\lambda A + (1 - \lambda)B = C$ nach. $\qquad\square$

11.4 Exkurs: Der "andere" Schnittwinkel

In Abschnitt 10.2 haben wir gesehen, dass für zwei Kreise, die durch Vektoren

$$p = \frac{1}{2r} \begin{pmatrix} 1-n \\ 1+n \\ 2m_x \\ 2m_y \end{pmatrix} \quad \text{und} \quad P = \frac{1}{2R} \begin{pmatrix} 1-N \\ 1+N \\ 2M_x \\ 2M_y \end{pmatrix},$$

mit $n = r^2 - m_x^2 - m_y^2$ und $N = R^2 - M_x^2 - M_y^2$ repräsentiert sind, der Schnittwinkel als $\alpha = \arccos\langle p, P \rangle$ bestimmt werden kann. Wir haben in Satz 11.1 auch gesehen, dass der Ausdruck $\langle p, P \rangle$ und somit der Schnittwinkel unter punkterhaltenden Lie-Transformationen, also unter Möbius-Transformationen, invariant ist. Die Berechnung des Schnittwinkels macht natürlich nur so lange Sinn, wie sich die Kreise auch wirklich schneiden oder zumindest berühren. Andernfalls liegt $\langle p, P \rangle$ außerhalb des Intervalls $[-1, 1]$ und der Arkuskosinus liefert nur ein komplexes Ergebnis.

Es ist dennoch möglich auch im Fall sich nicht schneidender Kreise dem Wert des Ausdrucks $\langle p, P \rangle$ eine sinnvolle geometrische Bedeutung zuzuordnen. Er ist eng verwandt mit sogenannten *Steiner'schen Kreisketten*. Hierzu betrachten wir zwei Kreise $\mathcal{K}_1$ und $\mathcal{K}_2$, die sich nicht schneiden oder berühren. Nehmen wir der Anschaulichkeit halber an, die beiden Kreise liegen ineinander, dies ist aber nicht essentiell. Tangential an die *beiden* Kreise legen wir einen dritten Kreis $\mathcal{A}_1$. Er soll in dem von beiden Kreisen eingeschlossenen ringförmigen Gebiet liegen. Wir nennen ihn den *Startkreis*. Von diesem Kreis ausgehend konstruieren wir einen weiteren Kreis $\mathcal{A}_2$, der tangential an $\mathcal{K}_1$, $\mathcal{K}_2$ und $\mathcal{A}_1$ ist. Von den beiden Möglichkeiten wählen wir diejenige, die sich gegen den Uhrzeigersinn an $\mathcal{A}_1$ anschließt. Wir fahren fort und konstruieren

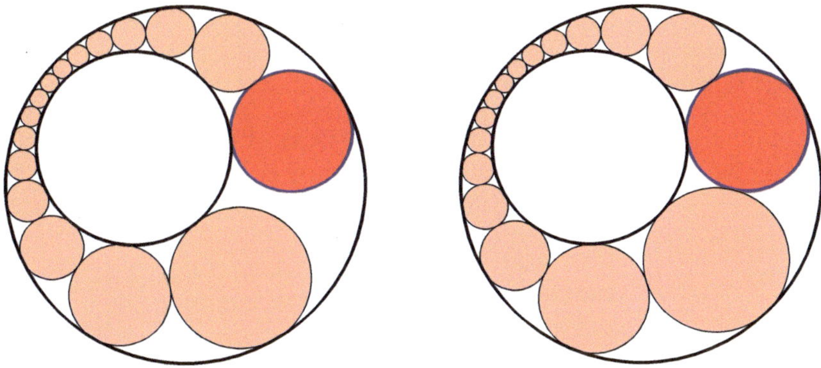

Abb. 11.3 Eine offene und eine geschlossene Steiner Kette.

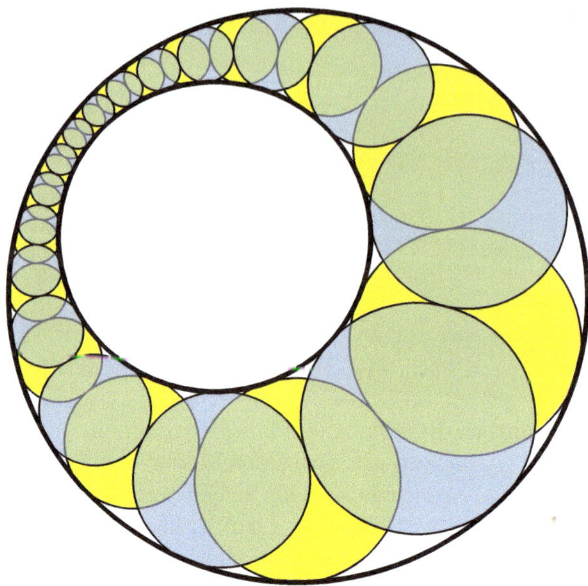

Abb. 11.4 Zwei geschlossenen Steinerketten zum gleichen Kreispaar.

Kreise $\mathcal{A}_i$ tangential an $\mathcal{K}_1$, $\mathcal{K}_2$ und $\mathcal{A}_{i-1}$. Eine solche Folge von n Kreisen $\mathcal{A}_1, \ldots, \mathcal{A}_n$ nennen wir eine Steiner Kette. Man nennt eine solche Kette von n Kreisen *geschlossen*, wenn der n-te Kreis wieder tangential an die "freie" Seite des ersten Kreises anschließt. Abbildung 11.3 zeigt eine offene und eine geschlossene Kette von 16 Kreisen. Die Konstruktion ist übrigens numerisch extrem sensitiv. Im Unterschied zur offenen Kette wurde bei der geschlossenen Kette der Radius des inneren Kreises lediglich um 0.34% vergrößert. Für geschlossene Steiner Ketten gilt nun eine überraschende Tatsache.

Liegen die beiden Kreise $\mathcal{K}_1$ und $\mathcal{K}_2$ so, dass sich ausgehend von einem Startkreis $\mathcal{A}_1$ eine geschlossenen Steiner Kette von n Kreisen ergibt, so entsteht eine solche auch, wenn wir mit einem beliebigen anderen an $\mathcal{K}_1$ und $\mathcal{K}_2$ tangentialen Startkreis beginnen.

Abbildung 11.4 verdeutlicht diesen Satz. Dort ist für das gleiche Kreispaar $\mathcal{K}_1$, $\mathcal{K}_2$ eine gelbe und eine blaue geschlossenen Kette von 16 Kreisen eingezeichnet. Mit anderen Worten besagt der Satz, dass die Schließungseigenschaft allein eine Eigenschaft der Kreise $\mathcal{K}_1$, $\mathcal{K}_2$ ist und nicht vom Startkreis abhängt.

Der Satz wird sofort einsichtig, wenn man sich vergegenwärtigt, dass man durch Anwendung einer geeigneten Möbius-Transformation die beiden Kreise $\mathcal{K}_1$ und $\mathcal{K}_2$ in konzentrische Lage bringen kann. Da Möbius-Transformationen Berührrelationen invariant lassen, geht eine geschlossene Steiner Kette wiederum in eine geschlossene über. Für konzentrische Kreise ist der Satz aber

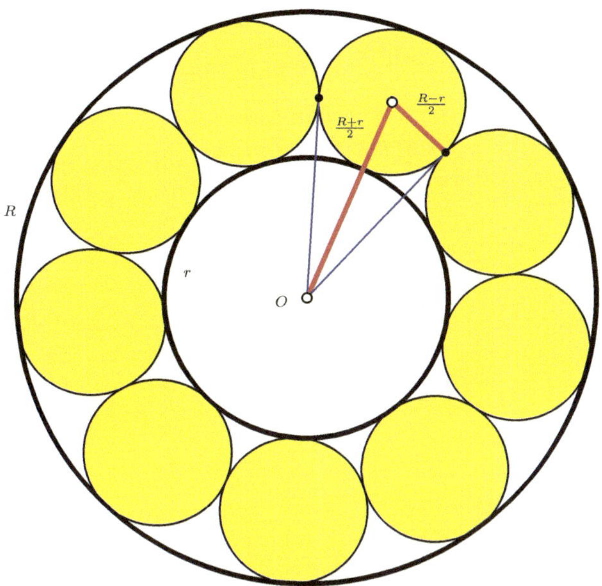

Abb. 11.5 Steiner Kette in einem Konzentrischen Kreispaar.

aus Symmetriegründen offensichtlich (vgl. Abbildung 11.5 für $n = 9$). Dies beweist den Satz.

Man könnte sich nun an dieser Stelle mit diesem schönen Satz zufrieden geben. Wir wollen aber zeigen, dass eine direkte Beziehung von Steiner Ketten zu den Schnittwinkelberechnungen bzw. zum Produkt $\langle p, P \rangle$ existiert. Betrachten wir die konzentrische Situation in Abbildung 11.5. Es liegt nahe jedem der Kettenkreise einen Winkel zuzuordnen, nämlich denjenigen, den man überstreicht, wenn man eine Gerade durch das Konstruktionszentrum O, von einer Tangentialposition zum Kettenkreis über den Kreis zur anderen verschiebt. Im Falle eine Steiner Kette der Länge n ist dieser Winkel $2\pi/n$. Dieser Winkel β hängt ausschließlich von den Radien R und r der beiden konzentrischen Kreise ab. Er lässt sich einfach durch die Beobachtungen gewinnen, dass der Mittelpunkt des Kettenkreises einen Abstand $\frac{R+r}{2}$ zum Konstruktionszentrum hat und der Kettenkreis einen Radius $\frac{R-r}{2}$ hat. Der Winkel β ergibt sich aus

$$\sin(\beta/2) = \frac{R - r}{R + r}.$$

Wir wollen diese Relation für einen Moment vermeintlich komplizierter machen, indem wir die Formel $\cos(\beta) = 1 - 2\sin(\beta/2)$ verwenden und erhalten

$$\cos(\beta) = 1 - 2\left(\frac{R-r}{R+r}\right)^2 = f(R,r).$$

Wir wollen nun die so definierte Funktion $f(R,r)$ zur Bilineraform $\langle p, P\rangle$ in Bezug setzen. Für konzentrische Kreise erhält man (man sieht das sofort, wenn man $O = (0,0)$ setzt)

$$\langle p, P\rangle = \frac{R^2 + r^2}{2Rr} = g(R,r).$$

Nun gilt folgende überraschende Beziehung, die die beiden Funktionen $f(R,r)$ und $g(R,r)$ verknüpft:

$$(f(R,r) + 1) \cdot (g(R,r) + 1) = 4.$$

Man sieht dies leicht durch Nachrechnen.

$$\left(1 - 2\left(\frac{R-r}{R+r}\right)^2 + 1\right)\left(\frac{R^2+r^2}{2Rr} + 1\right)$$

$$= 2 \cdot \frac{(R+r)^2 - (R-r)^2}{(R+r)^2} \cdot \frac{R^2 + r^2 + 2Rr}{2Rr}$$

$$= 2 \cdot \frac{4Rr}{(R+r)^2} \cdot \frac{(R+r)^2}{2Rr}$$

$$= 4$$

Somit kann man für den vom Kettenkreis überstrichenen Winkel die Formel

$$\beta = \arccos\left(\frac{4}{\langle p, P\rangle + 1} - 1\right)$$

angeben. Diese Größe ist aber, da sie nur von $\langle p, P\rangle$ abhängt, invariant unter Möbius-Transformationen und kann somit *jedem* sich nicht schneidenden Kreispaar $\mathcal{K}_1$, $\mathcal{K}_2$ zugeordnet werden. Ist $2\pi/\beta = n$ eine ganze Zahl so kann man in den von den beiden Kreisen gebildeten Ring eine Steiner Kette der Länge n einschreiben.

Übungsaufgaben

1. Zeigen Sie, dass die Lie-Transformationen bzgl. der Matrizenmultiplikation eine Gruppe bilden.

2. Es sei mit $\mathcal{P}$ die Mengen der Punkte des $\mathbb{RP}^3$ bezeichnet. Ferner sei eine projektive Transformation $\tau_M : \mathcal{P} \to \mathcal{P}$ mit einer regulären Matrix $M \in \mathbb{R}^{4\times 4}$ gegeben.

   a) Zeigen Sie, dass die Transformation τ_M kollineare Punkte auf kollineare Punkte abbildet.

   b) In den Übungsaufgaben von Kapitel 8 haben wir die Plücker-Quadrik kennengelernt. Zeigen Sie, dass τ_M eine projektive Transformation im $\mathbb{RP}^5$ induziert, die die Plücker-Quadrik fest lässt.

3. a) Gegeben sei der Punkt $(1+i, i)^T$ aus $\mathbb{CP}^1$. Bestimmen Sie die Lorentz-Koordinaten des zugehörigen Punktes auf der Lorentz-Quadrik. Prüfen Sie explizit nach, dass der Punkt auf der Lorentz-Quadrik liegt.

   b) Gegeben sei der Punkt $(3, 2, 2, 1)^T$ der Lorentz-Quadrik. Bestimmen Sie den zugehörigen Punkt aus $\mathbb{CP}^1$.

4. Gegeben sei die Möbius-Transformation

$$M = \begin{pmatrix} i & i \\ 1 & -i \end{pmatrix}.$$

Bestimmen Sie die durch M induzierte Lorentz-Transformation $\Lambda(M)$.

5. In der speziellen Relativitätstheorie werden Lorentz-Transformationen genutzt, um von einem Inertialsystem zum anderen überzugehen. Es seien nun zwei Inertialsysteme I und I' gegeben, die sich mit einer konstanten Relativgeschwindigkeit v in x-Richtung gegeneinander bewegen. In I wird die Position mit $(x, y, z)^T$ und in I' mit $(x', y', z')^T$ bezeichnet. Ebenso wird die Zeit mit t in I und t' in I' bezeichnet. Dann findet man üblicherweise für die Umrechnung zwischen I und I' den Zusammenhang

$$\begin{array}{ll} x' = k \cdot (x - v \cdot t) & x = k \cdot (x' + v \cdot t) \\ y' = y & y = y' \\ z' = z & z = z' \\ t' = k \cdot (t - \frac{v}{c^2} \cdot x) & t = k \cdot (t' + \frac{v}{c^2} \cdot x') \end{array},$$

wobei $k^{-1} = \sqrt{1 - \frac{v^2}{c^2}}$ ist und c die Lichtgeschwindigkeit bezeichnet. Zeigen Sie, dass dieser Zusammenhang nichts anderes ist als zwei Lorentz-Transformationen.

6. Für zwei Vektoren $x, y \in \mathbb{R}^6$ erweitern wir die Bilinearform $\langle\!\langle \cdot, \cdot \rangle\!\rangle$ zu

$$\langle\!\langle x, y \rangle\!\rangle = -x_1 y_1 + x_2 y_2 + \ldots + x_5 y_5 - x_6 y_6,$$

wobei mit x_j, y_j die Einträge der Vektoren bezeichnet sind ($j = 1, \ldots, 6$). Ferner sei $\tilde{\mathcal{L}} = \{s \in \mathbb{RP}^5 : \langle\!\langle s, s \rangle\!\rangle = 0\}$ die verallgemeinerte Lie-Quadrik. Zeigen Sie nun, dass jedem Punkt $(s_1, \ldots, s_6)^T$ von $\tilde{\mathcal{L}}$ ein Punkt $(p_1, \ldots, p_6)^T$ der komplexifizierten Plücker-Quadrik entspricht. Dabei gilt für den Übergang

$$\begin{array}{lll} p_1 = s_1 + s_2, & p_2 = s_5 + s_6, & p_3 = s_3 + s_4 \cdot i, \\ p_4 = s_3 - s_4 \cdot i, & p_5 = -s_5 + s_6, & p_6 = -s_1 + s_2. \end{array}$$

12
Drehungen und Quaternionen

In Abschnitt 11.2 haben wir gesehen, dass die Menge der Lie-Transformationen eine Untergruppe enthält, die zur Gruppe der Möbius-Transformationen isomorph ist. Insbesondere waren diese Transformationen punkterhaltend. Dies bedeutete, dass diese durch 5×5-Matrizen repräsentiert waren, die einen Einheitsvektor in der letzten Zeile und letzten Spalte haben (vgl. Gleichung (11.1)). Da solche Transformationen den letzten Eintrag der Lie-Koordinaten nicht beeinflussen, konnten wir alle Betrachtungen an der oberen linken 4×4-Matrix durchführen und uns auf die ersten vier Einträge der Lie-Koordinaten beschränken. Dies führte uns zur Betrachtung von Lorentz-Transformationen. Im letzten Abschnitt haben wir gesehen, dass der Übersetzungsmechanismus, der die Punkte von $\mathbb{CP}^1$ in Lorentz-Koordinaten überführt, als eine stereographische Projektion aufgefasst werden kann. Die Punkte der Lorentz-Quadrik wurden dabei durch Dehomogenisierung bzgl. der ersten Koordinate zu Punkten auf der dreidimensionalen Einheitssphäre.

Wir wollen diesen Prozess analog nun noch ein Stück weiter treiben und uns nun auf die Lie-Transformationen beschränken, die auch noch den ersten Eintrag fest lassen (bzw. äquivalenterweise Lorentz-Transformationen, die den ersten Eintrag fest lassen). Wir werden im Folgenden auf Ebene der Lorentz-Transformationen argumentieren. Die Matrix einer Lorentz-Transformation hat, wenn sie die erste Koordinate fest lässt, die Form

$$\mathbf{T} = \begin{pmatrix} 1 & 0 & 0 & 0 \\ 0 & & & \\ 0 & & \mathbf{R} & \\ 0 & & & \end{pmatrix}. \tag{12.1}$$

Sind $(t, z, x, y)^T$ Koordinaten eines Punktes im $\mathbb{RP}^3$, so verändert eine Matrix dieser Form nur die (z, x, y)-Komponenten. Für den $\mathbb{R}^3$, der durch Homogenisierung bzgl. der ersten Komponenten in den $\mathbb{RP}^3$ eingebettet ist, ist dies einfach eine lineare Transformation

J. Richter-Gebert, T. Orendt, *Geometriekalküle*, Springer-Lehrbuch,
DOI 10.1007/978-3-642-02530-3_12, © Springer-Verlag Berlin Heidelberg 2009

$$\begin{pmatrix} z \\ x \\ y \end{pmatrix} \mapsto \mathbf{R} \cdot \begin{pmatrix} z \\ x \\ y \end{pmatrix}.$$

Da die Transformation $\mathbf{T}$ aber eine Lorentz-Transformation ist, bildet sie in diesem $\mathbb{R}^3$ die Einheitssphäre auf sich selber ab und ist somit längenerhaltend. Insbesondere gilt, da $\mathbf{T}$ die Bilinearform $\langle \cdot, \cdot \rangle$ erhält, sogar $\langle \mathbf{R}p, \mathbf{R}q \rangle = \langle p, q \rangle$ für beliebige Punkte im $p, q \in \mathbb{R}^3$. Längenerhaltende lineare Transformationen im $\mathbb{R}^3$ sind genau die orthogonalen Transformationen (Rotationen und Spiegelungen). Also ist $\mathbf{R} \in O(3)$.

Wir wollen uns nun auf derartige Transformationen mit $\det(\mathbf{T}) > 0$ beschränken, also die Rotationen. Für diese gibt es nach dem vorher Gesagten bestimmte Möbius-Transformationen auf $\mathbb{CP}^1$, die sich in diese übersetzen. Wir wollen untersuchen, welche das sind. Hierbei werden wir das überraschende und schöne Resultat erhalten, dass dies genau die Transformationen sind, die durch *unitäre 2×2-Matrizen M mit* $\det(M) = 1$ dargestellt werden können. Die Menge all dieser Matrizen bezeichnet man mit $SU(2)$ (das ist die *spezielle unitäre Gruppe*). Die folgenden Abschnitte sollen schrittweise zu diesem Ergebnis hinführen. Dabei werden wir insbesondere, ganz im Sinne der Zielsetzung dieses Buches, elegante algebraische Formeln für geometrische Grundoperationen zu erhalten, eine sehr elegante Parameteriesierung für Rotationen im $\mathbb{R}^3$ kennen lernen.

12.1 Unitäre Matrizen

Unitäre Matrizen sind die komplexen Verallgemeinerungen von orthogonalen Matrizen. Orthogonale Matrizen im $\mathbb{R}^n$ zeichnen sich dadurch aus, dass die Spaltenvektoren $s_1, s_2, \ldots, s_n$ normiert sind und senkrecht aufeinander stehen. Bzgl. des kanonischen Skalarprodukts $\langle p, q \rangle = p^T q$ gilt also

$$\langle s_i, s_j \rangle = \begin{cases} 1 \text{ für } i = j, \\ 0 \text{ für } i \neq j. \end{cases}$$

Die gleiche Bedingung soll auch für unitäre Matrizen im $\mathbb{C}^n$ erfüllt sein, wobei das kanonische Skalarprodukt durch das kanonische Sesquilinearprodukt $\langle p, q \rangle = p^T \overline{q}$ ersetzt wurde.[1] Anders ausgedrückt erfüllt eine unitäre Matrix M die Bedingung $M^T \overline{M} = E$, wobei E die Einheitsmatrix ist. Anders ausgedrückt erfüllen unitäre Matrizen $M^{-1} = \overline{M}^T$.

Wir wollen im Folgenden unitäre 2×2-Matrizen

---

[1] Auf den reellen Zahlen stimmen beide überein, daher ist kein neues Formelzeichen dafür nötig.

$$M = \begin{pmatrix} \alpha & \beta \\ \gamma & \delta \end{pmatrix}$$

betrachten, für die zusätzlich $\det(M) = 1$ gilt. Für eine 2×2-Matrix mit $\det(M) = 1$ ergibt sich

$$\begin{pmatrix} \alpha & \beta \\ \gamma & \delta \end{pmatrix}^{-1} = \begin{pmatrix} \delta & -\beta \\ -\gamma & \alpha \end{pmatrix}.$$

Die Unitaritätsforderung erzwingt $M^{-1} = \overline{M}^T$, also

$$\begin{pmatrix} \alpha & \beta \\ \gamma & \delta \end{pmatrix}^{-1} = \begin{pmatrix} \delta & -\beta \\ -\gamma & \alpha \end{pmatrix} = \begin{pmatrix} \overline{\alpha} & \overline{\gamma} \\ \overline{\beta} & \overline{\delta} \end{pmatrix}.$$

Koeffizientenvergleich zeigt, dass eine solche Matrix die Form

$$\begin{pmatrix} \delta & -\beta \\ \overline{\beta} & \overline{\delta} \end{pmatrix} = \begin{pmatrix} a + ib & c + id \\ -c + id & a - ib \end{pmatrix} \tag{12.2}$$

hat, wobei $a, b, c, d \in \mathbb{R}$ geeignet gewählt sind. Umgekehrt ist jede Matrix M dieser Form, für die $|\det(M)| = 1$ gilt, unitär. Die Bedingung $\det(M) = 1$ erzwingt hier zusätzlich

$$\det \begin{pmatrix} a + ib & c + id \\ -c + id & a - ib \end{pmatrix} = a^2 + b^2 + c^2 + d^2 = 1.$$

Die Menge der Matrizen in $SU(2)$ lässt sich also durch vier reelle Parameter a, b, c, d mit $a^2 + b^2 + c^2 + d^2 = 1$ parametrisieren. Somit kann jede Matrix dieser Form mit einem Punkt der *vierdimensionalen Einheitskugel* identifiziert werden. Insbesondere ist hierdurch der Betrag jedes Parameters a, b, c, d höchstens gleich 1.

12.2 $SU(2)$ Matrizen und Rotationen

Durch stereographische Projektion haben wir die Einheitssphäre des $\mathbb{R}^3$ bijektiv auf $\mathbb{CP}^1$ abgebildet. Wir wollen nun untersuchen, welche Operation eine $SU(2)$ Matrix M als Möbius-Transformation in $\mathbb{CP}^1$ auf der Einheitskugel des $\mathbb{R}^3$ induziert. Hierzu betrachten wir zunächst genauer die Art, wie die Matrix M auf hermiteschen Matrizen X operiert. Auf Ebene der hermiteschen Matrizen $X = (v, w)^T (\overline{v}, \overline{w})$ wurde eine Möbius-Transformation durch

$$X \mapsto M \cdot X \cdot \overline{M}^T$$

beschrieben. Wir spalten nun

$$X = \begin{pmatrix} t - z & x + iy \\ x - iy & t + z \end{pmatrix}$$

auf in die Summe einer spurfreien Matrix

$$H = \begin{pmatrix} -z & x + iy \\ x - iy & +z \end{pmatrix}$$

und einer skalierten Einheitsmatrix

$$tE = \begin{pmatrix} t & 0 \\ 0 & t \end{pmatrix}.$$

Es ergibt sich unter Beachtung von $M^{-1} = \overline{M}^T$

$$M \cdot X \cdot \overline{M}^T = M \cdot (tE + H) \cdot \overline{M}^T = M \cdot (tE) \cdot \overline{M}^T + M \cdot H \cdot \overline{M}^T = tE + M \cdot H \cdot \overline{M}^T.$$

Dies bedeutet, dass die Operation zwar die (z, x, y)-Komponenten verändert, aber t festlässt. Übersetzen wir dies in eine Lorentz-Transformation, die $p = (t, z, x, y)^T$ durch $p \mapsto \mathbf{T}_M \cdot p$ abbildet, so lässt diese die erste Komponente fest. Sie ist somit genau von der Art, wie wir sie Eingangs dieses Kapitels studieren wollten und bereits als eine $O(3)$ Operation identifiziert haben. Da zusätzlich $\mathbf{T}_M$ von einer Möbius-Transformation herrührt, gilt $\det(\mathbf{T}_M) > 0$ und $\mathbf{T}_M$ ist eine Rotation. Bemerkenswert ist an dieser Stelle übrigens, dass M und $-M$ auf $\mathbb{CP}^1$ die gleiche Möbius-Transformation induzieren. Somit sind $\mathbf{T}_M$ und $\mathbf{T}_{-M}$ identische Rotationen.

Ein weiterer Punkt verdient Beachtung. Der Anteil tE der Zerlegung $X = tE + H$ wird durch die Operation $M \cdot X \cdot \overline{M}^T$ nicht verändert, d.h. die gesamte Operation spielt sich bereits auf der Ebene der spurfreien Matrix H und der Abbildung $H \mapsto M \cdot H \cdot \overline{M}^T$ ab. Das ursprüngliche H wird durch die (z, x, y)-Koordinaten des Punktes im $\mathbb{R}^3$ eindeutig festgelegt. Nach der Drehung ist $M \cdot H \cdot \overline{M}^T$ wiederum spurfrei und man kann aus dieser Matrix die Koordinaten des gedrehten Punktes ablesen. Da die Operation linear auf H ist, gilt $M \cdot (\lambda H) \cdot \overline{M}^T = \lambda (M \cdot H \cdot \overline{M}^T)$. Man kann also mit dieser Operation auch beliebige Vielfache von Punkten auf der Einheitskugel drehen. D.h. man kann die Operation $H \mapsto M \cdot H \cdot \overline{M}^T$ als Drehung im gesamten $\mathbb{R}^3$ interpretieren.

Definieren wir eine injektive Abbildung H, die Punkten im $\mathbb{R}^3$ die entsprechenden hermiteschen Matrizen

$$h((z, x, y)^T) = \begin{pmatrix} -z & x + iy \\ x - iy & +z \end{pmatrix}$$

zuordnet, so können wir zusammenfassend den folgenden Satz formulieren:

Satz 12.1. *Ist M eine $SU(2)$ Matrix und $(z, x, y)^T \in \mathbb{R}^3$ ein Vektor, dann ist $Mh((z, x, y)^T)\overline{M}^T$ wiederum eine spurfreie hermitesche Matrix und*

$$h^{-1}(MH((z,x,y)^T)\overline{M}^T)$$

beschreibt eine dreidimensionale Drehung des Vektors $(z,x,y)^T$.

12.3 Eigenwerte und Eigenvektoren

Wir wollen nun die Drehachse dieser Rotation $\mathbf{T}_M$ identifizieren. Die Punkte der Einheitssphäre in $\mathbb{R}^3$, die auf der Drehachse liegen, sind die Fixpunkte der Rotation. Diese entsprechen den Fixpunkten der zugehörigen Möbius-Transformation M in $\mathbb{CP}^1$. Diese entsprechen wiederum den Eigenvektoren der Matrix M. Wir wollen diese nun berechnen. Als charakteristisches Polynom von M erhalten wir unter Ausnutzung von $a^2 + b^2 + c^2 + d^2 = 1$

$$\det \begin{pmatrix} a+ib-\lambda & c+id \\ -c+id & a-ib-\lambda \end{pmatrix} = (a-\lambda)^2 + b^2 + c^2 + d^2 = \lambda^2 - 2a\lambda + 1.$$

Die Eigenwerte ergeben sich somit zu

$$\lambda_{1,2} = a \pm \sqrt{a^2 - 1}.$$

Sofern $|a| < 1$ ist ($|a| > 1$ nicht möglich), wird der Ausdruck unter der Wurzel negativ sein. Somit sind die Eigenwerte von der Form $\lambda_{1,2} = a \pm i\sqrt{1 - a^2}$. Es gilt somit $|\lambda_1| = |\lambda_2| = 1$. Die beiden Eigenwerte sind entweder konjugiert komplex oder fallen (für $|a| = 1$) zusammen. Im Fall zusammenfallender Eigenwerte ist die durch M induzierte Transformation die Identität.

Setzt man $l = (b,c,d)^T$, so gilt wegen $a^2 + b^2 + c^2 + d^2 = 1$ die Beziehung $\|l\|^2 + a^2 = 1$ und man kann die Eigenwerte als

$$\lambda_{1,2} = a \pm i \cdot \|l\|$$

schreiben. Die Eigenvektoren von M ergeben sich somit als die nicht-trivialen Elemente im Kern der beiden Matrizen

$$\begin{pmatrix} ib - i\cdot\|l\| & c+id \\ -c+id & -ib - i\cdot\|l\| \end{pmatrix} \quad \text{und} \quad \begin{pmatrix} ib + i\cdot\|l\| & c+id \\ -c+id & -ib + i\cdot\|l\| \end{pmatrix}.$$

Da wir es nur mit 2×2-Matrizen zu tun haben, können wir jeweils eine Lösung durch Vertauschen der Einträge der ersten Zeilen, bei gleichzeitiger Vorzeichenumkehr eines der Einträge direkt ablesen[2]. Wir erhalten die Eigenvektoren

$$\begin{pmatrix} c+id \\ -ib + i\cdot\|l\| \end{pmatrix} \quad \text{und} \quad \begin{pmatrix} c+id \\ -ib - i\cdot\|l\| \end{pmatrix}$$

bzw. nach Multiplikation mit i

---

[2] gilt, da für beliebige Vektoren $(x,y)^T$ der Vektor $(-y,x)^T$ orthogonal dazu ist.

$$\begin{pmatrix} ic - d \\ b - \|l\| \end{pmatrix} \quad \text{und} \quad \begin{pmatrix} ic - d \\ b + \|l\| \end{pmatrix}.$$

Wir können die Frage nach der Position der Eigenwerte auf zwei Ebenen stellen. Vor der stereographischen Projektion in $\mathbb{CP}^1$ beziehungsweise nach der stereographischen Projektion auf der Einheitskugel im $\mathbb{R}^3$. Letzteres sind genau zwei Punkte, die auf der gesuchten Drehachse von $\mathbf{T}_M$ liegen. Tatsächlich lässt sich in unserer Darstellung die Frage nach der stereographischen Projektion sogar einfach beantworten (was für die Eleganz der dahinter liegenden Mathematik spricht). Wir hatten $l = (b, c, d)^T$ gesetzt. Setzen wir $l' = (b', c', d')^T = (b, c, d)^T / \|l\|$ als den entsprechenden normierten Vektor, so lassen sich die Eigenvektoren nach nochmaligem Skalieren als

$$\begin{pmatrix} d' - ic' \\ 1 - b' \end{pmatrix} \quad \text{und} \quad \begin{pmatrix} -d' + ic' \\ 1 + b' \end{pmatrix}$$

schreiben. Für Vektoren dieser Form gibt uns Satz 11.7 direkt die entsprechende Position auf der Einheitskugel im $\mathbb{R}^3$. Es sind dies die beiden sich antipodal gegenüberliegenden Vektoren mit (z, x, y)-Koordianten

$$\frac{1}{\|l\|} \begin{pmatrix} -b \\ d \\ -c \end{pmatrix} \quad \text{und} \quad \frac{1}{\|l\|} \begin{pmatrix} b \\ -d \\ c \end{pmatrix}.$$

Diese beiden Vektoren liegen auf der Drehachse. Erwartungsgemäß tritt Antipodalität auf (ansonsten hätten wir uns irgendwo verrechnet). Natürlich können wir die Vorskalierung mit $1/\|l\|$ auch ebenso weglassen. Somit liegen

$$\begin{pmatrix} -b \\ d \\ -c \end{pmatrix} \quad \text{und} \quad \begin{pmatrix} b \\ -d \\ c \end{pmatrix}$$

auf der Drehachse. Für den Fall $\|l\| = 0$ gilt $b = c = d = 0$ und somit $|a| = 1$. Die Vektoren verschwinden und es liegt auch keine Drehung vor, da M die Identität repräsentiert.

Die etwas ungewöhnliche Aufteilung von Buchstaben und Vorzeichen in den obigen Vektoren kommt von dem etwas "ruppigen" Verhältnis der Koordinaten-Einträge von unitären und hermiteschen Matrizen. Wir werden uns gleich darum kümmern.

12.4 Quaternionen

Wir wollen nun eine große begriffliche Vereinfachung durchführen. Wir spezifizieren konkret die lineare Abbildung, die den Parametern a, b, c, d die entsprechende unitäre Matrix M zuordnet. Wir erhalten

$$\begin{pmatrix} a+ib & c+id \\ -c+id & a-ib \end{pmatrix} = a \cdot \begin{pmatrix} 1 & 0 \\ 0 & 1 \end{pmatrix} + b \cdot \begin{pmatrix} i & 0 \\ 0 & -i \end{pmatrix} + c \cdot \begin{pmatrix} 0 & 1 \\ -1 & 0 \end{pmatrix} + d \cdot \begin{pmatrix} 0 & i \\ i & 0 \end{pmatrix}.$$

Setzt man

$$\mathbf{1} = \begin{pmatrix} 1 & 0 \\ 0 & 1 \end{pmatrix}, \quad \mathbf{i} = \begin{pmatrix} i & 0 \\ 0 & -i \end{pmatrix}, \quad \mathbf{j} = \begin{pmatrix} 0 & 1 \\ -1 & 0 \end{pmatrix}, \quad \mathbf{k} = \begin{pmatrix} 0 & i \\ i & 0 \end{pmatrix},$$

so ergibt sich

$$M = a \cdot \mathbf{1} + b \cdot \mathbf{i} + c \cdot \mathbf{j} + d \cdot \mathbf{k}.$$

Das bemerkenswert Effektive an dieser Darstellung ist, dass Produkte der Matrizen $\mathbf{1}, \mathbf{i}, \mathbf{j}$ und $\mathbf{k}$ bis auf ein Vorzeichen genau wieder diese Form haben. Die folgende Multiplikationstafel, die man durch Nachrechnen schnell überprüfen kann, fasst dies zusammen.

$\cdot$	$\mathbf{1}$	$\mathbf{i}$	$\mathbf{j}$	$\mathbf{k}$
$\mathbf{1}$	$\mathbf{1}$	$\mathbf{i}$	$\mathbf{j}$	$\mathbf{k}$
$\mathbf{i}$	$\mathbf{i}$	$-\mathbf{1}$	$\mathbf{k}$	$-\mathbf{j}$
$\mathbf{j}$	$\mathbf{j}$	$-\mathbf{k}$	$-\mathbf{1}$	$\mathbf{i}$
$\mathbf{k}$	$\mathbf{k}$	$\mathbf{j}$	$-\mathbf{i}$	$-\mathbf{1}$

Fasst man diese Multiplikationstafel als Rechenregeln auf, so kann man auf einfachste Weise zwei unitäre Matrizen miteinander multiplizieren. Analog zur Relation $i^2 = -1$ für die imaginäre Einheit i der komplexen Zahlen, kann man diese Multiplikationsstruktur auch durch eine Angabe von Relationen definieren. Die folgenden Relationen charakterisieren die Struktur vollständig:

$$\mathbf{i}^2 = \mathbf{j}^2 = \mathbf{k}^2 = \mathbf{ijk} = -\mathbf{1}.$$

Verwendet man diese Rechenregeln gemeinsam mit dem üblichen Umgang für Addition und Multiplikation (Umklammern, Auskammern, Kommutativität der Addition), so kann man mit den Symbolen $\mathbf{1}, \mathbf{i}, \mathbf{j}$ und $\mathbf{k}$ ganz gewöhnlich rechnen, wobei zu beachten ist, dass die Multiplikation i.A. nicht kommutativ ist – es gilt z.B. $\mathbf{ij} = -\mathbf{ji}$. Die "Zahlen" $a\mathbf{1} + b\mathbf{i} + c\mathbf{j} + d\mathbf{k}$, die den obigen Rechenregeln genügen, nennt man *Quaternionen*. Die Menge aller Quaternionen wird mit dem Buchstaben $\mathbb{H}$ bezeichnet.[3] Jedes Quaternion ist eindeutig durch Angabe der vier Parameter a, b, c, d bestimmt. Beschränkt man sich

---

[3] Das $\mathbb{H}$ steht hierbei für den britischen Mathematiker Sir William Rowan Hamilton, der die Quaternionen 1843 "entdeckt" hat. Er war damit übrigens nicht der erste. Vor ihm

auf Quaternionen der Form $a\mathbf{1} + 0\mathbf{i} + 0\mathbf{j} + 0\mathbf{k}$, so findet man wegen $\mathbf{1} \cdot \mathbf{1} = \mathbf{1}$ die Struktur der reellen Zahlen als isomorphe Unterstruktur in $\mathbb{H}$ wieder. Es ist also möglich, die Matrix $\mathbf{1}$ mit der reellen Zahl 1 zu identifizieren und ein Quaternion als $a + b\mathbf{i} + c\mathbf{j} + d\mathbf{k}$ zu schreiben. Die Analogie zu den komplexen Zahlen wird dadurch ersichtlich. Wir werden gleich sehen, dass sich formale Vorteile dadurch ergeben, diese Identifikation durchzuführen. Wem diese Identifikation ein wenig unheimlich ist und wer Quaternionen lieber als Zahlen betrachten möchte, kann sich auch vorstellen, dass wir der Matrix $M = a\mathbf{1} + b\mathbf{i} + c\mathbf{j} + d\mathbf{k}$ das formale Quaternion $p_M = a + b\mathbf{i} + c\mathbf{j} + d\mathbf{k}$ zuordnen. Bei ersterem gelten die Rechenregeln für $\mathbf{i}, \mathbf{j}, \mathbf{k}$, weil sich die Matrizen so verhalten. Bei letzterem per Definition der Multiplikationstabelle. Somit gilt für zwei Matrizen M und N die Beziehung $p_M \cdot p_N = p_{MN}$.

Für ein allgemeines Quaternion $p = a + b\mathbf{i} + c\mathbf{j} + d\mathbf{k}$ definiert man

$$\overline{p} = a - b\mathbf{i} - c\mathbf{j} - d\mathbf{k}$$

als dessen *Konjugiertes*. Der Übergang von M zur Matrix $\overline{M}^T$ erfolgt über

$$p_{\overline{M}^T} = a - b\mathbf{i} - c\mathbf{j} - d\mathbf{k} = \overline{p_M},$$

wie man durch Einsetzen schnell nachprüft. Es gilt

$$p \cdot \overline{p} = a^2 + b^2 + c^2 + d^2.$$

Das Quaternion p stellt eine $SU(2)$ Matrix dar, genau dann wenn $p\overline{p} = 1$. Ein Quaternion, das diese Bedingung erfüllt, nennt man *Einheitsquaternion*.

12.5 Quaternionen bei der Arbeit

Wir haben bisher gesehen, dass sich eine Drehung im $\mathbb{R}^3$ als $MH\overline{M}^T$ ausdrücken lässt, wobei M eine $SU(2)$ Matrix ist und H hermitesch und spurfrei. $SU(2)$ Matrizen lassen sich als Quaternionen schreiben und Multiplikation solcher Matrizen kann durch Multiplikation der zugehörigen Quaternionen ausgedrückt werden. Es wäre also wünschenswert, die spurfreie hermitesche Matrix H ebenso als Quaternion ausdrücken zu können. Dies ist leider für H so nicht möglich – aber für $i \cdot H$! Wir beobachten

$$i \cdot H = i \cdot \begin{pmatrix} -z & x + iy \\ x - iy & z \end{pmatrix} = \begin{pmatrix} -iz & ix - y \\ ix + y & iz \end{pmatrix} = -z\mathbf{i} - y\mathbf{j} + x\mathbf{k}.$$

---

wurde bereits 1840 die gleiche Struktur von dem Franzosen Benjamin Olinde Rodrigues eingeführt und verwendet.

Somit können wir die Operation $MH\overline{M}^T$ durch $(i)^{-1} \cdot M(i \cdot H)\overline{M}^T$ ausdrücken und letztlich als Produkt von Quaternionen beschreiben. Wir können uns das Leben sogar noch einfacher machen und anstelle von $H = h((z, x, y)^T)$ gleich $Q = Q((z, x, y)^T) = iH = -z\mathbf{i} - y\mathbf{j} + x\mathbf{k}$ zur Beschreibung eines Punktes im Raum hernehmen. Wir nennen ein solches Quaternion ohne Realteil ein *Vektorquaternion*, denn wir können dieses direkt mit Vektoren im $\mathbb{R}^3$ identifizieren.

Eine Drehung des Punktes $(x, y, z)^T$ kann man dann folgendermaßen durchführen: Es sei $p = p_M$ das zur Matrix M gehörende Quaternion. Man berechnet

$$p \cdot Q((z, x, y)^T) \cdot \overline{p}.$$

Dieses ist wiederum ein Vektorquaternion und hat die Form $-z'\mathbf{i} - y'\mathbf{j} + x'\mathbf{k}$. Der Vektor $(z', x', y')^T$ entspricht dem rotierten Punkt.

Auch hier haben wir wieder die etwas unschöne Koordinatenreihenfolge und Vorzeichenanordnung, die wir bereits bei der Bestimmung der Drehachsen in Abschnitt 12.3. beobachtet haben. Das Schöne daran: beide Effekte heben sich gegenseitig auf. Machen wir uns klar, wie sich der Vektor $(-b, d, -c)^T$, der ja nach unseren Betrachtungen aus Abschnitt 12.3 die Drehachse aufspannt, sich als Quaternion darstellt. Wir erhalten

$$Q((-b, d, -c)^T) = b\mathbf{i} + c\mathbf{j} + d\mathbf{k}.$$

Zusammenfassend ergibt sich

Satz 12.2. *Ist $p = a + b\mathbf{i} + c\mathbf{j} + d\mathbf{k}$ ein Einheitsquaternion und v ein Vektorquaternion, so beschreibt die Abbildung*

$$v \mapsto p \cdot v \cdot \overline{p}$$

eine Drehung um die durch $b\mathbf{i} + c\mathbf{j} + d\mathbf{k}$ festgelegte Achse $(b, c, d)^T$.

Natürlich kann man diese Operation auch direkt auf Ebene von 3×3-Matrizen expandieren. Dies ist mit den Rechenregeln für Quaternionen reine Fleißarbeit. Die Drehung um die Achse $(b, c, d)^T$ stellt sich als folgende Rotationsmatrix dar:

$$\mathbf{R} = \begin{pmatrix} a^2 + b^2 - c^2 - d^2 & -2ad + 2bc & 2ac + 2bd \\ 2ad + 2bc & a^2 - b^2 + c^2 - d^2 & -2ab + 2cd \\ -2ac + 2bd & 2ab + 2cd & a^2 - b^2 - c^2 + d^2 \end{pmatrix}. \tag{12.3}$$

12.6 Der Drehwinkel

In unseren Überlegungen bleibt bisher noch eine Lücke. Wir haben den Drehwinkel der Rotation $\mathbf{R}$ im $\mathbb{R}^3$ noch nicht explizit angegeben. Diese Lücke wollen wir jetzt schließen. Hierzu machen wir uns drei Beobachtungen zunutze.

1. Das die Drehung beschreibende Quaternion $p = a + b\mathbf{i} + c\mathbf{j} + d\mathbf{k}$ zerfällt für uns funktionell in zwei Bestandteile – den *Realteil* a und den Vektorteil $b\mathbf{i} + c\mathbf{j} + d\mathbf{k}$. Es sei nun $r = (b, c, d)^T$ ein *normierter* Vektor, der die Drehachse festlegen soll. D.h es gelte $b^2 + c^2 + d^2 = 1$. Alle Einheitsquaternionen, die zu dieser Drehachse gehören, haben die Form

$$p_{\alpha,r} = \cos(\alpha) + \sin(\alpha)(b\mathbf{i} + c\mathbf{j} + d\mathbf{k}).$$

Insbesondere ist hier der Realteil gleich $\cos(\alpha)$.

2. Die Eigenwerte einer 3×3-Drehmatrix sind 1 (entlang der Drehachse), $e^{i\varphi}$ und $e^{-i\varphi}$, wobei φ den Drehwinkel angibt. Ferner ist die Summe der Eigenwerte gleich der Spur der Matrix. Somit hat eine Rotationsmatrix $\mathbf{R}$ die Spur

$$\mathrm{spur}(\mathbf{R}) = 1 + e^{i\varphi} + e^{-i\varphi} = 1 + 2\mathrm{Re}(e^{i\varphi}) = 1 + 2\cos(\varphi). \qquad (12.4)$$

Die Spur der Drehmatrix $\mathbf{R}$ aus Gleichung (12.3) kann man aber einfach aus der expliziten Darstellung durch Summation der Diagonalelemente ablesen. Wir erhalten

$$\mathrm{spur}(\mathbf{R}) = 3a^2 - b^2 - c^2 - d^2.$$

Benutzt man auch noch die Relation $a^2 + b^2 + c^2 + d^2 = 1$, so ergibt sich

$$\mathrm{spur}(\mathbf{R}) = 4a^2 - 1. \qquad (12.5)$$

Kombiniert man die beiden Gleichungen (12.4) und (12.5) erhält man

$$\cos(\varphi) = 2a^2 - 1.$$

3. Das Additionstheorem für $\cos(x)$ besagt

$$\cos(x + y) = \cos(x)\cos(y) - \sin(x)\sin(y).$$

Man erhält somit mit $\cos(x)^2 + \sin(x)^2 = 1$

$$\cos(2x) = \cos(x)^2 - \sin(x)^2 = 2\cos(x)^2 - 1.$$

Wir wollen nun alle drei Aussagen kombinieren. Wir stellen eine Drehung um die Achse $r = (b, c, d)^T$ (mit normierten r) durch das Quaternion

$$p_{\alpha,r} = \cos(\alpha) + \sin(\alpha)(b\mathbf{i} + c\mathbf{j} + d\mathbf{k})$$

dar. Es gilt $a = \cos(\alpha)$ und für den Drehwinkel φ ergibt sich somit

$$\cos(\varphi) = 2a^2 - 1 = 2\cos(\alpha)^2 - 1 = \cos(2\alpha).$$

Zusammenfassend erhalten wir

Satz 12.3. *Es sei $r = (b, c, d)^T$ ein normierter Vektor. Ferner sei $p_{\alpha,r} = \cos(\alpha) + \sin(\alpha)(b\mathbf{i} + c\mathbf{j} + d\mathbf{k})$. Dann stellt $v \mapsto pv\overline{p}$ eine Drehung um Achse r mit Winkel 2α dar.*

In gewisser Weise verdoppelt die Übersetzung von der unitären Welt in die dreidimensionale Welt den Drehwinkel. Dies muss auch so sein, denn es gilt $p_{\alpha,r} = -p_{\alpha+\pi,r}$. D.h. die zugehörigen $SU(2)$ Matrizen ergeben sich durch Multiplikation mit -1 und müssen die gleiche Drehung darstellen. Da wir durch den obigen Satz die Drehung und die Achse *beliebig* festlegen können, können wir wirklich jede Drehung im $\mathbb{R}^3$ durch ein entsprechendes Quaternion ausdrücken. Verknüpfung der Drehungen entspricht Multiplikation der Quaternionen.

12.7 Die Topologie von Rotationen

Zum Abschluss unserer Überlegungen wollen wir uns noch ganz kurz Gedanken über die *Raumformen* der Menge der $SU(2)$ Matrizen und der zugehörigen Drehungen machen. $SU(2)$ Matrizen erfüllen $a^2 + b^2 + c^2 + d^2 = 1$. Wir können diese also eins-zu-eins den Punkten einer Kugeloberfläche S^3 im $\mathbb{R}^4$ zuordnen. Die Matrizen M und $-M$ entsprechen der gleichen Drehung, also wird die Menge $SO(3)$ aller Drehungen im $\mathbb{R}^3$ doppelt von $SU(2)$ überdeckt. Antipodale Punkte der S^3 stellen somit identische Drehungen dar. D.h. topologisch entsteht die $SO(3)$, indem man auf der Sphäre S^3 antipodale Punkte identifiziert. Es entsteht ein Raum, der isomorph zum *reellen dreidimensionalen projektiven Raum* $\mathbb{RP}^3$ ist. In analoger Weise hatten wir auch in Abschnitt 1.5 den $\mathbb{RP}^2$ durch Identifizieren antipodaler Punkte der S^2 erhalten.

In Abschnitt 1.5 haben wir noch eine andere topologische Konstruktion von $\mathbb{RP}^2$ kennengelernt. Man nehme eine Kreisscheibe und identifiziere gegenüberliegende Randpunkte. Analog gewinnen wir einen zu $\mathbb{RP}^3$ äquivalenten Raum, indem wir eine Kugel im $\mathbb{R}^3$ hernehmen und gegenüberliegende Ränder identifizieren. Wir können diese Konstruktion bei den Rotationen des $\mathbb{R}^3$ wiederfinden. Wir repräsentieren dazu eine Drehung im $\mathbb{R}^3$ durch einen Vektor im $\mathbb{R}^3$ auf der Drehachse. Die Länge des Vektors soll den Drehwinkel angeben. D.h. wir können alle möglichen Drehungen durch die Vektoren in einer Kugel vom Radius π um den Nullpunkt darstellen. Alle Punkte im Inneren der Kugel repräsentieren unterschiedliche Drehungen. Auf dem Rand der Kugel repräsentieren hingegen zwei antipodal gegenüberliegende Punkte die gleiche Drehung und müssen somit identifiziert werden. Somit gilt, dass die Menge aller Drehungen im $\mathbb{R}^3$ ein $\mathbb{RP}^3$ ist!

12.8 Exkurs: Oktaven und haarige Bälle

$1 \to 2 \to 4$ von den reellen Zahlen zu den komplexen Zahlen zu den Quaternionen: $\mathbb{R} \to \mathbb{C} \to \mathbb{H}$. Bei dieser Kette haben wir Stück für Stück geometrische Eigenschaften gewonnen und algebraische verloren. Alle vier Zahlenbereiche lassen eine Addition und eine Multiplikation zu. Die Addition verhält sich jeweils wie eine Vektoraddition. In allen Zahlenbereichen gibt es (außer zur 0) multiplikative Inverse. Die reellen Zahlen sind *angeordnet, kommutativ* und *assoziativ* – die komplexen Zahlen sind nicht mehr anordbar, aber immer noch kommutativ und assoziativ – die Quaternionen sind nur noch assoziativ. Auf der anderen Seite konnten wir mittels der komplexen Zahlen Drehungen in der Ebene beschreiben. Die Quaternionen ließen sich dazu nutzen Drehungen im dreidimensionalen Raum zu beschreiben. Die Frage liegt nahe, ob man die Kette noch fortführen kann, um auch in noch höheren Dimensionen "Vektoren multiplizieren zu können". In der Tat ist diese Frage alles andere als einfach zu beantworten und sie hat viele tiefe Verbindungen zur Geometrie, Topologie, Kombinatorik, Algebra und Zahlentheorie. Diese sollen (wie immer sehr fragmentarisch) Thema dieses letzten Exkurses sein.

Fragen wir uns zunächst, was die Zahlenbereiche $\mathbb{R}$, $\mathbb{C}$, und $\mathbb{H}$ gemeinsam haben. Betrachten wir nur die Addition, so ist jeder dieser Zahlenbereiche ein Vektorraum. Die Dimensionen sind der Reihe nach 1,2, und 4. Auf jedem dieser Vektorräume $\mathbb{V}$ ist eine Multiplikation $\cdot : \mathbb{V} \times \mathbb{V} \to \mathbb{V}$ definiert, die zwei Vektoren wiederum einen Vektor zuordnet – das Produkt zweier komplexer Zahlen ist eine komplexe Zahl, das Produkt zweier Quaternionen ist ein Quaternion. Eine herausragende Eigenschaft dieser drei Zahlenbereiche ist nun, dass die Multiplikation verträglich mit der Norm im Vektorraum ist. Es gilt in allen drei Fällen

$$\|x\| \cdot \|y\| = \|x \cdot y\|,$$

wobei die Multiplikation auf der rechten Seite die Multiplikation im jeweiligen Zahlenbereich ist und die auf der linken Seite die Multiplikation der reellen Zahlen. Man nennt diese Eigenschaft *Normiertheit* der Multiplikation.

Zahlentheorie.   Diese Beobachtung hat eine nette zahlentheoretische Konsequenz. Die Norm ist ja die Wurzel aus einer Summe von Quadratzahlen. Quadriert man beide Seiten der obigen Gleichung und setzt nur ganze Zahlen ein, so sieht man für $n = 1, 2, 4$, dass sich das Produkt von zwei Summen von n Quadratzahlen wieder als Summe von n Quadratzahlen schreiben lässt. Für $n = 2$ erhält man aus der Multiplikation komplexer Zahlen die folgende Formel:

$$(x_1^2 + x_2^2) \cdot (y_1^2 + y_2^2) = (x_1 y_1 + x_2 y_2)^2 + (x_1 y_2 - x_2 y_1)^2.$$

Für $n = 4$ folgt die Aussage aus der Quaternionenmultiplikation und für $n = 1$ ist das Ergebnis trivial. Man kann sich nun fragen, ob es weitere n gibt, für die eine solche Eigenschaft möglich ist.

Algebra. Im Jahre 1843 gelang es Hamilton (einem der Erfinder der Quaternionen) zu zeigen, dass die Existenz einer solchen Summenformel

$$(x_1^2 + \cdots + x_n^2) \cdot (y_1^2 + \cdots + y_n^2) = (z_1^2 + \cdots + z_n^2), \qquad (12.6)$$

wobei die z_i bilineare Funktionen in den x_i und y_i sein sollen, gleichwertig zur Existenz einer Divisonsalgebra in einem entsprechenden n-dimensionalen reellen Vektorraum ist. Eine Divisionsalgebra ist ein Vektorraum $\mathbb{V}$ ausgestattet mit einer Multiplikation $\cdot : \mathbb{V} \times \mathbb{V} \to \mathbb{V}$, so dass aus $x \cdot y = 0$ zwingend $x = 0$ oder $y = 0$ folgt. Wir sehen insbesondere, dass $\mathbb{R}$, $\mathbb{C}$ und $\mathbb{H}$ allesamt Divisionsalgebren sind.

Die Bedingung, dass ein reeller Vektorraum $\mathbb{V}$ durch geeignete Definition einer Multiplikation zur normierten Divisionsalgebra gemacht werden kann, ist sehr restriktiv. Im Jahre 1843 gelang es Hamiltons Freund John T. Graves eine Divisionsalgebrastruktur für $n = 8$ anzugeben. Er nannte diesen Zahlenbereich *Oktaven*. Wie nicht selten in der Mathematik blieb seine Entdeckung aufgrund mangelnder Bekanntheit unbeachtet. Daher heißen diese Zahlen heutzutage auch meistens *Cayley'sche Oktonionen*, nach dem berühmten Mathematiker Arthur Cayley, der 1845 die gleiche Struktur entdeckt hatte. Im Jahr 1898 gelang Adolf Hurwitz der bahnbrechende Satz, dass es eine ganzzahlige Summenformel wie in (12.6) nur für $n = 1, 2, 4, 8$ geben kann. Somit nehmen diese Zahlenbereiche eine ausgesprochen exzeptionelle Rolle ein. Die Oktaven (bzw. Oktonionen) $\mathbb{O}$ sind Zahlen der Form

$$x = x_0 + x_1\mathbf{i} + x_2\mathbf{j} + x_3\mathbf{k} + x_4\mathbf{l} + x_5\mathbf{m} + x_6\mathbf{n} + x_7\mathbf{o}.$$

Das Produkt zweier solcher Zahlen ergibt sich aus der Multiplikationstabelle für die Einheiten $\mathbf{i}, \ldots, \mathbf{o}$.

$\cdot$	1	i	j	k	l	m	n	o
1	1	i	j	k	l	m	n	o
i	i	−1	k	−j	o	n	−m	−l
j	j	−k	−1	i	m	−l	o	−n
k	k	j	−i	−1	−n	o	l	−m
l	l	−o	−m	n	−1	j	−k	i
m	m	−n	l	−o	−j	−1	i	k
n	n	m	−o	−l	k	−i	−1	j
o	o	l	n	m	−i	−k	−j	−1

Auf den ersten Blick ist diese Tabelle nicht sehr erhellend, aber man kann dennoch einige interessante Tatsachen daraus ablesen. Je zwei Einheiten antikommutieren und alle Einheiten sind Wurzeln von -1. Wir finden die Quaternionen als Unterstruktur in $\mathbb{O}$ wieder. Es gilt jedoch noch viel mehr.

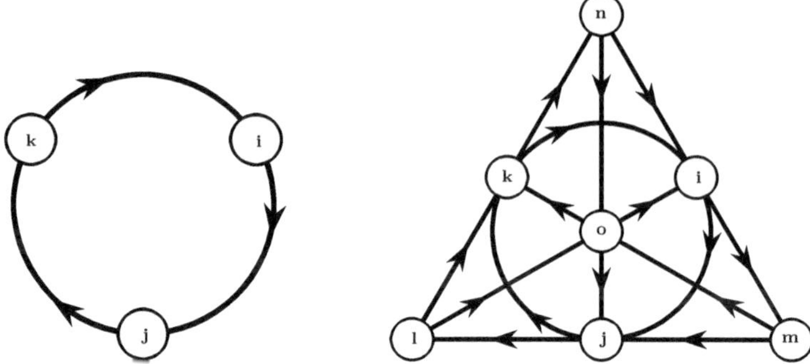

Abb. 12.1 Kombinatorik der oktonischen Einheiten.

Tatsächlich können wir zwei beliebige Einheiten hernehmen – diese und deren
Produkt erzeugen wieder eine quaternionische Unterstruktur. Für die gewonnenen Dimensionen haben wir allerdings auch wieder gezahlt. Wie man leicht
nachprüfen kann ist die oktavische Verknüpfung nicht mal mehr assozioativ.
Alles in allem haben wir bei der Kette

$$\mathbb{R} \to \mathbb{C} \to \mathbb{H} \to \mathbb{O}$$

der Reihe nach Anordbarkeit, Kommutativität und Assoziativität verloren.
In gewisser Weise gibt es danach keine Eigenschaft mehr, die aufgegeben
werden kann.

Kombinatorik. Wir wollen uns die Kombinatorik in der obigen Multiplikationstabelle etwas griffiger notieren. Hierzu betrachten wir die Diagramme
in Abbildung 12.1. Innerhalb der Quaternionen gelten die Identitäten $\mathbf{ij} = \mathbf{k}$,
$\mathbf{jk} = \mathbf{i}$ und $\mathbf{ki} = \mathbf{j}$. Das Diagramm auf der Linken spiegelt diese Beziehungen
als eine Art "Kreisverkehr" wieder. Das Produkt zweier aufeinanderfolgender
Buchstaben (in dieser Reihenfolge) ist der darauf folgende Buchstabe. Das
Diagramm rechts repräsentiert nun gleichzeitig alle derartigen Relationen in
den oktavischen Einheiten. Hierzu muss man sich jede gerade Linie zyklisch
als Kreis geschlossen vorstellen. Die Figur enthält insgesamt 6 gerade Lini-
en und einen Kreis. Dies entspricht den 7 quaternionischen Unterstukturen
die aus oktavischen Einheiten gebildet werden können. In gewisser Weise
schließt sich an dieser Stelle ein Kreis zu unserem ersten Kapitel. Dort haben wir projektive Ebenen kennen gelernt. Die Struktur, die wir hier vor
uns haben, ist eine *endliche projektive Ebene* mit sieben Punkten und sieben
Geraden. Diese entsprechen genau den möglichen quaternionischen Unter-
strukturen. Je zwei Punkte bestimmen genau eine Gerade. Je zwei Geraden
haben einen eindeutigen Punkt gemeinsam. Man kann diese projektive Ebene
sogar gänzlich analog zur Konstruktion von $\mathbb{RP}^2$ oder $\mathbb{CP}^1$ durch homogene
Koordinaten über einem Körper auffassen – dem kleinsten endlichen Körper
$\mathbb{F}_2 = \{0, 1\}$, der nur aus zwei Elementen besteht. Die projektive Ebene über

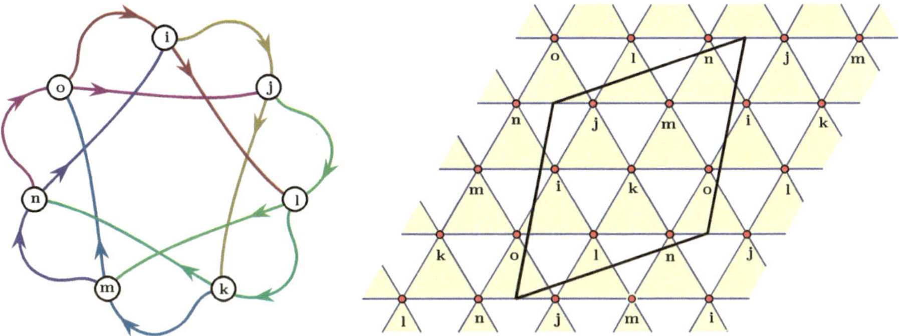

Abb. 12.2 Kombinatorik der oktonischen Einheiten.

diesem Körper ist (nach unserem üblichen Konstruktionsprinzip)

$$\frac{\mathbb{F}_2^3 \setminus \{(0,0,0)^T\}}{\mathbb{F}_2 \setminus \{0\}}.$$

Sie heißt *Fano Ebene* und hat genau die in Abbildung 12.1 gezeigte Struktur.
Die Fano Ebene besitzt weitaus mehr kombinatorische Symmetrien, als man
in einem ebenen Bild visualisieren kann. Abbildung 12.1 (rechts) spiegelt
eine dreizählige Symmetrie wieder. In Abbildung 12.2 (links) ist genau die
gleiche kombinatorische Struktur dargestellt. Dort wird allerdings offenbar,
dass auch eine siebenzählige Symmetrie hinter der Struktur steckt und somit
keiner der sieben Punkte eine ausgezeichnete Rolle spielt. Es wird dort auch
klar, dass die Einheiten sinnvollerweise in der Reihenfolge

$$(\mathbf{i}, \mathbf{j}, \mathbf{l}, \mathbf{k}, \mathbf{m}, \mathbf{n}, \mathbf{o}) = (e_1, e_2, e_3, e_4, e_5, e_6, e_7)$$

aufgelistet werden können. Es gilt dann z.B. (Indizes modulo 7)

$$e_i e_j = e_k \implies e_{i+1} e_{j+1} = e_{k+1} \quad \text{und} \quad e_i e_j = e_k \implies e_{2i} e_{2j} = e_{2k}.$$

Die erste Gleichung entspricht der siebenzähligen und die zweite Gleichung
der dreizähligen Symmetrie.

Die wohl symmetrischste Darstellung ist in Abbildung 12.2 (rechts) gegeben. Hier entspricht jedes gelbe Dreieck einer quaternionischen Teilstruktur.
Man muss sich entweder die Ebene endlos periodisch gepflastert mit Dreiecken vorstellen, oder die ganze Struktur (auf den rautenförmigen Bereich
beschränkt) auf einen Torus eingebettet denken. Verschiebung entlang einer
der Geraden entspricht der siebenzähligen Symmetrie und Drehung um ein
Dreieckszentrum der dreizähligen Symmetrie. Die Situation ist sehr ähnlich
zu den Symmetrien der Pappos Konfiguration, die wir im dritten Exkurs
betrachtet haben (vgl. Abbildung 3.2).

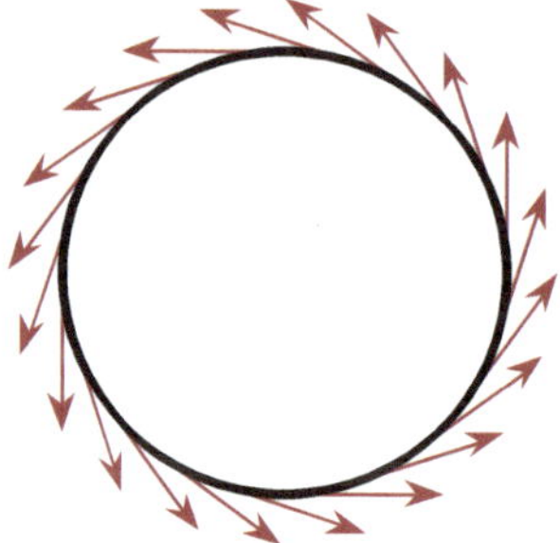

Abb. 12.3 Vektorfelder auf der S^1 und auf der S^2.

Topologie. Die Theorie der Divisionsalgebren hat überraschenderweise erstaunlich viel mit Topologie und Singularitätentheorie von Vektorfeldern zu tun. In gewisser Weise sichert einem die Existenz von Divisionsalgebren bestimmte geometrische Strukturen, die andernfalls nicht auftreten können. Der entsprechende Fachbegriff lautet: *die Parallelisierbarkeit einer Sphäre* und ein berühmter Satz von John Milnor und Raoul Bott aus dem Jahre 1958 (unabhängig ebenso von Michel Kervaire bewiesen) sagt, dass die einzigen parallelisierbaren Sphären die S^1 (also der Kreis), die S^3 und die S^7 sind. Es ist hier kein Zufall, dass dies genau die Einheitskugeln im $\mathbb{R}^2$, $\mathbb{R}^4$ und $\mathbb{R}^8$ sind, in denen die eben betrachteten Divisionsalgebren existieren. Um zumindest ansatzweise eine Vorstellung dieser Ergebnisse zu bekommen, müssen wir ein klein wenig technisch werden.

Ein tangentiales Vektorfeld V an eine in den $\mathbb{R}^{n+1}$ eingebettete Sphäre S^n ist eine kontinuierliche Abbildung $V: S^n \to \mathbb{R}^{n+1}$, so dass $V(P)$ an jedem Punkt P der Sphäre in Richtung eines Tangentialvektors der Sphäre zeigt. Abbildung 12.3 (links) deutet ein Vektorfeld an die S^1 an. Jeder der Vektoren liegt tangential am angehefteten Punkt. Man kann sich dieses Vektorfeld als das Geschwindigkeitsfeld eines drehenden Rades vorstellen. Wenn man vereinfacht annimmt, dass Winde nur entlang der Erdkrümmung wehen, dann ist z.B. die Abbildung die jedem Punkt der Erde seine Windrichtung zuordnet ein Vektorfeld auf der S^2.

Eine Sphäre S^n nennt man nun *parallelisierbar*, wenn es n Vektorfelder $V_1, \ldots, V_n$ gibt, so dass für jeden Punkt $P \in S^n$ die Vektoren $V_1(P), \ldots, V_n(P)$ linear unabhängig sind (und somit den Tangentialraum aufspannen). Betrachtet man Abbildung 12.3 (links), so erkennt man, dass das angedeutete Vektorfeld, da es nirgends verschwindet, eine Parallelisierung darstellt. Für die Windrichtungen in der nebenan gezeigten Wolkenaufnahme scheint dies nicht der Fall zu sein. Im "Auge des Wirbelstrums" herrscht Windstille. Eine analoge Definitionen lässt sich natürlich auch für jede andere glatte Manigfaltigkeit wie z.B. den Torus durchführen. Ein Torus ist z.B. parallelisierbar. Der Satz von Bott-Milnor-Kervaire besagt nun, dass nur die S^1, S^3 und die S^7 parallelisierbar sind. Für die S^2 scheitert die Parallelisierbarkeit bereits an folgender

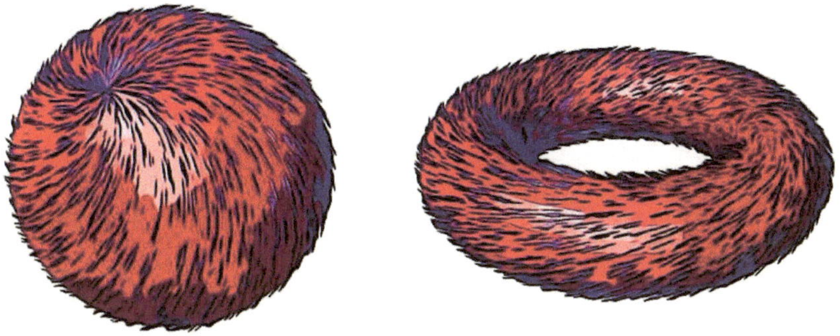

Abb. 12.4 Gekämmte Sphäre (mit Wirbelpunkt) und glattgekämmter Torus.

Tatsache, die unter dem Namen *Hairy Ball Theorem* bekannt ist: "Es gibt für die S^2 kein kontinuierliches, tangentiales Vektorfeld, das nirgends verschwindet." Etwas salopp ausgedrückt: *Man kann eine haarige Kugel nicht so stetig kämmen, dass nicht mindestens irgendwo ein Wirbel auftritt.* Oder noch anders: *Irgendwo auf der Erde herrscht Windstille.* Abbildung 12.4 illustriert, dass es nicht möglich ist eine Kugel wirbelfrei zu kämmen, wohingegen dies für den Torus durchaus geht.

Was hat das nun alles mit komplexen Zahlen, Quaternionen und Oktaven zu tun? Aus diesen Zahlenbereichen lassen sich Parallelisierungen für die entprechenden Sphären konstruieren. Wir fassen dazu die S^1, S^3 und die S^7 als die Zahlen mit Betrag 1 in $\mathbb{C}$, $\mathbb{H}$ und $\mathbb{O}$ auf. Im Falle von $\mathbb{C}$ erhält man ein tangentiales Vektorfeld im Punkt $x \in S^1$ einfach als $V(x) = x \cdot i$. Analog erhält man über $\mathbb{H}$ und $\mathbb{O}$ Vektorfelder durch die Abbildungen $V_i(x) = x \cdot e_i$ mit $i = 1, 2, 3$ für $\mathbb{H}$ und $i = 1, \ldots, 7$ in $\mathbb{O}$, wobei $e_0 = 1, e_1 = \mathbf{i}, e_2 = \mathbf{j}, \ldots, e_7 = \mathbf{o}$ gelten soll. Die Vektorfelder bilden aufgrund der Normierungseigenschaft sogar jeweils eine Orthonormalbasis für den jeweiligen Tangentialraum.

Dieser Zusammenhang ist erstaunlich einfach nachzuweisen. Wir wollen dies zunächst durch Ausnutzen der Normierungseigenschaft in normierten Divisonsalgebren tun. In jeder normierten Divisionsalgebra (also insbesondere in $\mathbb{C}$, $\mathbb{H}$ und $\mathbb{O}$) gilt für alle x, y

$$\|x \cdot y\| = \|x\| \cdot \|y\|. \tag{12.7}$$

Wir beschränken uns auf den Fall von $\mathbb{O}$, der Beweis für $\mathbb{C}$ und $\mathbb{H}$ ist analog. Wir fassen ein Element aus $\mathbb{O}$ als einen achtdimensionalen Vektor x auf und zeigen, dass die Vektoren $x, x \cdot e_1, \ldots, x \cdot e_7$ paarweise senkrecht aufeinander stehen. Nach Pythgoras stehen zwei Vektoren x, y senkrecht aufeinander, wenn

$$\|x\|^2 + \|y\|^2 = \|x + y\|^2$$

gilt. Wir werden im Folgenden nur diese Charakterisierung von Orthogonalität, die Normierungseigenschaft (12.7), sowie Distributivität in $\mathbb{R}$ bzw. in $\mathbb{O}$ verwenden (viel mehr haben wir ja auch nicht zur Verfügung). Es seien nun i, j zwei verschiedenen Indizes aus $\{0, \dots, 7\}$, Es ergibt sich

$$
\begin{aligned}
\|x \cdot e_i\|^2 + \|x \cdot e_j\|^2 &\overset{1}{=} \|x\|^2 \cdot \|e_i\|^2 + \|x\|^2 \cdot \|e_j\|^2 \\
&\overset{2}{=} \|x\|^2 \cdot (\|e_i\|^2 + \|e_j\|^2) \\
&\overset{3}{=} \|x\|^2 \cdot \|e_i + e_j\|^2 \\
&\overset{1}{=} \|x \cdot (e_i + e_j)\|^2 \\
&\overset{2}{=} \|x \cdot e_i + x \cdot e_j\|^2,
\end{aligned}
$$

wobei die mit 2 gekennzeichneten Gleichheitszeichen wegen des Distributivgesetzes, und die mit 1 gekennzeichneten wegen der Normierungseigenschaft gelten. Das mit 3 gekennzeichnete Gleihheitszeichen gilt aufgrund der Tatsache, dass die Einheiten $e_0, e_1, \dots, e_7$ als Vektoren senkrecht aufeinander stehen. Also stehen $x \cdot e_i$ und $x \cdot e_j$ senkrecht aufeinander und wir erhalten die gewünschte Parallelisierung.

Es ist übrigens auch eine sehr instruktive Übung sich obige Eigenschaft allein aufgrund der durch die Multiplikationstabelle definierten Rechenregeln für Quaternionen bzw. für Oktaven klar zu machen. Wir wollen dies im Folgenden für die Quaternionen tun (für Oktaven geht das analog). Betrachten wir ein Quaternion $x = a + b\mathbf{i} + c\mathbf{j} + d\mathbf{k}$. Wir wollen zeigen, dass x, $x\mathbf{i}$, $x\mathbf{j}$, $x\mathbf{k}$ senkrecht aufeinander stehen. Einfaches Ausrechnen ergibt

$$
\begin{aligned}
x &= +a + b\mathbf{i} + c\mathbf{j} + d\mathbf{k}; \\
x\mathbf{i} &= -b + a\mathbf{i} + d\mathbf{j} - c\mathbf{k}; \\
x\mathbf{j} &= -c - d\mathbf{i} + a\mathbf{j} + b\mathbf{k}; \\
x\mathbf{k} &= -d + c\mathbf{i} - b\mathbf{j} + a\mathbf{k}.
\end{aligned}
$$

Wie man leicht überprüft, stehen je zwei dieser (als 4-dimensionale Vektoren augefasste) Quaternionen senkrecht aufeinander. Der Übergang von einer Zeile zu einer beliebigen Andern, entsteht jeweils durch Vertauschen zweier Buchstabenpaare verbunden mit genau einer Vorzeichenumkehr pro Paar. Dies impliziert Orthogonalität.

Differentialgeometrie.   Die Story geht noch weiter. Vektorbündel, Hopf Faserungen, exotische Sphären und Spinoren, sind nur einige Begriffe der Differentialgeometrie, die sich direkt an diesen Themenkreis anschließen. Doch das ist eine andere Geschichte und soll ein andermal erzählt werden...

Übungsaufgaben

1. Gegeben seien die beiden Quaternionen $p = p_0 + p_1\mathbf{i} + p_2\mathbf{j} + p_3\mathbf{k}$ und $q = q_0 + q_1\mathbf{i} + q_2\mathbf{j} + q_3\mathbf{k}$. Der Realteil von p sei mit $Re(p)$ bezeichnet. Zeigen Sie die folgenden Identitäten:

   a) Es gilt $p_1 = -Re(\mathbf{i} \cdot p)$, $p_2 = -Re(\mathbf{j} \cdot p)$ und $p_3 = -Re(\mathbf{k} \cdot p)$.

   b) Es seien die beiden Vektoren $\tilde{p} = (p_0, \ldots, p_3)^T$ und $\tilde{q} = (q_0, \ldots, q_3)^T$ aus dem $\mathbb{R}^4$ gegeben. Dann gilt $\langle \tilde{p}, \tilde{q} \rangle = Re(p \cdot \overline{q})$.

   c) Es seien die beiden Vektoren $\hat{p} = (p_1, p_2, p_3)^T$ und $\hat{q} = (q_1, q_2, q_3)^T$ aus dem $\mathbb{R}^3$ gegeben und $\hat{p} \times \hat{q}$ mit $\hat{r}$ bezeichnet. Ferner sei $r = \frac{pq - qp}{2}$. Dann gilt $\hat{r}_1 = -Re(\mathbf{i} \cdot r)$, $\hat{r}_2 = -Re(\mathbf{j} \cdot r)$ und $\hat{r}_3 = -Re(\mathbf{k} \cdot r)$.

2. Gegeben sei die Drehachse $r = (1, 1, 1)^T$ und der Winkel $\varphi = \frac{\pi}{3}$. Ferner sei der Punkt $p = (1, 0, -1)^T$ gegeben.

   a) Bestimmen Sie eine Matrix $M \in SU(2)$, die die Drehung beschreibt.

   b) Bestimmen Sie das Einheitsquaternion, das die Drehung beschreibt.

   c) Bestimmen Sie die spurfreie hermitesche Matrix H, die p kodiert.

   d) Bestimmen Sie das Vektorquaternion, das p kodiert.

   e) Wohin wird p unter dieser Drehung abgebildet.

   f) Bestimmen Sie eine 3×3-Matrix, die die Drehung um r mit Winkel φ beschreibt.

3. Gegeben sei die Matrix
$$M = \begin{pmatrix} \frac{2}{3} + \frac{2}{3}i & \frac{1}{3} \\ -\frac{1}{3} & \frac{2}{3} - \frac{2}{3}i \end{pmatrix}.$$

   a) Weisen Sie nach, dass M eine Drehung im $\mathbb{R}^3$ darstellt.

   b) Bestimmen Sie die Drehachse und den Drehwinkel der durch M dargestellten Drehung.

4. Gegeben sei die Matrix
$$R = \frac{1}{3} \cdot \begin{pmatrix} 2 & -1 & 2 \\ 2 & 2 & -1 \\ -1 & 2 & 2 \end{pmatrix}.$$

   a) Weisen Sie nach, dass R eine Drehmatrix ist.

   b) Bestimmen Sie ein Quaternion, welches die gleiche Drehung beschreibt.

5. Wir wollen zeigen, dass die sogenannte Fano Ebene tatsächlich ein projektive Ebene ist. Dafür setzten wir sowohl die Menge der Punkt als auch die Menge der Geraden gleich
$$\frac{\mathbb{F}_2^3 \setminus \{(0, 0, 0)^T\}}{\mathbb{F}_2 \setminus \{0\}}$$

   und definieren die zugehörige Inzidenzrelation wie folgt: Ein Punkt $P = (P_1, P_2, P_3)^T$ liegt genau dann auf einer Geraden $g = (g_1, g_2, g_3)^T$, wenn
$$P_1 \cdot g_1 + P_2 \cdot g_2 + P_3 \cdot g_3 \equiv 0 \quad (\text{mod } 2)$$

   gilt. Zeigen Sie, dass es

   a) zu zwei verschiedenen Punkten immer genau eine Verbindungsgerade gibt.

   b) zu zwei verschiedenen Geraden immer genau einen Schnittpunkt gibt.

   c) vier paarweise verschiedene Punkte gibt, von denen keine drei kollinear sind.

   Ferner fertigen Sie eine Skizze der Fano Ebene an.

Leseempfehlungen

Es wäre eine Mamutaufgabe eine erschöpfende Bibliografie zu den Themen Themen "Projektive Geometrie" und "Wie rechne ich mit geometrischen Objekten" anzugeben. Eine Auflistung aller relevanten Titel, die in den letzten 200 Jahren entstanden sind, würden sicher bereits ein mehrhundertseitiges Buch füllen. Wie der Titel schon verrät, wollen wir in diesem Kapitel lediglich ein wenig weiterführende Literatur angeben. Sie soll dem Leser eine Vertiefung bzw. einen Einstieg in vertiefende Themen ermöglichen. Dabei unterteilen wir diese Liste in Literatur für den Hauptteil des Buchs und Literatur für die Exkursionen zu den Kapiteln.

Leseempfehlungen für den Hauptteil

Grundlagen. Die wichtigste Grundlage dieses Buches ist ein solides Wissen über *Lineare Algebra*, wenn möglich bereits mit Querbezügen zu deren geometrischer Anwendung. Dazu gehören z.B. Vektorräume, lineare Gleichungssysteme und Determinanten. Zwei Bücher seien hier als Einstieg empfohlen. Das erste [Fis] als Grundwissen, das zweite [Koe] für zahlreiche Verbindungen zur Geometrie.

[Fis]   FISCHER, G., *Lineare Algebra: Eine Einführung für Studienanfänger*, 16. überarb. und erw. Auflage, Vieweg, 2008.

[Koe]   KÖCHER, M., *Lineare Algebra und analytische Geometrie*, 4. Aufl. 1997, Springer, Nachdruck 2002.

Projektive Geometrie. Das wohl wichtigste geometrische Gebiet, dass in diesem Buch behandelt wird, ist die *projektive Geometrie*. Hier seien nur einige der "Klassiker" [Bla, Cox1, Cox2] aufgeführt, sowie das gerade im Entstehen befindliche Buch [Ri], welches viele der hier behandelten Themen noch einmal vertiefend aufgreift und ausbaut.

[Bla]   BLASCHKE, W., *Projektive Geometrie*, 2. Aufl., Wolfenbüttler Verl. Anst, 1948.

[Cox1]   COXETER, H. & BURAU, W., *Reelle projektive Geometrie der Ebene*, Oldenbourg, 1955.

[Cox2]   COXETER, H., *Projective Geometry*, 2. Aufl. 1974, Springer, Nachdruck 1994.

[Ri]   RICHTER-GEBERT, J., *Hands on Projective Geometry*, in Bearbeitung.

J. Richter-Gebert, T. Orendt, *Geometriekalküle*, Springer-Lehrbuch, DOI 10.1007/978-3-642-02530-3_BM2, © Springer-Verlag Berlin Heidelberg 2009

Weiterführende geometrische und algebraische Themen. Die folgende Liste sei den Lesern empfohlen, die sich in spezielle und speziell schöne Themen an der Schnittstelle von Geometrie und Algebra einarbeiten möchten. Das erste [CoxGrei] ist eine gelungene und elegante Fundgrube geometrischer Zusammenhänge und deren algebraischer Behandlung. Das zweite [Har] zeichnet sehr fundiert den klassischen geometrischen Aufbau beginnnend bei Euklid bis hin zu nicht-euklidischer Geometrie nach. Das Buch [Mar] geht insbesondere auf die algebraische Mächtigkeit geometrischer Konstruktionswerkzeuge (vom Lineal, über Zirkel bis hin zu Origami) ein. Und [Bot] gibt diverse Schlaglichter auf elementargeometrische Themen.

[CoxGrei]   COXETER, H. & GREITZER, S., *Geometry Revisited*, The Mathematical Association of America, 1975.

[Har]   HARTSHORNE, R., *Euclid and beyond*, Springer, 2005.

[Mar]   MARTIN, G.E., *Geometric Constructions*, Springer, 1997.

[Bot]   BOTEMA, O., *Topics in Elementary Geometry*, Springer, 2008

Andere Geometrien. Im Verlauf dieses Buches haben wir diverse alternative Herangehensweisen an Geometrie und damit insbesondere auch verschiedene "Geometrien" aufgezeigt. Die folgenden Bücher geben eine gute Einführung in verschiedene alternative Betrachtungsweisen von Geometrie. Der Klassiker von Felix Klein [Klei1] ist wohl eine der ersten Monographien, in denen der Aufbau sowohl euklidischer als auch nicht-euklidischer Geometrie aus der projektiven Geometrie zusammenhängend geschildert wird. Dabei wird die Konsistenz von nicht-euklidischer Geometrie deutlich. Eine moderne Darstellung nichteuklidischer Geometrie aus projektivem Blickwinkel findet man in [Gre]. Dabei wird u.a. auf die historische Entwicklung und den philosophischen Einfluss der Thematik eingegangen. Die Bücher [Ben] und [Cec] geben eine Einführung in die in den Kapiteln 10 und 11 vorgestellte Lie'schen Kreisgeometrie. Eine hervorragende (wenngleich auch sehr abstrakte) Einführung in die algebraischen, geometrischen und gruppentheoretisdchen Aspekte von Quaternionen und Oktonionen findet man in [ConSmi]. Ein viel pragmatischerer Zugang zu Quaternionen ist in [Kui] zu finden. In unserer Herangehensweise an projektive Geometrie haben wir immer ausnahmslos alle nicht von Null verschiedenen Vielfachen eines Vektors miteinander identifiziert. Auch hier gibt es eine alternative Betrachtungsweise – man identifiziert nur *positive* skalare Vielfache eines Vektors. Dies führt zu so genannter *orientierter projektiver Geometrie*. Eine sehr gut lesbare Einführung in diese reizvolle Struktur, die viele Möglichkeiten öffnet, findet man in [Stol].

[Klei1]   KLEIN, F., *Vorlesungen über Nicht-Euklidische Geometrie*, Originalausgabe 1928, Nachdruck Chelsea Publishing, 1963.

[Gre]   GREENBERG, M., *Euclidean and Non-Euclidean Geometries: Development and History*, W. H. Freeman, 1993.

[Ben]   BENZ, W., *Vorlesungen über Geometrie der Algebren*, Springer, 1973.

[Cec]   CECIL, T., *Lie Sphere Geometry: With Applications to Submanifolds*, Springer, 2007.

[ConSmi]   CONWAY, J.& SMITH, D., *On Quaternions and Octonions*, Peters, 2003.

[Kui]   KUIPERS, J., *Quaternions and Rotation Sequences: A Primer with Applications to Orbits, Aerospace and Virtual Reality*, University Presses of CA, 2002

[Stol]   STOLFI, J., *Oriented Projective Geometry: A Framework for Geometric Computations*, Academic Press, 1991.

Historisches. Viele der hier vorgestellten Ansätze und Verfahren haben ihre Wurzeln in den Arbeiten der großen Geometer des 19. Jahrhunderts. Um ein tieferes Verständnis der betrachteten Strukturen zu erhalten, ist es sehr instruktiv diese Ideengeschichte nachzuvollziehen. Quasi aus erster Hand berichtet Felix Klein in [Klei2] über diese Entwicklungen, zu denen er selbst auch maßgeblich beigetragen hat. Mit etwas mehr historischen Abstand gibt das sehr spannende Buch von Yaglom [Yag] eine Übersicht ausgehend von Lösungsverfahren für kubische Gleichungen bis hin zur Entwicklung moderner algebraischer Betrachtungsweisen (angereichert mit vielen persönlichen Lebensbildern der beteiligten Mathematiker).

[Klei2] KLEIN, F., *Vorlesung über die Entwicklung der Mathematik im 19. Jahrhundert*, Springer, 1925, Nachdruck.

[Yag] YAGLOM, I.M., *Felix Klein and Sophus Lie – The Evolution of Symmetry in the 19th Century* , Birkhäuser, 1987.

Software. Die Erstellung vieler der in diesem Buch gezeigten Abbildungen war nur unter Zuhilfenahme geeigneter Software möglich. Praktisch alle der hier gezeigten Abbildungen entstanden mit dem von J. R.-G. und U. Kortenkamp entwickelten Geometriesoftware Cinderella [Cin]. In verschiedenen Fällen wurden die mit Cinderella erstellen Daten mit anderen Programmen nachbearbeitet, bzw. visualisiert. Cinderella ermöglich es einerseits in einem projektiven Kontext bewegbare geometrische Skizzen zu erstellen, andereseits ermöglich eine mathematiknahe Skriptsprache das einfache und gezielte programmatische Erzeugen mathematischer Skizzen. Die dreidimensionalen Bilder in den Exkursen von Kapitel 1 und 12 wurden zur Erstellung zunächst mit jReality [jReal] (dies kann man als Plugin in Cinderella verwenden) gerendert und interaktiv so lange modifiziert bis der gewünschte Eindruck entstand und danach mit der frei verfügbaren Raytracing Software Povray [Pov] ausgegeben. Um den graphischen Stil, der im endgültigen Bild zusehen ist, zu erreichen, wurden diese Bilder dann noch mit der Software beFunky [beFun] nachbearbeitet.

Abschließend sei hier noch auf die Internetsammlung *Mathe Vital* verwiesen. Dort gibt es eine große Sammlung interaktiver Materialen, die in direktem Zusammenhang mit den hier dargelegten Themen stehen.

[Cin] RICHTER-GEBERT, J. & KORTENKAMP, U., *Cinderella: Die interaktive Geometrie-Software*, Springer. `www.cinderella.de`

[jReal] GUNN, C., HOFFMANN, T., SCHMIES, M. & WEISSMANN, S., *jReality*, `www.jreality.de`.

[beFun] *beFunky*, `www.befunky.com`.

[Pov] *Povray*, `www.povray.org`.

[MV] RICHTER-GEBERT, ET. AL., *Mathe Vital*, `www.mathe-vital.de`.

Leseempfehlung für den Exkurs des ...

... 1. Kapitels: Raumformen

[Stil] STILLWELL, J., *Geometry of Surfaces*, Springer, 1995.

... 2. Kapitels: Projektive Entzerrung

[RK2] KORTENKAMP, U. & RICHTER-GEBERT, J., *Cinderella.2 – Geometrie und Physik im Dialog*, Computeralgebra-Rundbrief, Sonderheft zum Jahr der Mathematik, 12-14, (2008).

... 3. Kapitels: Symmetrien der Pappos Konfiguration

[Co4] COXETER, H., *The Beauty of Geometry: Twelve Essays*, Dover Pubn Inc, 106-149, 1999.

... 4. Kapitels: Projektive Skalen in freier Wildbahn

[Dul]   DUELL, J., *Art Stories with Julie Duell – 23. Trouble with perspective in drawing? This may help,*
         http://artintegrity.wordpress.com/2008/05/26/24-trouble-with-perspective-in-drawing-this-may-help/

... 5. Kapitels: Wo stand der Fotograf

[Tri]   TRIPP, C., *Where Is the Camera? The Use of a Theorem in Projective Geometry to Find from a Photograph the Location of the Camera,* The Mathematical Gazette, 71-455, 8-14, (1987).

... 6. Kapitels: Die Ästhetik von Möbius-Transformationen

[MSW]   MUMFORD, D., SERIES, C. & WRIGHT, D., *Indra's Pearls: The Vision of Felix Klein,* Cambridge University Press, 2002.

[Ri2]   RICHTER-GEBERT, J., *Aschenputtel und die Perlen,* DMV Mitteilungen, 12-1, 21-29, (2004).

... 7. Kapitels: Pseudo-Euklidische Geometrie

[MSW]   LIEBSCHER, D., *Einsteins Relativitätstheorie und die Geometrie der Ebene,* Teubner, 1999.

... 8. Kapitels: Roboter

[Whi]   WHITE, N., *Grassmann-Cayley Algebra and Robotics,* Journal of Intelligent and Robotic Systems, 11, 91-107, (1994).

... 9. Kapitels: Computergestütztes Beweisen

[Ri3]   RICHTER-GEBERT, J., *Mechanical theorem proving in projective geometry,* Annals of Mathematics and Artificial Intelligence, 13, 139-172, (1995).

[Ri4]   RICHTER-GEBERT, J., *Meditations on Ceva's Theorem,* The Coxeter Legacy: Reflections and Projections (Eds. Davis, C. & Ellers, E., American Mathematical Society, Fields Institute), 227-254, (2006).

... 10. Kapitels: Apollonius und Zahlentheorie

[GL1]   GRAHAM, R., LAGARIAS, J., MALLOWS, C., WILKS, A. & YAN, C., *Apollonian Circle Packings: Number Theory,* Journal of Number Theory, 100-1, 1-45, (2003).

[ErL]   ERIKSSON, N. & LAGARIAS, J., *Apollonian circle packings: Number theory II. Spherical and hyperbolic packings,* Ramanujan Journal, 14-3, 437-469, (2007).

[GL2]   GRAHAM, R., LAGARIAS, J., MALLOWS, C., WILKS, A. & YAN, C., *Apollonian Circle Packings: Geometry and Group Theory I. The Apollonian Group,* Discrete and Computational Geometry, 34, 547-585, (2005).

[GL3]   GRAHAM, R., LAGARIAS, J., MALLOWS, C., WILKS, A. & YAN, C., *Apollonian Circle Packings: Geometry and Group Theory II. Super-Apollonian Group and Integral Packings,* Discrete and Computational Geometry, 35, 1-36, (2006).

[GL4]   GRAHAM, R., LAGARIAS, J., MALLOWS, C., WILKS, A. & YAN, C., *Apollonian Circle Packings: Geometry and Group Theory III. Higher Dimensions,* Discrete and Computational Geometry, 35, 37-72, (2006).

... 11. Kapitels: Der "andere" Schnittwinkel

[CoxGrei] COXETER, H. & GREITZER, S., *Geometry Revisited,* The Mathematical Association of America, 124-126, 1975.

... 12. Kapitels: Oktaven und haarige Bälle

[Bea]   BAEZ, J., *The octonions*, Bulletin of the American Mathematical Society, 39, 145-205, (2002).

[Co4]   COXETER, H., *The Beauty of Geometry: Twelve Essays*, Dover Pubn Inc, 21-39, 1999.

Bildnachweis

Die Abbildung sämtlicher nicht selbst erstellter Bildmaterialien erfolgte mit freundlicher Genehmigung der jeweiligen Urheber. Wir bedanken uns hierfür ganz herzlich. Hier folgt eine Liste der verwendeten Bildmaterialien unter Angabe der Quellen.

Abbildung 2.2
Autor   Rich Niewiroski Jr.
Quelle   http://commons.wikimedia.org/wiki/File:GoldenGateBridge-001.jpg

Abbildung 4.9
Autor   Julie Duell
Quelle   http://artintegrity.wordpress.com/2008/05/26/24-trouble-with-
            perspective-in-drawing-this-may-help/

Abbildung 4.10
Autor   Klaus Bostelmann
Quelle   http://www.bostelmann-dresden.de/fotos.htm

Abbildung 5.6
Autor   Günther Schwarz
Quelle   http://www.gschwarz.de/fotos.htm

Abbildung 5.6
Autor $GoogleMaps^{TM}$
Quelle   http://maps.google.de/

Abbildung 6.14
Autoren   *D. Mumford, C. Series, D. Wright.*
            Entnommen (und leicht überarbeitet) aus MUMFORD, D., SERIES, C. &
            WRIGHT, D., *Indra's Pearls: The Vision of Felix Klein*, Cambridge University Press, 2002. mit freundlicher Genehmigung des Verlages.

Abbildung 8.1
Autor   American Robot Corporation
Quelle   http://www.americanrobot.com/products_robots.html

Abbildung 12.3
Autor   NASA
Quelle   http://bilddb.rb.kp.dlr.de/deutsch/Bild.asp?qryIDBilder=110

Index